因明正理門論直解

鄭偉宏 ◎ 著

（再修訂本）

復旦佛學研究叢書

中西書局

圖書在版編目(CIP)數據

因明正理門論直解：再修訂本 / 鄭偉宏著. —上海：中西書局，2023.12
(復旦佛學研究叢書)
ISBN 978-7-5475-2183-0

Ⅰ.①因… Ⅱ.①鄭… Ⅲ.①因明(印度邏輯)–研究 ②正理論–研究 Ⅳ.①B81-093.51②B351

中國國家版本館 CIP 數據核字(2023)第 210494 號

國家社會科學基金重點項目
復旦大學哲學學院高峰學科資助項目
上海易順公益基金會資助出版

YINMING ZHENGLIMEN LUN ZHIJIE(ZAI XIUDINGBEN)
因明正理門論直解(再修訂本)
鄭偉宏 著

責任編輯 唐少波
裝幀設計 黄 駿
責任印製 朱人傑

出版發行 上海世紀出版集團
中西書局(www.zxpress.com.cn)
地　　址 上海市閔行區號景路 159 弄 B 座(郵政編碼：201101)
印　　刷 啓東市人民印刷有限公司
開　　本 700 毫米×1000 毫米 1/16
印　　張 20.25
字　　數 352 000
版　　次 2023 年 12 月第 1 版 2023 年 12 月第 1 次印刷
書　　號 ISBN 978-7-5475-2183-0/B·127
定　　價 118.00 元

《復旦佛學研究叢書》序

佛教傳入中國已有兩千多年的歷史,是中國歷史上最重要的文化交流與文明互鑒的載體。經過中國化的佛教,是中華優秀傳統文化的主幹之一,她與本土儒道文化一起,共同鑄就了中華民族共同體的活的靈魂,在傳承文明、維護社會穩定、加強民族認同等方面有時甚至發揮著不可替代的作用。

作爲一種現代意義上的學術研究,佛學研究與近代宗教學的興起同步,時至今日,已成爲横跨哲學、宗教學、史學、文學、語言學、文獻學、社會學、藝術學等各學科領域的"顯學"。百餘年來,數代中國學人基於本土化的問題意識,以漢語文獻的資源優勢,在借鑒海外相關學術方法與學術成果的基礎上,構建起了具有中國特色的佛學研究的基本框架。如何繼往開來,進一步加强中國佛學研究的深廣度和表現力,從而在堅持中國學術本位的同時,在國際學界發出中國學者的聲音,則是時代交付給當代學人的重大課題。有鑒於此,我們準備分批出版《復旦佛學研究叢書》,以集中展示復旦大學佛學研究的最新成果,爲新時代中國佛學研究的長足推進略盡綿薄之力。

復旦大學的佛學研究,有著悠久的學術傳統與深厚的學術積澱。老校長陳望道先生 1931 年出版的《因明學》是我國首部白話文的佛教邏輯學專著。1964 年,按照國家的總體部署,與中國社會科學院世界宗教研究所的成立幾乎同步,復旦大學開設了"佛教哲學史"的課程。1996 年,隸屬於哲學系的佛學研究中心成立;2001 年,復旦大學宗教研究所成立;2008 年,復旦大學成立了有獨立編制的宗教學系,隸屬於哲學學院。佛學研究成爲復旦大學宗教研究最具特色的方向之一,爲我國培養了一大批佛學研究的中堅力量。

復旦佛學堅持以語言、文獻爲基礎,以哲學爲本位的學術定位,強調打通梵、巴、漢、藏的全體佛教的理念,認爲只有基於對全體佛教的研究,才能更爲完整、更爲準確地把握佛教中國化的內涵和價值。我們不僅開設了從本科到博士研究生的系統全面的語言、文獻和佛教哲學的課程,也積累了一些相關的學術成果。叢書的出版,爲這些成果的集中展示提供了一個平臺,誠摯地希望能得到海內外學界、教界及社會各界朋友的關心、支持和批評!

是爲序。

傅新毅

2023年11月12日於光華樓

序

擺在讀者面前的《因明正理門論直解》,是鄭偉宏繼《佛家邏輯通論》出版之後的又一力作。

因明是印度邏輯的主體,也是中國邏輯史的有機組成部分。同時,因明研究已成爲國際邏輯研究潮流的一個重要源頭。因此,對因明的研究不但對於弘揚我國的傳統文化,而且對於加強國際學術交流,都具有極其重要的意義。我以爲,我們必須在這樣的背景下來充分認識《因明正理門論直解》一書的價值。

偉宏治因明已十年有餘,真是“寶劍鋒從磨礪出,梅花香自苦寒來”。他奉獻給我們的《因明正理門論直解》不是一時的有感而發之作,而是嘔心瀝血的精品。其中滋味,可用曹雪芹總結《紅樓夢》寫作的兩句詩來形容:“字字看來都是血,十年辛苦不尋常”。今舉該書以下幾個創新、獨到之處爲證:

第一,作者指出要搞清陳那新因明的邏輯體系唯讀商羯羅主的《入論》是不夠的,必須讀《理門論》原著,同時提出了一整套整體論的研讀方法。

第二,本書認爲《入論》對《理門論》所刪去的四部分内容(共比量、九句因、古師及外道的大量辯難和十四過類)是理解《理門論》邏輯體系的關鍵,並根據這四方面的内容揭示了《理門論》的邏輯體系。作者針對認爲“陳那體系内部有矛盾”的觀點舉出證據證明了陳那在《理門論》中關於同、異品除宗有法的思想是一以貫之的,在九句因、因三相和喻體中都遵守這一准則。指出陳那的體系内部是一致的,没有矛盾。作者實事求是地、科學地論證了陳那的因明體系具有類比性質,没有達到演繹水准,但避免了古因明無窮類比和處處類比的弊端,最大限度地提高了類比推理的可靠程度,爲法稱因明最終發展爲演繹邏輯奠定了基礎。這是用歷史主義觀點研究因明的成功範例。

第三,《因明正理門論直解》採用了獨特的比較研究方法。當然,因明與西方邏輯進行比較研究並非作者首創,該書的獨特之處在於忠於《理門論》原著,以西方邏輯注《理門論》,而不是相反地以《理門論》注西方邏輯,這就克服了在比較研究中的削足適履、穿靴戴帽等弊病。

第四,作者在深入研究《理門論》的基礎上,以豐富的資料,旁徵博引,融會貫通,對《理門論》作了全面、系統的講解。其獨到之處在於熔研究與講解於一爐,整個講解從頭至尾貫穿著作者的研究成果和研究方法,諸如整體論方法、歷史主義方法、比較研究方法,等等。因此,作者能夠講得透闢,解得精當。

僅此四點足以看出,偉宏對《理門論》的研究作出了重要的貢獻。我爲中國邏輯界有這樣一位元因明學者感到驕傲,也爲我有這樣一個朋友感到欣慰。

20 世紀即將過去,21 世紀即將來臨。我企盼,邁向 21 世紀的中國邏壇能夠開出更加豔麗的因明之花,包括偉宏的,也包括其他學者的。今仿陳那的三支作法作成以下論式結束本序:

因明有常,
非所作性故,
若非所作,見彼有常,如邏輯,
若是無常,見彼所作,如空談。

張家龍

1996 年 11 月於中國社會科學院哲學所

再修訂前言

本書初版於1999年由復旦大學出版社出版,2008年修訂本收入中華書局出版的“真如·因明學叢書”。本前言對2008年修訂本前言又做了一些補充。

在多年的研究中,發現没有一本完整的《因明正理門論》全文可供查閱,深感不便。例如,要查找因三相規則,理應到“因與似因”部分去查找,哪知道它與初習者捉迷藏,竟躲在“似喻”部分。因此,本版特將分章節並標點過以及校訂過的《理門論》全文,置於本書後部,可爲傳習和研究者提供方便。

這個校訂本由湯銘鈞博士完成。它與我寫的《因明正理門論本題解》原本是爲佛光山新版大藏經撰寫,從未與讀者謀面。這次再修訂正好將《題解》置前,以填補本書空缺。

經過這十多年的繼續研習,在自己的各種論著中又有很多新意。把撒落的滿天星一一回籠,便使得這個修訂本煥然一新,别具光彩。特别是在完成有關玄奘因明思想研究的國家社科基金重點項目之後,我把最新的幾個重大發現加進去,使得本書更加熠熠放光。

在初版前言中,我説過:“本書是《佛家邏輯通論》的姊妹篇。分上、下兩篇,上篇是對《因明正理門論》的研究。下篇是關於《理門論》的通俗講解。當我殫精竭慮把陳那新因明的代表作《理門論》講解一過之後,想寫點更深刻的研究文字時,便發現自己對陳那新因明體系的理解,在拙著《佛家邏輯通論》中已經作了頗爲詳盡的闡發。經過對《理門論》的反復閲讀,反復研究,我自信對《理門論》邏輯體系的刻畫在系統性、完整性和明晰性方面都有了進步。”

二十多年過去,我隨後出版了《漢傳佛教因明研究》(1999 年國家社科基金項目)、《因明大疏校釋、今譯、研究》(2002 年上海市社科基金項目)、《佛教邏輯研究》(2006 年教育部人文社會科學重點研究基地重大項目,任主編)、《正理之門》(本人從教 45 周年退休紀念文集)、《因明大疏校釋》(修訂本)和《印度因明研究》(2012 年國家社科基金項目)。本書修訂本作爲 2016 年國家社科基金重點項目《玄奘因明典籍整理與研究》内容之一,吸取了前述著作和諸多論文的成果,面目一新。

本書修訂成果的另一個重要標誌是吸收了湯銘鈞博士的幾個重要發現。這是漢傳因明史上關於《理門論》研究的最新成果,有利於解決百年來國内外因明領域的重大爭端。例如,陳那《集量論》之兩個藏譯本都將因的第二、三相中"别處"作爲一個獨立的狀語放在句首,以表明無論對"彼同品有"還是"彼無處無"的憶念,都發生在除宗以外"别處"的範圍内。① 又如,《入論》同、異喻體打頭的那個"若"字,梵文中是舉例説明的意思,不能譯爲假言命題的聯結詞"如果"。同理,《理門論》中同、異喻體上兩個"諸"字也應取漢語中之一義,是"眾多"而非"所有"。因此,同、異喻體並非毫無例外的全稱命題。

上述連珠體的著作和一系列論文有一根紅線貫穿其間,那就是《佛家邏輯通論》與《因明正理門論直解》這兩本書的基本觀點。陳那新因明是論辯邏輯。懂得這一學科特點對認識陳那新因明意義重大。陳那新因明對古因明有重大發展,在印度佛教因明史上開闢了新天地。它爲印度佛教邏輯乃至印度邏輯有演繹論證打下了基礎,而真正成爲演繹論證邏輯體系的是後起的法稱因明。陳那因明與法稱因明是前後相續又在辯論術、邏輯和認識論三方面有顯著差異的因明體系。玄奘所傳漢傳因明是解讀印度陳那因明體系和邏輯體系的一把鑰匙。

我近四十年的因明學習和研究,除了在 1985 年於中國社會科學院哲學所邏輯室舉辦的"因明與邏輯史講習班"上寫的兩篇習作,和承擔中國邏輯學會主編的國家"六五"重點項目《中國邏輯史》中現代因明部分外,所有論

---

① 湯銘鈞、鄭偉宏:《同、異品除宗有法的再探討——答沈海燕〈論除外説〉與鄭偉宏教授商榷》,《復旦學報》(社會科學版),2016 年第 1 期。

著都圍繞同一個圓心,按照上述觀點展開。好似車輪戰法,不斷有新戰果。又好似剝筍錘釘,逐層深入。

感到欣慰的是,作爲連珠體的第二本,《因明正理門論直解》(以下簡稱《直解》)起到了承上啓下的樞紐作用。隨著研究的層層推進,我更堅信在《佛家邏輯通論》中所闡發的陳那新因明理論儘管與國内外流行的觀點大相徑庭,但是基本觀點正確,與國外以美國學者理查·海耶斯爲代表的最新成果殊途同歸。《直解》從因明體系和邏輯體系上對陳那三支作法的邏輯性質做出了充分的論證。《漢傳佛教因明研究》《因明大疏校注、今譯和研究》《佛教邏輯研究》和《印度佛教因明研究》又進一步論證,玄奘開創的漢傳因明忠實地譯傳了陳那新因明奠基作《理門論》中的因明思想。

這後幾本書的完成,使我更加看明白國外百年來衆多很有影響的著作對陳那新因明體系和邏輯體系的誤解,更講清楚了國内流行觀點所受到的重大影響。雖説人體解剖是猴體解剖的一把鑰匙,但是不能把法稱因明等同和代替陳那因明,不能用藏傳因明來詮釋和代替漢傳因明。

藏傳因明典籍豐富,舉世無雙,但是古代和現今的藏傳學者絕大多數人都不知道藏地一直存在著梵本的《理門論》。這是著名因明家羅炤先生的重大發現。我們希望它早見天日。藏傳學者一度誤把天主的《入論》當作陳那的《理門論》。不能利用玄奘的《理門論》漢譯本,所以歷史上藏傳學者對陳那因明體系的研究似有先天不足之憾。

在初版前言中的寫作體會,至今還很適用。本《直解》寫作於 20 世紀即將告别之際,"回顧一下漢傳因明研究近百年的歷程,可以發現《理門論》研究還處於拓荒階段。由於《理門論》文字的晦澀艱深更甚於《因明入正理論》(簡稱《入論》《小論》),絕大多數研習者舍大而就小,避難而趨易。以《小論》作爲入門階梯,固然是一捷徑,但是遠遠不夠。治學須探源。不讀《理門論》,領悟陳那新因明真諦的把握性便不大。這是因爲《理門論》中有好幾段文字對理解其邏輯體系起到十分關鍵的作用,然而絕大多數論著卻根本没有涉及。"

初版前言又説:"要搞清陳那因明的邏輯性質,不讀《理門論》不行,還應看到入虎穴也並非一定得虎子。就拿 90 年代出版的兩種《理門論》研究專著來說,或者不按其本來面目加以研究,而是將其體系加以根本性的改造,然後建立新的體系。這新的體系又包含了許多矛盾不能自圓其說;或者在因明與邏輯的比較研究方面有重大失誤。有此前車之鑒,我以爲研讀方法就顯得特别重要。於是我把《陳那因明的必讀書及研讀方法》作爲上篇的第一章。

"以本人通讀之艱辛,度他人深入之不易,我把《理門論述要》作爲第二章,或許對大多數初習者瞭解其全貌會有點幫助。

"《理門論》重在立破,主要講證明和反駁,因此,全面地、原原本本地描述其邏輯體系應是研究的重點。

"該論通篇以共比量爲其討論的物件。一個正確的論式要求除了宗命題即論題之外,立、敵雙方對所有的概念和判斷都必須決定共許,否則便有過失。這是陳那因明體系的基本前提。衹有把同品、異品這兩個最重要的初始概念放在這一前提下來考察,才能理解陳那關於同、異品定義的正確性和内部一致性。可以説,明乎此,一切爭論都會迎刃而解。這就是我在第三章《〈理門論〉的邏輯體系》中爲什麽要首先講共比量問題的原因。

"在本章中我突出講解了陳那關於宗法(因概念)和'同品有、非有等'必須共許極成的論述,説明同、異品除宗有法是題中應有之義,陳那體系内部没有矛盾。在《理門論》中,陳那關於同、異品除宗有法是一以貫之的,在九句因、因三相、喻依和喻體中都以此爲准則。

"在這一章裡我回答了陳那建立新因明意義之所在。陳那新因明克服了古因明無窮類比和兩事物所有屬性一一類比的弊病,雖然還没有達到演繹水准,仍有一步之差,但是對古因明來説,不失爲長足的進步,並非一定要達到演繹水准才有意義,才算進步。作爲研習者來説,大可不必爲陳那因明的類比性質而感到羞愧。

"上篇第四章是對陳那、法稱因明邏輯體系的比較。衹有搞清法稱因明才是真正的演繹邏輯,才能對法稱發展陳那新因明之功作出應有的評價。"

唐疏專門講解《理門論》的疏記僅存神泰《因明正理門論述記》(以下簡稱《述記》)半部,是主要的參考書。窺基的《因明入正理論疏》(以下簡稱

《大疏》)中有不少解釋可資參考。文軌的《因明入正理論疏》(以下簡稱《莊嚴疏》)則還有關於十四因過的大部分解釋,可謂唐人碩果僅存。

20 世紀前半葉,呂澂、釋印滄的《因明正理門論本證文》(以下簡稱《證文》)發表在《内學》刊物上,“本論文句,悉參酌《集量》考正”,“廬面漸真,積疑涣解”,是重要的參考工具。

日本龍谷大學前校長武邑尚邦教授曾贈我日本瑛光寺僧寶雲著的《因明正理門論新疏》(以下簡稱《新疏》)影本,爲我解決了數處疑難。此書用漢語寫作,出版於 1845 年。此外,我的氣功朋友、一位旅居日本的英國人亞歷山大也爲我複印了另一本由寶雲述的《因明正理門論新疏聞記》,相信將來會有人讀懂它。

“筆墨官司,有比無好”。因明理論的爭鳴還没有形成氣候,希望多幾篇深入探究的文章,少一點隨人轉語、附會唱和之説。作爲獨家之言,我很希望拙著能得到來自各方面的批評。真理的燧石不是靠欣賞而是靠敲打才會放出光芒!

“不要人誇顔色好,衹留清氣滿乾坤”。

2021 年 3 月 6 日修改
2022 年 8 月 10 日改定

目　録

上篇　《因明正理門論》研究

下篇　《因明正理門論》直解

附録　玄奘譯《因明正理門論本》校勘

《因明正理門論》題解

《因明正理門論》梵名 Nyāyamukha。簡稱爲《理門論》《理門》《門論》《大論》。在現存藏經中,玄奘譯本題作《因明正理門論本》,義淨譯本題作《因明正理門論》。然義淨本除篇首多出一段釋論外,與奘譯並無實質差别。

陳那(Dignāga),漢譯還有"大域龍""童授""方象"等。陳那菩薩生活於大約公元 450 年至 520 年,南印度婆羅門種姓出身。先信從小乘犢子部,後受業於世親。印度大乘佛教瑜伽行派重要代表人物,六莊嚴之一。新因明創始人。現代印度邏輯史家稱其爲"中古邏輯之父"。

陳那有因明著作《因輪論》《觀所緣緣論》《集量論》等八論,《理門論》是其前期代表作。印度因明始終是辯論術、邏輯和認識論(量論)三者的結合。古因明以辯論術爲中心,《理門論》以邏輯爲中心,陳那因明後期代表作《集量論》以認識論爲中心。

《理門論》一卷,唐玄奘於貞觀二十三年(649)譯出。本論淡化古因明中的辯論術,而以邏輯爲中心,即以立(論證)破(反駁)爲主題,認識論處於從屬地位。論文開宗明義:"爲欲簡持能立、能破義中真實,故造斯論。"説明本論要旨在於簡選持取關於立破的正確道理。全文七千餘字,大半篇幅講立破,一小部分講認識論。本論建立的陳那新因明邏輯體系是印度佛教邏輯史乃至印度邏輯史上的第一個高峰,爲其後的法稱因明建立演繹邏輯學説奠定了基礎。

自唐代以來,國内外絶大多數因明研究者都衹是通過陳那弟子商羯羅主的《因明入正理論》(簡稱《入論》)來研究陳那的因明體系。這儘管是有利初學的方便法門,但是要想登堂入室卻遠遠不夠。唯讀《入論》,很難准確把握陳那的因明體系和邏輯體系。《理門論》梵本早佚,世上僅存玄奘漢譯本。玄奘漢譯本成爲研討陳那因明體系的最可靠依據。

本論主要貢獻如下：

一、創建全新的、嚴密的、内部協調一致的因明體系和邏輯體系。

第一,本論建立的完整嚴密的新因明體系僅限於共比量範圍。在陳那和商羯羅主時代,因明家討論立破之則事實上僅僅限於共比量。通觀《理門論》,没有關於自比量和他比量的論述,當然也就不會有簡别的論述。關於自、他比量的理論是商羯羅主之後才發展起來的。

所謂共比量,是指除宗論題以外所有概念和判斷都必須立敵共許的三支作法。"此中宗法唯取立論及敵論者決定同許。於同品中有、非有等,亦復如是","是故此中唯取彼此俱定許義,即爲善説"。這是《理門論》關於共比量的規定,可以看作共比量的總綱。

在總綱中,不僅規定了在共比量中宗法即因法必須立敵共許,九句因(同品、異品與因外延關係的九種情況)中的因法都是滿足因第一相(遍是宗法性)的。還規定了同品有、非有等亦須立敵共許。同品有、非有等共許包含了好幾層意思。首先,雙方得共許同品爲實有,或爲真;其次,雙方得共許其有所立法(宗的謂項),是共同品;再次,還得雙方共許其有因,或没有因,或有的有因並且有的没有因。再從立宗的要求來看,立宗必須違他順己,立方許所立法於有法上有,敵方則不許所立法爲有法上有。這就決定了宗之有法不可能是共同品,也不可能是共異品。

第二,《理門論》是在論述了共比量的總綱之後才爲同、異品概念下定義,有了預先的規定,在定義中不再明言同、異品必須除宗有法,是完全可以理解的很明白的道理,更何況同、異品除宗有法是那時代的辯論者的共識。不能認爲略而不論就等於否認,因而産生"矛盾"。

第三,本論對九句因的闡發,雖然没有直接説到同、異品必須除宗有法,但是,把第五句因"聲爲常,所聞性故"判定爲違反第二相"同品定有性"的"不共不定"因,就是同、異品除宗有法的必然結果。這是因爲,除聲之外,世上没有任何事物有所聞性。第五句因從邏輯上看,是等詞推理,是有效推理。陳那因明判其爲有過失之因,就是爲了防止循環論證。第五句因表明九句因的每一句都遵守這一規定。

第四,統觀《理門論》全文,衹有在表述因的第二相時直接講到同品除宗有法。古人真是惜墨如金。本論中,將因的第二相表述爲"於餘同類念此定有"。

此句意爲,宗有法之餘的同類事物中定有因法。第三相表述爲“於彼無處念此遍無”。雖然未再強調宗有法之餘的異類事物中遍無因法,但是理應隨順理解爲宗有法之餘。這樣對立敵雙方才是公平的。

“同、異品除宗有法”並非本人的創見,它有文獻依據。在日僧善珠(723—797)所撰《因明論疏明燈抄》中引用了唐總持寺玄應法師《理門論疏》中關於同品定義的一段話。照引如下:“玄應師云:‘均等義品,説名同品者,此有四説。一有云,除宗已外,一切有法皆名義品。品謂品類,義即品故。若彼義品有所立法,與宗所立鄰近均等,如此義品,方名同品。均平齊等,品類同故。彼意説云,除宗已外,一切有法但有所立,皆名同品,不取所立名同品也;二有云,除宗已外,一切差別名爲義品,若彼義品與宗所立均等相似,如此義品,説名同品;三有云,除宗以外,有法、差別,與宗均等,雙爲同品;四有云,陳那既取法與有法不相離性,以之爲宗。同品亦取除宗已外,有法、能別不相離義,名同品也。此説意云,除宗已外,有法、能別皆名義品。若彼義品二不相離,與宗均等,説名同品。’今依後解以之爲正。”可見,唐疏有四家在給同品下定義時雖説法不一,但都強調了“除宗已(以)外”即“同品除宗有法”。按照佛教論著説法的習慣,異品也是除宗有法的。漢傳因明向有“互舉一名相影發故,欲令文約而義繁故”的慣例。窺基釋同品不提除宗有法,釋異品定義“異品者謂於是處無其所立”則標明“‘處’謂處所,即除宗外餘一切法。”以異品除宗來影顯同品亦除宗。這是玄應法師把窺基算入同品除宗四家之一的充足理由。

日籍《因明論疏瑞源記》裡不僅保存了唐代玄應法師的記載,還補充説明三家歸屬。第一家爲文軌,第二家爲汴周璧公,第三家佚名,第四家爲窺基。查窺基《因明大疏》原文,未明言同品除宗(實際也主張除),異品處則明言“即除宗外餘一切法”。玄應説唐疏有四家在給同、異品下定義時強調了“同、異品除宗有法”。又據敦煌遺珍中唐代淨眼的《略抄》可知,淨眼法師也是主張同、異品除宗有法的。可見,連同玄應疏和後出的慧沼的《義纂要》,唐疏至少有七家主張此説。這應當看作是玄奘的口義。

有人認爲,陳那因三相没説異品也要除宗有法,批評我們對因的第三相解釋過多。爲此,湯銘鈞博士根據《集量論》藏譯(金鎧譯本)對應文句作了漢譯:“而且在比量中,有如下規則被觀察到:當這個推理標記在所比(有法)上被確知,而且在别處,我們還回想到(這個推理標記)在與彼(所比)同類的事物中存在,以及在(所立法)無的事物中不存在,由此就產生了對於這個(所比有法)的確知。"湯銘鈞博士解釋説,兩個藏譯本都將"别處"(gźan du/gźan la, anyatra)即"餘"作爲一個獨立的狀語放在句首,以表明無論對"彼同類有"還是"彼無處無"的憶念,都發生在除宗以外"别處"的範圍内。藏譯力求字字對應;奘譯則文約而義豐,以"同類"(同品)於宗有法之"餘"來影顯"彼無處"(異品)亦於餘。兩者以不同的語言風格都再現了陳那原文對同、異品都應除宗有法的明確交代。①

同品若不除宗,則任立一量,都不會有不滿足同品定有性的過失,同品定有性這一規定等於白説。以宗有法爲同品,立方便有循環論證的過失。異品若不除宗,敵方以宗有法爲異品,異品有因,不滿足異品遍無性,則任立一量都無正因。這等於奉送敵方反駁之特權,敵方可以毫不費力地駁倒任何論證。

第五,由於同喻依(正面之例證)必須宗、因雙同,異喻依(反面之例證)必須宗、因雙無,宗同、異品除宗有法則必影響到同、異喻依除宗有法。第五句因的過失表現在同喻上便是所立法不成,缺無正確的同喻依。同喻體的主項實際是空類。二喻即因,根據因第二、三相建立的同、異喻體也必須除宗有法。

唐疏不僅揭示同、異喻依(例證)必須除宗有法,唐疏代表作窺基的《因明入正理論疏》(後世尊爲《因明大疏》《大疏》)更是進一步明言同、異喻體必須"除宗以外"。《大疏》在詮釋同法喻時説:"處謂處所,即是一切除宗以外有無法處。顯者,説也。若有無法,説與前陳,因相似品,便決定有宗法。"在詮釋異法喻時説:"處謂處所,除宗已外有無法處,謂若有體,若無體法,但説無前所立之宗,前能立因亦遍非有。"用今天的邏輯語言來説,就是"同、異喻體是除外命題",即除論題主項的較普遍的命題,並非真正的全稱命題。

總之,在《理門論》中,同、異品除宗有法是題中應有之義,貫穿立破學説的始終,在九句因、因三相、喻依和喻體中都以此爲准則,表明其學説有體系而無矛盾。遵守了因三相規則,便能"生決定解",即產生正確的並且確定的而不是猶疑不定的結論,能開悟對方並取得辯論的勝利。

---

① 湯銘鈞、鄭偉宏:《同、異品除宗有法的再探討》,載《復旦學報》(社會科學版),2016年第1期,第78頁。

二、本論改古因明五支作法爲三支作法,增設喻體,克服了古因明無窮模擬和處處模擬的弊病,提高了論證的可靠程度。

五支中的合支實際上重複了因支,五支的結是重説一遍宗,陳那把它們刪去,使論式簡明。更重要的是,三支的喻增加了喻體,克服了古因明的兩大弊病。陳那批評古因明"無有功能",因爲它有無窮模擬和處處模擬的弊病。在同喻中不設立反映因法與所立法不相離關係的命題,衹以例證瓶爲喻體,就得回答瓶得以成立的原因,以燈證瓶,又得回答燈爲何成立,這樣就有無窮模擬的弊病。假如説了"諸所作者皆見無常",一言以蔽之,能令敵論者和證人回憶起除宗以外所有同類事物都如此。以瓶爲喻體,由於瓶上有各種屬性,如無常,可燒,可見等,就會引起各種屬性都類比一番的弊病。若説了"諸所作者皆見無常"就限制了聲一定有無常以外的可燒、可見等其他各種屬性,從而避免了瓶、聲處處相同的荒謬結論。

古因明由於有上述二種弊病,陳那認爲没有成立宗的功能,不能"生決定解"。新因明彌補了古因明的這兩種缺陷,建立了除宗以外宗因之間的不相離性,其結論的可靠性就很高了。

但是,由於三支作法是建立在九句因和因三相基礎上,它還不是真正從一般到特殊的演繹推理,它離演繹推理仍有一步之遙。這使得新因明仍然是模擬推理,一種最大限度的模擬推理。

喻體都是除一個以外的除外命題。當然,陳那的《理門論》等著作没有直接把喻體的"除外"實質揭示出來,而"除外"的性質卻是隱含在喻體中的。它儘管不是全稱命題,但由於斷定了除宗的主項以外的某類事物的全體具有某屬性,從而推出宗,其可靠程度當然比衹根據某類事物中一個或幾個事物來類推要高得多。這是新因明對古因明的一大進步。

雖然還没有達到演繹水准,仍有一步之差,但是對古因明來説,不失爲長足的進步,並非一定要達到演繹水准才有意義,才算進步。

三、對能立與所立重新分界,以宗體(判斷)爲所立,因、喻爲能立。

古因明以組成宗支的兩個宗依即主項、謂項爲所立(論證對象)。以"聲是無常"宗爲例,古因明以"聲"和"無常"爲所立。有的認爲立者要論證的是主項"聲",有的説是謂項"無常",有的説是前後兩個項"聲"和"無常"。陳那則重新規定,論爭的對象不是宗依而是宗體,例如,以兩個宗依組成的宗體"聲是無常”(整個判斷)作爲論爭的對象。在本論中,能立一詞有兩種含義。在一個論式内部,宗是所立,因支、喻支是能立(證宗的理由)。若以真、似立破和真、似現比八門相對,則能立包括宗、因、喻三支。

四、提出獨具特色的概念遮詮理論。

陳那認爲概念是通過否定一方承認另一方的方法即“遮詮”構成的。例如,“青”這一概念就是表示非“非青”,由否定一方(遮)來表示另一方(詮)。今人把因明中的“表詮”“遮詮”對應於邏輯中的肯定、否定命題,這是誤解。

五、確定量衹有現量和比量兩種。

陳那認爲人的認識活動衹有現量和比量兩種。現量即感覺和知覺對事物“自相”的直接反映。這是還沒有加入概念思維分别的活動,不能用語言表達的知識。比量是推理知識。陳那廢除了正理派的譬喻量和聖教量。譬喻量是指證實已知的某物的名稱及其性質與某物相一致,例如,過去聽説過野牛的名稱,又知道野牛狀似家牛。顯然,現量和比量包括了譬喻量,没有另立的必要。聖教量又名聲量、聖言量、傳承量,是以本宗派聖者的言行作爲知識的標准 。陳那認爲,真理或爲現量所得,或爲比量所得,因此聖教量亦不出這二者的範圍,無須另立。

陳那的後期代表著作是《集量論》,這是一部集因明知識論之大成的著作,以知識論爲中心。《集量論》内容以現量、爲自比量、爲他比量的次序來編排。有關立破的學説完全承續了《理門論》思想。

陳那再傳弟子商羯羅主所著《入論》弘揚其師成説,敘述簡明,比《理門論》更好讀。治因明者多以此論爲入門階梯。

到了7世紀時,瑜伽行派的代表人物法稱又大大地推進了新因明學説。西藏的學者把他的學説與陳那的學説並稱爲陳那法稱之學。陳那新因明經過法稱的改造,才真正完成了由類比向演繹的飛躍。法稱廢除了第五句因並在爲自比量品中取消喻依;改造因三相使得後二相合一;提出自性因、果性因和不可得因三種正因以保證喻體爲毫無例外的全稱命題;顛倒宗、因、喻的順序爲喻、因、宗,並提出同法式和異法式這兩種獨立的三支形式,使得三支作法的邏輯形式與邏輯三段論基本相同。

儘管歷史上有的西藏學者見到過本論梵本,但從未翻譯過。從唐至今僅有玄奘漢譯流通,收錄於歷代大藏經中。如《中華大藏經》第三十冊(麗藏本)、

《影印宋磧砂藏經》第二五二冊、《大正新修大藏經》第三十二冊及金陵刻經處1957年單行本等,以吕澂、釋印滄的《因明正理門論本證文》(載《内學》第四輯)最稱精善。本次整理,即以之爲底本,對校以上諸本。凡對底本的改動和校勘所得異文,皆在校記中説明。同時還吸收了《證文》的全部注釋,並對《證文》注釋引用的梵、藏文材料作了核對和整理。在本次校記與《證文》注釋之間加〇爲辨。對論文的章節劃分(分别以標宋、黑體、楷體標識),與本書保持一致。此外,還對頌文作了編號(以楷體標識)。整理工作由湯銘鈞博士完成。整理本附於本書末尾。

此外,本論尚有另一歸於義淨名下的異譯,别行於歷代藏經,實則除篇首多出一段釋論外,與奘譯並無實質差别。

【上　篇】

《因明正理門論》研究

第一章　陳那因明的必讀書及研讀方法

第一節　《理門論》——陳那因明必讀書

一、《理門論》研究很不充分

在 20 世紀的漢傳因明研究中，對《理論門》的研究是個薄弱環節。可以説還處於拓荒階段，離深耕細作還有很大差距。

《理門論》是陳那新因明的奠基作。此書重在立破，即注重證明與反駁。比較陳那關於因論的專著《因輪論》和關於量論的集大成者《集量論》可知，《理門論》是陳那因明關於立破理論的代表作。要想正確把握陳那因明的邏輯體系，必須真正讀懂《理門論》的有關重要論述，舍此無由。可以説，不讀懂《理門論》，便不懂得陳那因明的真諦。

吕澂先生説過，"治學須探源"，"必得直取其解，以爲是非"。① 他還主張"宜宗論而簡疏"，就是强調讀原著。

陳那新因明的代表作，玄奘衹翻譯了兩部，除《理門論》外，另一部是陳那學生商羯羅主著的《入論》。這本書是入《理門論》的階梯，雖然也晦澀難讀，但比《理門論》好讀得多。正由於此，玄奘也就先翻譯《入論》，兩年後才翻譯了《理門論》。

奘門弟子中對二論注疏頗多，據不完全統計有 59 種。元末以後唐疏絶跡，

---

① 吕澂：《因明綱要・引論》，上海：商務印書館，1926 年版。

使得明代的因明家幾乎是在黑暗中摸象。清末從日本取回神泰的《述記》半部以及《入論》的疏記數種。特別是窺基的《〈因明入正理論〉疏》(以下簡稱《因明大疏》或《大疏》),保存了玄奘譯講因明的豐富口義。這使得20世紀的漢傳因明研究重續了唐代正脈,避免了明代因明家誤入歧途的命運。

20世紀20年代,吕澂和釋印滄合注的《〈因明正理門論本〉證文》對勘藏本《集量論釋》,對於刊定章句、研尋義理很有幫助。

宜黄丘檗的《〈因明正理門論〉斠疏》(以下簡稱《斠疏》)是20世紀上半葉的一本《理門論》注疏。這是一本集注。它用神泰的《述記》、窺基的《大疏》、吕澂譯注陳那的《集量論釋略抄》以及吕澂的《因明綱要》等注解《理門論》,也使讀者得刊定章句、研尋義理之便。

以上兩種著作没有也不可能爲我們提供關於陳那新因明邏輯體系的知識。

20世紀90年代先後出版了沈劍英先生的《佛家邏輯》和巫壽康先生的遺著《〈因明正理門論〉研究》(以下簡稱《研究》)①。

前者是20世紀第一本詳細講解《理門論》的專著。這本講解通俗易懂,在章句方面的刊定也大多精當。衹是在因明與邏輯的比較研究方面,晚學不敢恭維。在拙著《佛家邏輯通論》中大多已一一指出並加以商榷。

巫壽康先生的《研究》是一本用數理邏輯工具來整理陳那因明的邏輯體系的專著。由於該書的寫作没有遵守古籍研究的通則,替古人捉刀,修改陳那的基本概念,没有按照《理門論》的本來面目加以研究。儘管用了最先進的邏輯工具,其結果是南轅北轍。這種錯誤導向得到了一批著名專家的贊同和褒獎,因此,很有必要認真與之商榷。

縱觀近百年的因明研究,除了吕澂與釋印滄、丘檗、沈劍英和巫壽康以外,歐陽竟無還有一篇《理門論》的簡要評論,頗有理論價值。其他的因明論著主要是依據《入論》來研究陳那的因明思想,這就免不了有先天不足之弊。

二、《入論》的局限性

商羯羅主的《因明入正理論》從書名上看,有兩層含義:一是本論爲入正理

---

① 沈劍英:《佛家邏輯》,北京:開明出版社,1992年版。巫壽康:《〈因明正理門論〉研究》,北京:生活·讀書·新知三聯書店,1994年版。

的階梯,二是本論爲入《理門論》的階梯。應當説,陳那新因明的基本思想都被《入論》繼承下來了,在結構上也作了改動,更容易閲讀。例如,《理門論》是依次講宗與似宗、因與似因、喻與似喻,《入論》是先講正能立三支(宗、因、喻),再講似能立三十三過(似宗、似因和似喻)。

《入論》對《理門論》的五種宗過作了補充,增加了四種,成爲九種,此外在相違因過中把《理門論》中歸屬於九句因中四、六相違因的法自相相違、法差別相違、有法自相相違,有法差别相違作了詳盡的解釋。這些增補對陳那新因明的基本理論没有什麽影響,就是説在理論上没有什麽新的建樹。

《入論》對《理門論》的修改除了做加法外,還做了減法。主要有：一是減去了有關共比量的重要説明;二是減去了九句因理論;三是減去了與古師及外道的大量辯難,四是減去了十四過類。

這種減法一方面使得文字更爲簡明,更利於閲讀,從而有利於陳那新因明的傳播。另一方面又帶來了局限,使得《入論》不能完全代替《理門論》。

以上四處減去的内容正是理解陳那新因明邏輯體系的關鍵之處。商羯羅主把老師的新理論作爲一種成説繼承下來並加以整理,從傳播新因明的角度看,删去以上四處利於閲讀,是完全可以理解的。歐陽竟無指出過,《理門論》主要談因明原理,《入論》主要談因明作法。可謂評論精當。今天我們要用邏輯的眼光去評論《理門論》的理論體系,就要搞清它的本來面目,要瞭解它是怎麽建立起來的,一句話,得搞清它的理論背景。這樣著想,以上四處内容就顯得十分重要。

因此,我們的結論是,要搞清陳那新因明的邏輯體系,必須讀《理門論》原著,“必得直取其解,以爲是非”,舍此無由。

第二節　怎樣讀《理門論》

無論讀什麽書,都有一個怎麽讀法的問題。對於讀《理門論》這樣的“天書”,更要講究一個讀法。

讀書要講方法論,這不會有人反對。但是要考察一下每個人的具體讀法合不合理,恐怕問題就來了。

一、是當完整體系來讀,還是割裂成幾部分來讀

按理這也不會發生問題。巫壽康博士的《研究》在第一章的提要中,開宗明義就説:"本書把《理門論》的全部論述看作一個理論體系,探索怎樣定義同品、異品。使這個系統内不產生矛盾,步步推敲,得出本書新定義。"①

如果真的是把《理門論》的"全部論述"看作一個理論體系,相信是找不出其體系内的矛盾來的,尤其是找不出事關體系邏輯性質這樣重大的矛盾來的。

《研究》第一章的標題就是《論〈理門論〉體系内部的矛盾》。本書這一章的重點是講讀書方法,也就是研究方法,對具體的正反兩方觀點暫不作詳細討論。這裡先作提綱挈領的點評。

表面上看,《研究》確實找到了《理門論》的"矛盾":陳那關於同品、異品的論述没有特别説明要除宗有法,因此陳那定義同、異品是不除宗有法的;九句因和因三相中的同、異品是除宗有法的,因此,前後矛盾。

如果我們通讀過《理門論》並讀懂了有關九句因和因三相的全部論述的話,我們很容易發現,陳那在九句因中也没有特别説明其中包含的同、異品必須除宗有法。既然這樣,我們就有理由向《研究》作者提問題,爲什麼説九句因的同、異品是除宗有法的?這個問題不難回答。因爲第五句因的存在(同品無因並且異品也無因)表明九句因的同、異品是除宗有法的。同樣,我們也可以發現,陳那在定義同、異品之前,事先就作了相應的規定,那就是本論以共比量爲討論物件(陳那著作中還看不到有自比量和他比量的論述),立、敵雙方對"宗法"以及"同品有非有等"都必須共許極成。在這一前提下,再來給同品、異品下定義,當然不必特别説明除宗有法了。這樣重要的前提,《研究》的作者竟然視而不見,或者等閒視之。這不能不是一個重大的疏忽。

《理門論》在後文作總結時指出因的三相是三支比量推理的基本規則,陳

① 巫壽康:《〈因明正理門論〉研究》,第4頁。

那對因的第二相的陳述就表明同品除宗有法,"於餘同類念此定有",意思是説所比即宗有法之餘的同品一定有因。

顯然,如果真正把《理門論》的"全部論述"看作一個理論體系,那麽可知陳那關於同、異品的定義和關於九句因的規定都是除宗有法的;如果把《理門論》各部分的論述從整體中割裂開來,那麽可知其内部存在"矛盾"。所謂"矛盾",不過是杜撰品。

退一步説,陳那没有意識到他作出的同、異品定義與九句因、因三相矛盾,换句話説,《理門論》體系内確實有此矛盾,我敢斷言,這一重大發現的榮譽恐怕也落不到今人頭上。作爲佛家因明的經典著作,恐怕早就被論敵們批得千瘡百孔了。二論的唐疏有幾十種之多。在玄應的《理門論疏》中記載了四家唐疏關於同品除宗有法的定義。窺基弟子慧沼也有大體相同的記載。日僧善珠率先在《因明論疏明燈抄》(以下簡稱《明燈抄》)中保存了玄應的這一珍貴史料。唐代因明家没有一個人認爲自己對陳那因明的同、異品定義作出了如此重大的修改。道理很簡單,因爲這本身是《理門論》的題中應有之義。《理門論》中有自語相違過和自教相過,陳那大師諄諄告誡别人要避免自相矛盾,他恐怕萬萬想不到,一千多年後有人在他的代表當時最高邏輯思維水准的著作中輕而易舉地找出了一個淺顯的大矛盾。

不同的讀書方法是可以讀出不同的結論來的,這是我的一點深刻體會。日本的邏輯學家末木剛博在使用同品、異品概念時,不除宗有法。他雖然用數理邏輯來研究因明,但是錯誤地表達了陳那因明。他誤解了《理門論》,這與陳那無關。

二、是我注《理門論》,還是《理門論》注我

這也不是一個需要討論的問題。誰都會説,當然是我注《理門論》,而不是《理門論》注我。

我注《理門論》,就要統觀該論的全部論述,理一理哪些是陳那新因明的基本理論,哪些是陳那對自己理論體系的評價;然後用邏輯的格來衡量陳那的基本理論,看看它究竟達到了邏輯思維水准的哪一個層次;最後對照一下陳那的自我評價與邏輯的格是否相一致,對陳那的自我評價作出恰當的

鑒定。

我注《理門論》,就是要還陳那因明以本來面目,首先把他的因明理論原原本本地理清楚,不要摻雜我們研究者的主觀想法,造成主客混淆,成爲一筆糊塗賬。

陳那因明的基本理論包括:關於同品、異品的規定,九句因、因三相規則和三支作法。

陳那關於本身理論的評價是:遵守因三相,便能“生決定解”。

其中同品、異品這兩個概念可以看作初始概念,是陳那因明大廈的基石。陳那關於同、異品除宗有法的規定像一條線貫穿於九句因、因三相和三支作法之中。這是説,九句因中的同、異品是除宗有法的。因三相中的同、異品亦然。在三支作法中,喻支的同、異喻依即例證也必須除宗有法。前後一致,非常嚴謹。

從同、異品除宗有法出發,“異品遍無性”成爲除外命題,而不是全稱命題;從同、異品除宗有法出發,同、異喻體也成了除外命題,而不是全稱命題。用邏輯的格來衡量,陳那因明還不符合演繹推理的標准,還有一步之差。從九句因中概括出來的因三相衹是證宗的必要條件,而不是充分條件。形式邏輯是真假二值邏輯,是就是,不是就不是,像刀切一樣,來不得半點含糊。20世紀將因明與邏輯作比較的大量論著,認爲陳那因明是演繹邏輯,都犯了馬馬虎虎的毛病,對同、異品除宗忽略不計,是與陳那因明不相符的。

《研究》則作了另外一種選擇。

《研究》在第一章的《本章提要》中説:“同品、異品的第二種傳統定義是:宗有法(論題主詞)以外,和所立法同類的事物叫同品;宗有法以外,和所立法異類的事物叫異品。這個定義使九句因中不存在正確的因,使‘九句因’失去意義。在這個定義下,即使滿足因三相,也不能保證宗(論題)正確,使‘因三相’失去意義,這個定義和《理門論》的基本理論矛盾。”

陳那認爲,從這樣的定義出發而形成的九句因中的二、八句因就是正因,這是陳那本人的看法,他並沒有説據此推論就是演繹論證。他衹是説遵守了根據二、八正因概括的因三相就能“生決定解”。

陳那的邏輯思想用今天的邏輯眼光來衡量,夠不夠演繹水准,這是我們今天要做的回答。

《研究》把主、客兩方面的問題混淆在一起。

《研究》一共有兩處對"生決定解"作出邏輯的解釋。第一處是在第九章《用數理邏輯研究〈理門論〉》中關於因三相一節。該節在對《理門論》的因三相原文作出解釋後緊接著説:"'是故由此生決定解'是説,如果滿足因三相,必然使宗成立。這段引文總的意思,是滿足因三相就能使宗成立。""滿足因三相就能使宗成立"這一翻譯應該説是符合陳那原意的,而"必然使宗成立"這一翻譯就有強加於人的意思了。其中"必然"這一模態詞,有西方邏輯頭腦的人是明白其意義的,一個因遵守了因三相規則,就能必然證成宗,換句話説,這是演繹論證。演繹論證是演繹推理的應用。演繹推理的特點是前提與結論有必然的聯繫。從《理門論》全篇來看,陳那還没有這樣的認識。他衹是説遵守因三相就能成立宗。按照當時的邏輯眼界,遵守因三相,宗就可以得到確認。這樣的論證方式代表了印度當時的最高邏輯水准。陳那使用的前提是有例外的,並非毫無例外的普遍命題。

陳那因明非演繹,相當於亞里士多德的辯證的推理。亞里士多德區分了證明的推理與辯證的推理:"當推理由以出發的前提是真實的和原初的時,或者當我們對於它們的最初知識是來自於某些原初的和真實的前提時,這種推理就是證明的。從普遍接受的意見出發進行的推理是辯證的推理。"①證明的推理是演繹推理。它的前提真實而原初,反映毫無例外的普遍原理,前提與結論有必然聯繫。辯證的推理所用的前提稍有不同。亞里士多德又説:"所謂普遍接受的意見,是指那些被一切人或多數人或賢哲們,即被全體或多數或其中最負盛名的賢哲們所公認的意見。從似乎是被普遍接受但實際上並非如此的意見出發,以及似乎從是普遍接受的意見或者好像是被普遍接受的意見出發所進行的推理就是爭議的,因爲並非一切似乎被普遍接受的意見就真的是被普遍接受了。"②亞里士多德認爲,辯證的推理是"爭議的推理,而不是推理,因爲它似乎是推理,其實並不是"。③

陳那因明三支作法的同異喻體是滿足"遍充"關係,即因與宗後陳法的"不

---

① 亞里士多德著、余紀元等譯:《工具論》,北京:中國人民大學出版社,2003 年版,第 351 頁。

② 同上,第 351—352 頁。

③ 同上,第 352 頁。

相離性”關係。這種“遍充”關係與亞氏的普遍接受的意見相當,並非毫無例外普遍命題。陳那因明體系中的兩個初始概念同品、異品是除宗有法的,基於此,九句因中的每一句並且因後二相中的同、異品概念,都是除宗有法的。這就決定了滿足因後二相的同、異喻依是除宗有法的,同、異喻體則是除外命題。以上論斷可參閲我後面撰寫的其他論著。

滿足關於真正的推理條件的是印度佛教邏輯中法稱的因明論式。他提出的三種正因(自性因、果性因、不可得因)在主觀上就是爲了滿足“真實的和原初的”要求(事實上並非每一次推理都能做到)。法稱建立演繹論式已經是公元7世紀中期了。

第二處是同一章關於因明推理規則這一節中,《研究》在引用《理門論》關於因三相及隨後的本頌後説:“這段引文的中心思想是要求比量‘生決定解’,由前提成立能必然地推出結論成立。《理門論》説:‘如世間所説方便,與其因義都不相應。若爾何失?此説但應類所立義,無有功能,非能立義。由彼但説所作性故所類同法,不説能立所成立義。又因、喻别,此有所立同法、異法,終不能顯因與所立不相離性。是故但有類所立義,然無功能。何故無能?以同喻中不必宗法、宗義相類,此復餘譬所成立故,應成無窮。又不必定有諸品類,非異品中不顯無性,有所簡别,能爲譬喻’。這段引文的中心思想是批評古因明‘由前提成立不能必然地推出結論成立’。從這種批評中也反映出《理門論》‘從前提成立能必然地推出結論成立’這種要求。”

《研究》作者對上面所引《理門論》的一大段話顯然存在誤解。陳那這段話的大意是古因明不設同、異喻體,不能顯示因與所立法不相離的關係,衹是以瓶有所作、瓶是無常來推聲有所作,聲亦無常,就有無窮類譬和處處類比的弊病。這一點窺基的《因明大疏》解釋得很明白。陳那新因明與古因明的區别是在喻支上增設了喻體,避免了無窮類比。新因明有了喻體,一句話就概括了,不用作一連串的類比,其可靠性當然就大大提高了。《研究》把這段引文的中心思想翻譯成:“是批評古因明‘由前提成立不能必然地推出結論成立’。從這種批評中也反映出《理門論》‘從前提成立能必然地推出結論成立’這種要求”。這一翻譯又是不符合原文本意。“由前提成立不能必然地推出結論成立”是非演繹推理即或然性推理的特徵,而“從前提成立能必然地推出結論成立”是演繹推理的特徵。《研究》作者僅僅根據“生決定解”的字面意義就判定陳那有演繹邏輯的觀念,這有點草率、有點隨意。

假如有人運用不完全歸納推理或形式錯誤的三段論推理來論證,並宣佈説"能生決定解",或者説"我已必然地證得了論題",你能據此判定他有演繹思想,他運用的是演繹推理嗎？顯然不能。判定一個人,不是看他的宣言,而是看他的實踐;判定一種論證形式,也不是看其建立者的主觀想法如何,而是看其是否符合邏輯的格。

我在已發表的論文中已經引證過,《正理經》開宗明義説,十六句義"等真理,可以證得至高的幸福",正理派當然認爲他們使用的五分論式中的因、喻、合,可以證成宗和結,但是我們卻不可以據此而承認其五分論式爲演繹推理。佛家古因明代表人物世親在《如實論・反質難品》中也説過:"我立因三種相,是根本法,同類所攝,異類相離,是故立因成就不動,汝因不如是,故汝難顛倒。""是故立因成就不動"就相當於陳那的"生決定解"。我們誰也不會根據古因明大師的説法就判定古因明是演繹推理。

在佛教因明發展史上,真正達到演繹水准的是法稱的三支作法。法稱雖然没有直接去否定陳那的"生決定解",但是他主張符合三相的因必須是自性因、果性因和不可得因,取消喻依,改造因三相和三支論式,實際上把"生決定解"提高到了必然的程度。

總之,《研究》作者僅僅根據陳那"生決定解"四個字的字面意義,就判定陳那的三支作法是演繹推理是不足爲訓的。

"生決定解"的字面意義還是理解成"能產生正確的並且確定的而不是猶疑不定的結論"爲好,不能理解爲"能必然地推出結論"。

陳那確認的正因用我們的眼光看來並非充分條件,並非能使宗命題得到嚴格證明的充足理由。

不能認爲陳那的所謂正因還不符合嚴格論證的要求就没有用了,就"失去意義"了。陳那的新因明超出了古因明的水准,推進了印度的邏輯思維和實踐,這就是意義所在。

《研究》作者以今天的邏輯眼光來要求古人,越俎代庖,替古人捉刀,通過修改異品定義,試圖把陳那三支改造成演繹體系,實際上反而導致其内部存在一系列矛盾。這不是實事求是地研究邏輯史,而是隨心所欲塗改邏輯史。

我注《理門論》,是要搞清本來面目。

《理門論》注我,它不合我的主觀想法,便把它改造使之符合我腦中的模式。

這就是兩種研究方法的分歧所在。

第二章　《理門論》述要

第一節　序

《理門論》説:“爲欲簡持能立、能破義中真實,故造斯論。”開宗明義,爲了簡别和持取能立與能破中的真實道理而作此論,表明本論重在立破。

第二節　能立、似能立和立具

一、能立與宗和似宗

1. 能立與宗等

“宗等多言説能立”。能立由宗、因、喻三支組成。

2. 立宗原則

“‘隨自意’顯不顧論宗”。宗是論證的對象,即論題。立宗的原則是自己樂意立什麼就立什麼。

3. 似宗五種

① 自語相違:自相矛盾的宗,如立“一切言皆是妄”。

② 自教相違:立宗與本教派理論相違背。

③ 世間相違:立宗與世間普遍認可的道理相違背。

④ 現量相違：立宗與現量（感覺知識）相違背。

⑤ 比量相違：立宗與推理所得的知識相違背。

二、因與似因

1. 因是宗法

“因與似因多是宗法”。因概念是宗上有法（主項）之法，稱爲宗法。不滿足“宗法”這一條件的因有四種（四不成因）；滿足這一條件的因與同品、異品各有三種關係，兩兩結合就成九句因。九句因有正有似。是宗法的因比四不成因多，故言“多是宗法”。這表明九句因包攝了因三相。

2. 宗法等須立、敵決定共許

“此中‘宗法’唯取立論及敵論者決定同許，於同品有、非有等，亦復如是。”因是宗法，必須得到立、敵雙方的共同承認，並且要排除猶豫不定的認識。後半句含義豐富，九句因中的每一句，每一句中的每一分句，每一分句中的每一個同品、異品和因法概念統統都要共許極成。

爲什麽説宗法和同品中有、非有等要“唯取立論及敵論者決定同許”呢？這是因爲宗法等能否成爲正因要靠敵論者的智了因來決定，衹有敵論者的智慧了知立論者的義理時，立論者的言生因才能成爲敵論者的智了因。

3. 四不成似因

① 兩俱不成：指立、敵雙方都不許因法於有法上有。如立“聲是無常，眼所見故”。

② 隨一不成：立、敵雙方中有一方不許其因於有法上有。如對聲顯論立“聲是無常，所作性故”。

③ 猶豫不成：指因法能不能成爲有法之法還不能確定。如立“彼處有事火宗，以有煙故因（是不是有煙還猶豫不定）”。

④ 所依不成：指宗有法非共許極成，使得因法無所依。如立“我，其體周遍，於一切處生樂等故”。有法“我”爲敵方佛弟子所不許。“如是所説一切品類所有言詞皆非能立，於其同品有、非有等亦隨所應當如是説”。同品、異品、正因、相違因和不定因都得共許決定。

4. 宗義一分爲因過和相符極成過

“如以煙立火,或以火立觸,其義云何？今於此中,非以成立火、觸爲宗,但爲成立此相應物。若不爾者,依煙立火,依火立觸,應成宗義一分爲因。”意思是說,正確的宗應是“此山深處有火”,或“此火爐處有熱觸”,並非是以煙爲因來成立“煙有火”宗,後者並非以火爲因來成立“火有熱觸”宗,否則便有宗義一分爲因的過失。

也不能立“煙下有火”宗或“火中有熱”宗,因爲這兩個宗爲人所共知,否則便有相符極成過。

5. 因外别有喻支

外人問,假如勝論對聲論立“聲是無常”宗,以“所作非常故,常非所作故”爲因,這又怎麽解釋呢？陳那答問,這不是因,而是喻。“是喻方便,同法、異法,如其次第,宣説其因宗定隨逐,及宗無處定無因故。”同法喻是先陳述因法,宗上之法一定隨後陳述,異法喻是先陳述没有宗上之法,然後陳述因法一定没有。

6. 同品、異品與九句因

“此中若品與所立法鄰近均等,説名同品”,“若所立無,説名異品”,“非與同品相違或異”。這是説同品是指與所立法即宗的謂項性質相同的物件,没有所立法的物件是異品。異品並非與同品構成反對概念,也並非與同品有差異的概念都算異品。

九句因如下：

① 同品有並且異品有：例如,“聲常,所量性故。”

② 同品有並且異品非有：例如,“聲是無常,所作性故”。

③ 同品有並且異品有非有：例如,“聲是勤勇無間所發,無常性故”。

④ 同品非有並且異品有：例如,“聲常,所作性故”。

⑤ 同品非有並且異品非有：例如,“聲常,所聞性故”。

⑥ 同品非有並且異品有非有：例如,“聲常,勤勇無間所發性故”。

⑦ 同品有非有並且異品有：例如,“聲非勤勇無間所發,無常性故”。

⑧ 同品有非有並且異品無：例如,“内聲無常,勤勇無間所發性故”。

⑨ 同品有非有並且異品有非有：例如,“聲常,無觸對故”。

九句因中,②⑧爲正因;④⑥爲相違因,證成相矛盾的宗;①③⑦⑨句同、異品皆有因,爲不定因;⑤爲不共不定因,“一向離故”,不滿足第二相“同品定有性”。古因明師在四不定因外不設不共不定因。

7. **相違決定因**

“勿説二相更互相違,共集一處,猶爲因等”是指相違決定因過。立、敵雙方各用一個三相具足的因,成立相違之宗。分別來看,都是正因,放在一起就成爲似因。“又於此中現、教力勝”,對相違決定的雙方來説,以符合感覺經驗和世間現有至實可信之説者爲優勝。

三、喻與似喻

1. **同法喻與異法喻**

同法喻的語言表達形式是“説因宗所隨”;異法喻的語言表達形式是“宗無因不有”。這樣“能顯示因同品定有,異品遍無,非顛倒説”。

“同法者,謂立‘聲是無常,勤勇無間所發性故,以諸勤勇無間所發皆見無常,猶如瓶等’;異法者,謂‘諸有常住,見非勤勇無間所發,如虛空等’”。其中異喻依“虛空”是不極成的,即使是對不承認虛空實有的一方立量,虛空也能作異喻依。異喻依可有可無,祇起止濫作用。

2. **似喻**

① 倒合:把同喻體“説因宗所隨”顛倒成説宗因所隨,就是倒合。

② 倒離:把異喻體“宗無因不有”顛倒成因無宗不有,就是倒離。

③ 無合:在同喻中祇列舉同喻依,而没有同喻體,叫無合(與古因明無異)。

④ 不離:在異喻中祇列舉異喻依,而没有異喻體,叫不離(與古因明無異)。

⑤ 隨一不成:包括二種,同喻依祇缺所立法(宗後陳法)或祇缺能立法(因法)。

⑥ 二俱不成:同喻依既缺所立法又缺能立法。

⑦ 隨一不遣:包括二種,異喻依祇離所立法或者祇離能立法。

⑧ 二俱不遣:異喻依既不離所立法又不離能立法。

3. **二喻與因三相**

同喻、異喻應雙陳,“由是具足顯示所立不離其因”,“以具顯示同品定有、異品遍無,能正對治相違、不定”。在一個論式中同、異喻都不缺,就能充分體現因、宗不相離性,才能顯示因的第二、第三相,才能避免相違因和不定因。針對不同的論辯情況,可以有不同的省略形式。

“又比量中,唯見此理”是説一個論式中正因衹有如下三相：第一相是“若所比處此相審定”(“遍是宗法性”);第二相是“於餘同類念此定有”(“同品定有性”);第三相是“於彼無處念此遍無”(“異品遍無性”)。遵守這三相,就能“生決定解”,宗作爲論題就得到確認。

4. 古因明的弊病

“若爾,喻言應非異分,顯因義故?”古師問難。既然同、異喻顯示了因後二相,喻支就不應成爲因外獨立的一分。

陳那認爲:“因言衹顯示了宗法性,没有顯示後二相,故須别説。”

古師又問:“衹將因支所表示的意義稱爲因,有什麼不對呢?”

陳那回答:“就會同勝論外道説因外别有二喻一樣,不能體現因的後二相。”

“若爾何失?”古師又問:“縱使與外道相同這有什麼過失?”

“此説但應類所立義,無有功能,非能立義”,陳那認爲古師因襲勝論外道在喻支上不設喻體,舉瓶證聲,無有功能,其喻便算不上能立。由於不能顯示因與所立不相離性,“此復餘譬所成立故,應成無窮”,會帶來無窮類譬的弊病。

“又不必定有諸品類”,瓶有可燒、可見的性質,難道聲也有嗎? 有了同喻體,説“諸所作者皆無常”就限定了瓶與聲相比較的範圍,就避免了將瓶、聲之上所有屬性一一類譬的弊病。

陳那進一步指出,世間外道衹用異喻依來顯示有宗異品和因異品,不説異喻體“宗無因不有”,“故定無能”,因爲會把不定因也當作正因。

四、能立、似能立唯悟他

能立與似能立都由宗、因、喻多言組成。“爲開悟他説此能立及似能立”。能立與似能立的目的都是爲了開悟對方。

五、立具：現量與比量

1. 現量與比量唯自悟

“爲自開悟唯有現量及與比量。”認識的來源衹有二種：現量與比量,分别以自、共相爲認識物件。它們“爲自開悟”,正是爲了自悟。

2. 現量與似現量

“現量除分別”：現量是離開了分別的認識。

現量有四種：五識身、五俱意、諸自證、修定者。

似現量有五種：憶念、比度、悕求、疑智、惑亂智。它們都是由於對先前所領受的境義起分別心而產生的。

3. 比量

“餘所説因生”：比量智是在現量智的基礎上產生的。比量是以正因爲根據的推理。

第三節　能破與似能破

一、能破

“能破闕等言”：前面提到的支缺和支失等各種過失，被一一揭示出來，都稱爲能破。

二、似能破

似能破是錯誤的反駁，“似破謂諸類”是説似能破包括兩種類型：第一種指同法相似等十四過類稱爲似能破。它們是對正能立的難破，反使自己墮落於能被破斥的境地。由於與真能破的物件（似能立）成爲同類，被稱爲過類；第二種是針對似比量而難破，或者不知其過失之所在，或者不知如何方便破斥。第二種雖爲似破，但與過類有别。

1. 同法相似

以異法喻依來代替同法喻依從而成立相違之宗，這種似能破稱爲同法相似。例如立方以“聲是無常”爲宗。以“勤勇無間所發性故”爲因，同喻“如瓶”，異喻如“虛空”。敵方故意以“虛空”爲同喻依，並以“無質礙等故”爲因顛倒成立“聲是常”宗。“無質礙”因於“常”的異品中有，例如“樂”是“無常”，

“樂”是“無質礙”,違反了“異品遍無性”,同喻體“諸無質礙皆見其常”也不能成立,因此敵方的難破是似能破。

2. 異法相似

以同法喻依來代替異法喻依從而成立相違之宗,這種似破稱爲異法相似。立方的比量如前。敵方把同法喻依“瓶”作爲異法喻依,難破説:“聲是常宗,無質礙故因,異喻如瓶。”在這個反駁中,異品“樂”同樣有因,是似能破。

3. 分别相似

由分别同法喻依的不同屬性作爲因從而顛倒成立相違之宗,這種似能破叫分别相似。立方比量同前,敵論者難破説,在同法喻依瓶上有可燒、可見等屬性,聲音卻有不可燒、不可見等屬性,因此聲不同於無常之瓶,聲是常。難破者以“不可燒”或“不可見”爲因證“聲常”宗,有不定因過,如空等不可燒,爲常,如樂等不可燒爲無常。

4. 無異相似

以同法喻依與宗有法在所有屬性上都相同而成無異來難破,這種宗、喻無異和宗、因無喻以及二宗無異統稱爲無異相似。

第一無異相似是指宗、喻無異。難破者難破的物件仍是“聲是無常,勤發故,如瓶”,敵論者故意説瓶與聲既然都有勤發性和無常性,則聲亦應有瓶的其他一切屬性,以致聲與瓶無異。這顯然錯誤。敵論者據以破斥的理由是,兩物衹要有相同屬性則一切屬性相同,而瓶與聲一切相同是荒謬的,所以,立論錯。敵方運用了歸謬法,但是其前提爲,兩物衹要有相同點則兩物全同,這一前提不能成立。因此敵論爲似能破。

第二無異相似是指宗、因無異。立方説“勤發”因與“無常”宗法相通,並没有説“勤發”因等於“無常”宗法。敵方故意説用“勤發”因證“無常”宗,會造成“勤發”因完全等同於“無常”宗法。由於宗上之法於宗有法上有爲立、敵所不共許,於是因法“勤發”也變成不共許的似因了。敵方反駁的理由是,如果兩物有相同屬性,則兩物全同。此理由不能成立,故是似能破。

第三無異相似是指等成二宗,即二宗無異。敵方的反駁是:瓶是勤發、可燒,所以聲是無常,聲是勤發不可燒,所以聲是常。同一個勤發因證成了“聲無常”和“聲常”兩個矛盾之宗,因此立論不成立。敵方的理由“聲不可燒推出聲常”不成立,故是似能破。

5. **可得相似**

以立論之因非唯一正因即還有其他正因來難破。稱爲可得相似。包括兩種情況：

第一可得相似是指，敵論者認爲，電、光等無常現象可用同品一分無的電等由“眼可見”等因來證得，因此“勤發”因非“無常”之正因。其宗以“勤發”因證“無常”宗是有之必然，無之未必不然，而非敵論所説“無之必不然”。因此敵論者之難破不能成立，是似能破。

第二可得相似是指：敵論者認爲“勤發”因非“聲是無常”宗的正因，因爲此因未遍及宗有法聲，有不成因過。這一反駁是錯誤的。佛家用“勤發”因證成的是“内聲無常”，而非“聲是無常”。

6. **猶豫相似**

或者增加宗法中的含義使因成爲不定因，或者對因法中的含義特别加以選取而形成的似能破稱爲猶豫相似。例如，敵論者難破説，“勤發”因有顯發和生成的不同含義，使得“聲是無常”不能確定究竟是隱顯無常還是生滅無常，因此“勤發”因是猶豫不定之因。敵論之反駁增益了宗的内容，故是似能破。

7. **義准相似**

以倒離的方式來難破爲立者所不樂，就稱爲義准相似。例如，敵論者難破説，如立論者以“勤發”來證“無常”宗，那麼“諸非勤勇所發皆見其常”。敵論者的反駁是錯誤的。因爲顛倒了異喻體的主、謂順序，有倒離的過失。

以上七種過類中前四種所破斥的對象是古因明師的五支作法，與我陳那的新因明論式有所不同，古師的論式雖没有顯示因、宗的不相離性，但也反映了因、宗之間的一定聯繫，敵論者加以難破，因此是似能破。

8. **至非至相似**

敵論者認爲，立方之因無論與所立法（宗的謂項）相通還是不相通都有過失。這種錯誤的反駁稱爲至非至相似。例如，敵論者反駁説，若能立因“至”所立法，則因與宗無異，因不成其爲因；若能立因不“至”所立法，因也不能成立。這一反駁的錯誤在於，立方之因至所立法衹是顯示因、宗不相離關係，由此不能必然得出因、宗没有差别。

9. **無因相似**

敵論者難破説，立方之因無論在宗之前，在宗之後，還是與宗同時成立都有過失,這樣的難破稱爲無因相似。

如果三時無因能夠成立的話,則一切因皆非正因,因此三時無因的難破是似能破。

"又於此中有自害過,遮遣同故"。以上兩種相似過類都有違害論敵自身的情況。如果立論要被排斥,那麼敵論同樣要被排斥。

10. 無説相似

在因言説出之前因便没有,因既然没有,宗也就不能成立,難破者這種有過失的反駁稱爲無説相似。

立論者用"勤發"因是爲了了知"無常",不是爲了生彼"無常",以因來了知宗能知宗成立,不用因來了知宗,其宗不一定不成立。

11. 無生相似

在聲顯發之前"勤發"因也没有,因此宗也不能成就,敵論者的這一難破不正確,被稱爲無生相似。

立方根據"聲是勤發"可以推出"聲是無常",有之必然,無之未必不然。敵方以"没有勤發"來否定"聲是無常",是錯誤的。如果聲在顯發前有體,那麼"勤發"因也應成爲因;聲在未生之前本無,不能成爲宗有法,因此不能判定"勤發"是不成因。

敵論者進一步難破説,如果立論者之宗不能成立,那麼還有相違之宗可以成立。這就是第二無生相似。由於難破者之因有不定過,並非所有的非勤勇發者皆無常,所以相違宗不能成立。

12. 所作相似

所作相似分爲三種。第一所作相似是説,敵論者以瓶的所作不同於聲的所作因而有不成因過來難破。這種難破不能成立,是似不成因過破;第二所作相似是説,敵論者以聲的所作性不同於瓶的所作性,以致同品瓶無因而有所謂的相違因過,其實是似相違因過;第三所作相似是進一步非難説,聲之所作不但同品瓶上無,異品常上(如空)亦無,所作因便有不共不定因過,其實同品瓶上有所作因,非不共不定,因此敵之難破是似不定因過破。

爲什麼這三種所作相似都有過失?因爲立論者的比量祇是根據所作因法的共相建立起來,否則,正確的比量便建立不起來。

13. 生過相似

難破者對已經共許極成的同喻依還要求以因來證成,這種過類稱爲生過相似。例如,“瓶等無常,復何因證?”已共許的同喻依不必再用因去證成,因此是似能破。

14. 常住相似

敵論者以無常性恒常隨附於聲來難破立論者,這種難破稱爲常往相似。這是將立方之宗“聲是無常”偷換成“聲的無常性恒隨於聲”,因此可稱爲似宗過破。

三、十四過類與負處

1. 對十四過類總評

“如是過類足目所説,多分説爲似能破性,最極成故,餘論所説亦應如是分別成立。”十四過類都屬於似能破,其中多數是依照足目所説,最能得到各方的贊同,因此各家論著都應當照此建立過類。

2. 對古師負處之評説

對於負處的看法,古師有不同的説法,有的屬缺支過或支過,有的是蠻不講理的難破,有的是詭辯,本論不予採録。我都把它們納入到三支作法的宗、因、喻諸過中加以解決。

第四節　總　結

用四句頌文作一總結,闡述本論目的。

第三章 《理門論》的邏輯體系

陳那新因明的邏輯體系和三支作法的推理種類，我在《佛家邏輯通論》中已經作了全面的論述。《理門論》的許多重要論述也都作了引證和詮解，但是還不夠完整，不夠系統。由於 20 世紀關於因明與邏輯的比較研究的論著大多主要是依據《入論》而作。《入論》儘管是研讀《理門論》的入門階梯，但不能代替《理門論》。《入論》所刪去的四部分內容正是理解《理門論》邏輯體系的關鍵。《〈因明正理門論〉研究》作爲一本《理門論》的專著絲毫不提及共比量的規定和陳那與古師及外道之間的辯難，該書儘管詳論了九句因，卻拋棄了它的精神實質。下面我們就根據這四方面的內容原原本本地揭示其邏輯體系。

第一節 討論立破之則限於共比量

《理門論》討論立破之則限於共比量範圍。通觀《理門論》和《入論》全文，沒有關於自比量和他比量的論述，當然也就不會有簡別的論述。關於自、他比量的理論是商羯羅主之後才發展起來的。

共比量是與自、他比量相對而言的。在陳那和商羯羅主時代，既然還沒有自比量和他比量的説法，因此連共比量這個概念在二論中也未出現。當時的因明家討論立破之則事實上僅僅限於共比量。下面一大段文字是《理門論》關於共比量的規定：

此中“宗法”唯取立論及敵論者決定同許。於同品中有、非有等亦復如是。何以故?今此唯依證了因故,但由智力了所說義,非如生因由能起用。若爾,既取智爲了因,是言便失能成立義。此亦不然,令彼憶念本極成故。是故此中唯取彼此俱定許義,即爲善說。由是若有彼此不同許,定非宗法,如有成立“聲是無常,眼所見故”。又若敵論不同許者,如對顯論,“所作性故”。又若猶豫,如依煙等起疑惑時,成立“大種和合火有,以現煙故”。或於是處有法不成,如成立“我,其體周遍,於一切處生樂等故。”如是所説一切品類所有言詞皆非能立。於其同品有、非有等亦隨所應,當如是說,於當所説因與相違及不定中,唯有共許,決定言詞,説名能立,或名能破。非互不成,猶豫言詞,復待成故。

一、共比量的總綱

陳那首先規定“宗法”必須立、敵決定共許。“宗法”即因法,因是宗上有法之法。宗法共許極成包含兩層意思:一是此概念必須爲立、敵雙方共許極成;二是它必須滿足第一相“遍是宗法性”,即因必須是宗上有法之法,也就是説因支作爲判斷要能成立。例如,因支“聲是所作性”能成立。這第二層意思還必須是“決定”而没有絲毫猶豫不定的。

陳那在本段後面説的一句“於同品中有、非有等亦復如是”含義豐富。整個九句因都必須立、敵共許。九句因是指同品、異品與因在事實上有九種不同關係。以第一句“同品有因、異品有因”爲例,這第一句是説“所有同品都有(是)因並且所有異品都有(是)因”。

首先,同品、異品的範圍即外延必須確定,要得到立、敵雙方共許。在“聲是常”宗裡,聲音是常的同品,還是異品?這正是立、敵雙方要爭論的問題。在爭論還没有結果之前,聲音既不能作爲“立論及敵論者決定同許”的同品,也不能作爲異品。因此,同、異品除宗有法,應當看作是“立論及敵論者決定同許”的内容。

其次,是“所有同品是因並且所有異品都是因”這一聯言判斷要爲立、敵共許。例如,“聲常,所量(認識物件)性故”,常的同品如空,常的異品如瓶等,立、敵雙方都共許所有同品有所量性,也都共許所有異品有所量性。其餘八句因都包括這樣的兩層意思。

再以第五句因爲例,“聲常,所聞性故”,這句是說“所有同品不是因,所有異品不是因”。立、敵雙方要共許這一句,衹有滿足一個條件,即同、異品除宗。九句因都作如是觀,然後才能探討九句因中哪些是正因,哪些是似因。

二、爲什麽要共許極成

宗法要共許,九句因都要共許,就是説因法概念和九句因中的正因、似因(判斷)都得共許。爲什麽要立、敵共許呢?針對這一疑問,陳那回答説:“今此唯依證了因故,但由智力了所説義,非如生因由能起用。”這是説,因的證宗作用依賴於敵、證的智了因,當敵論者、證人的智慧了知、贊同立者之因,該因便有證宗之功能;反之,當敵、證之智不了知該因,能立之因便起不到開悟敵、證的作用。智了因不同於言生因。如種生芽,並非由智力知才爲因,智力知,它是生因,智力不知,種仍爲芽之生因。這是由於種有生芽之用,因此種爲芽之因。儘管如此,生因能不能成爲敵、證解悟的智了因,還有一個能否得到敵、證主觀認可的問題,所以因的選擇要符合立、敵雙方共許極成,以共許因法證不共許宗法。

別人又難,照你這麽説,因言便失去了能成立義。陳那答覆説,立論者借助因言能使敵、證回憶起因言所表達的因義是立、敵雙方原先就共許極成的。因此在論證中衹選取雙方決定共許的宗法等,才是正確的論證。

三、四不成因與“一切品類所有言詞”

接著陳那舉例説明四不成因過。這四種不成因被《入論》稱爲:兩俱不成、隨一不成、猶豫不成和所依不成。前三種屬於判斷方面的不共許,後一種是講概念非共許,導致因法概念無所。

如果説“聲是無常,眼所見故”,那麽這是兩俱不成,立、敵都不贊成聲音是眼睛能看見的。

如果對聲顯論立“聲是無常,所作性故”,那麽這是隨一不成,“所作性故”因立許敵不許。立、敵雙方衹要有一方不許因於有法上有,就有過。

以因證宗,因必須是“決定”因,而非猶豫因。如果以“現見有煙”(是否有煙還疑惑不定)來證“彼處有火”宗,此因便有猶豫不成過。

當宗之有法不共許,使得因法無所依,此因便有所依不成過。例如,勝論師對佛弟子立“我,其體周遍,於一切處生樂等故”。佛家不承認有常住之我,有法不共許,因法便無所依。這是概念不共許導致因支這一判斷不共許。一個判斷要爲立、敵共許,其前提是組成判斷的概念要爲立、敵共許。

在解釋了四不成因之後,陳那總結説“如是所説一切品類所有言詞皆非能立”。對這一句,神泰《述記》解釋説:“如是類釋,更於所説餘一切品類有法上所有四不成言辭皆非能立。”(卷一頁二十右)因作爲宗法,是説因是宗上有法之法。四不成因是説因不成爲宗上有法之法。宗之有法衹有一個,爲什麽説“餘一切品類有法”呢?這是説宗上有法之外的其餘一切有法。在陳那的三支作法中,除宗的主項是有法外,還有同品、異品和同喻依、異喻依可以成爲有法。有法與法相對,有法爲體,法爲體上之義。有法相當於事物,法相當於事物的屬性。如同因法對於宗上有法有成和不成的關係一樣,一切法對於有法同品、異品、同喻依和異喻依都有成、不成的關係。如果存在四不成的情況,都不能算能立。

《述記》的這一解釋實際上已經説明了宗有法被排除在同、異品之外,換句話説同、異品除宗有法,同樣同、異喻依除宗有法。因爲宗有法是不是所立法的同、異品,正是立、敵要爭論的問題。宗有法如聲能不能成爲無常的同、異品,在立宗之際還沒有共許極成,如果立、敵雙方任一方把它列爲同品或異品,就有所依不成之過。

玄應所引的四家唐疏明言同品除宗有法,其中有三家被日僧鳳潭的《因明論疏瑞源記》標明爲文軌、璧公和窺基。爲什麽不見因明大家神泰?細讀神泰《述記》關於四不成因的解釋,對陳那論主的這一潛規則,他也是預設的。根據文字記載,算上神泰、玄應和淨眼,再加上慧沼,至少有七八家之多是主張同、異品除宗有法的。這應當是玄奘的口義。

“於其同品有、非有等亦隨所應,當如是説。”這是對前一句“一切品類所有言詞”的具體解釋,一句話,九句因的組成都必須共許極成。陳那又進一步解釋説:“於當所説因與相違及不定中,唯有共許,決定言詞,説名能立,或名能破。”意思是説,九句因中的正因、相違因和不定因,都必須立、敵雙方共許極成,然後才能把正因説成能立,把似因説成能破的對象。例如“聲常,眼所見性故”,立、敵雙方都認爲“眼所見性”非聲所有,“眼所見性”才能定爲似因。立、敵雙方都共許此因有不成因過,對這一比量的破斥就是真能破。

四、二論之比較

《理門論》關於共比量的論述著眼於能立,強調以立、敵共許之能立(因喻)去證不共許之所立宗。

《大疏》在引用《理門論》上述論述之後緊接著説:“故知因、喻必須極成,但此論略。”(卷二頁九右)此論指《入論》。

《入論》衹講了“此中宗者,謂極成有法,極成能别”,此句意爲,組成宗體的兩個宗依(主、謂項概念)有法和能别法必須立、敵共許極成。

能不能因爲《入論》未講因、喻必須決定同許而責難商羯羅主違背師説,從而得出《入論》與《理門論》在共比量的規定方面存在矛盾呢?不能這樣看問題。商羯羅主是把陳那的共比量理論當作成説接受下來,因而關於因、喻必須同許略而不述。從《入論》關於正因和似因的論述來看,其中包含了因、喻必須同許的觀點。他單單講組成宗的兩個概念要共許極成,衹不過是他認爲應強調一下,應説得更明確一些。“極成有法,極成能别”這一説法還不能説是對《理門論》的發展。因爲陳那實際上已概括進去了。

四不成似因中的所依不成從反面規定了宗有法必須決定同許,陳那著眼於因的有依、無依,有法不成,因無所依,便成似因。

宗的謂項即能别法(所立法)要不要決定同許,陳那似乎没有明文規定,實際上在講因、喻必須同許中也規定了。“同品中有、非有等亦復如是”一句言簡意賅,所藴含的内容實在太豐富了。如前所述,同品有、非有等須共許,包含兩層意思:一是同品、異品概念須同許,二是判斷須同許。有的因明著作稱前者爲體義極成或實有極成,稱後者爲依轉極成。《理門論》在後面對什麼是同品作了規定,同品是同於所立法的對象。既然同品得立、敵同許,當然所立法(能别)也應立、敵同許。因此説陳那在論述因、喻必須同許中實際上也規定了組成宗支的兩個概念也必須同許。我們也不能因爲陳那没有明文規定就説陳那没有關於宗依必須同許的觀點。

因此,我們可以這樣説,《理門論》與《入論》在共比量的規定方面是前後相續,並無矛盾的。

下面,我們概述一下同許的物件:

第一,兩個宗依必須同許。

第二,因概念必須同許,因概念在宗有法上遍依、遍轉即“遍是宗法性”(所有有法是因法)也必須同許。

第三,同品、異品必須同許,同品有、同品非有、異品有、異品非有等都得同許。這一條中實際包含了同、異品除宗有法。《理門論》在這一段話裡雖未明言同、異品除宗有法,但這是明擺著的。在“聲是無常”宗裡,聲是無常的同品還是異品,正是立、敵要爭論的物件,當然既不算同品,也不算異品。立、敵不能同許才會有爭論。古人真是惜墨如金,統觀《理門論》全文,衹有一處直接講到同品除宗有法,這是在因三相的第二相的表述中,“於餘同類念此定有”,就是説宗有法之餘的同類事物中定有因法。但是在陳那時代,同、異品除宗對立、敵雙方是平等的。同品若不除宗,則任立一量,都不會有不滿足“同品定有性”的過失,“同品定有性”這一規定等於白説。立方有循環論證的過失。異品若不除宗,敵方可以以宗有法爲異品,異品有因不滿足“異品遍無性”,則任何比量都無正因。這等於奉送敵方反駁之特權,敵方可以毫不費力地駁倒任何比量。同、異品不除宗,對印度陳那所處時代各宗各派的理論家們來説,是不可思議的事。辯論失敗了,甚至要“斬首相謝”。我們今天在書齋裡做學問,可以不負責任,不擔任何干係,想著要修改一下異品定義就修改一下。

第四,同、異喻體要同許,同喻依要同許,異喻依則可以缺無,甚至可以舉虛妄不真的物件如兔角、龜毛等。

二喻即因,二喻是因的第二相和第三相的體現。因三相須同許,二喻同樣要同許。同喻依是一身二任,既是宗同品,又是因同品。同品要除宗有法,同喻依也要除宗有法。同樣,異喻依也要除宗有法。

五、自比量中的同、異品

關於共比量、自比量、他比量三種比量的理論,我在《佛家邏輯通論》第八章中已經作了專題討論。

從《理門論》和《入論》中我們没有發現關於自比量和他比量的論述,可以推測三種比量的理論是陳那、商羯羅主之後才發展起來的。在大乘佛教中觀派論師清辨的《掌珍論》中已經有了簡别的方法。不過對自、他比量簡别的方法在當時因明家手中還是一種生疏的理論。玄奘在印度求學期間,對三種比量理論及其簡别方法已經運用自如,達到了當時的最高水准。他的老師勝軍經過四十多年深思熟慮而立的一個比量卻有過失,玄奘運用簡别的方法,將這一有過失的共比量改爲自比量,從而避免了過失。同樣,他在十八日無遮大會上立的“唯識比量”被本門弟子定賓評論爲“頭放掌珍,身象唯識”(《大藏經》新文豐出版公司影印版 68 冊第三一九頁),也是運用簡别的方法,使自比量避免了過失,從而立於不敗之地。奘師没有留下因明專著,他關於三種比量理論及其簡别方法的口義保存在《大疏》之中。奘門一系對三種比量簡别的理論有整理發展之功,是對印度因明的一大貢獻。當然,在《大疏》中還存在理論概括與實例分析不相一致的地方。

陳那關於共比量的專門術語是“決定同許”,這包括兩層意思。“決定”相當於今天説的判斷要明確,不能有絲毫含糊和猶豫。“同許”是立、敵雙方認可。《入論》中的“極成”比“同許”含義更深刻。《大疏》解釋説:“極者,至也。成者,就也。至極成就,故名極成。”(卷二頁二右)《大疏》接著説這至極的成就是“至理有故,法本真故”。這種“至理”是本真的,即所反映的物件是實際中有的,因此就不是立、敵中的一方單獨承認的,而是雙方共同承認的。極成包括兩層意思:一是涉及客觀的情形——至極的成就;二是涉及主觀的態度——雙方承認即共許。因明家特别强調共許,由於因明作爲論辯邏輯,立正破邪的目的是悟他,因此衹要雙方共許了,那麼也就是極成了。即使雙方共許而事實上不真,也算是極成的。正由於此,《大疏》便直截了當地説:“共許名爲至極成就。”(卷二頁二右)

在唐疏中,自比量和他比量有兩種情况,既有純粹的自比量和他比量,又有混合的自比量和他比量。

有人主張,在自比量中,同品不除宗有法,宗有法就是自同他異品。

如果宗有法在自比量中是自同他異品的説法成立,則會帶來兩個問題。

第一個問題是,“同品定有性”等於虚設,可以取消,但是,這不合陳那《理門論》體系。如果對於任何一個自比量來説,宗有法都可算自同品的話,那麼任何一個自比量都不會有違反"同品定有性"的過失出現,"同品定有性"這條規則還有什麽用呢?

第二個問題是,任何一個自比量都不是正能立。如果承認宗有法是他異品,則異品有因,因此任何一個自比量都不滿足"異品遍無性"。

可見,自同他異品的説法與陳那的因明體系相矛盾。陳那的因三相規則既適用於自悟門中的爲自比量,也適用於悟他門中的爲他比量。在唐疏關於悟他門的論述中,共比量、自比量和他比量所遵循的規則也是一樣的。衹不過在自、他比量中,除了同、異品仍然要除宗有法以外,其他所有概念和因支、喻體都可加以簡别,即説明是單方面承認的,就可以避免過失。

文軌《莊嚴疏》在解釋不共不定因過(第五句因)時又説:"如佛弟子對聲論立宗云,'聲是無常,因云所聞性故',此因望自同、異二品皆悉非有,望他聲論即於異品聲性是有,故是自不共也。"(卷三頁二右)這是説自比量中出現第五句因過的實例。對立論一方來説,當用"所聞性"因來證"聲無常"宗時,也要把"聲"除外。除聲之外,任何同、異二品都無"所聞性"因。今人有謂,自比量中同、異品可以不除宗有法①,應當溫習一下軌師之釋。

在全部唐疏中,找不到一個自比量的實例是以宗有法爲宗同品,或以宗有法爲他異品的。道理很明白,任何一個比量,以宗有法爲同品,陷入循環論證;以宗有法爲異品,則授於敵方反駁的特權,使得一切量無正因。

第二節　同、異品定義與九句因和因三相

一、什麽是同品、異品

同品、異品兩個概念是組成九句因的兩個最基本概念,因三相規則是對九句因中兩句正因的概括。衹有搞清楚什麽是同品、異品,才能把握住因的規則,也才能正確把握陳那因明體系的邏輯性質。

① 姚南強:《論陳那新三支式的邏輯本質》,載《復旦學報》,1990年第6期。

同品、異品必須立、敵“決定同許”，在前一章我們已經作了論述。《理門論》正是在論述了同品、異品必須“決定同許”的前提下，對同、異品下了定義：“此中若品與所立法鄰近均等，説名同品，以一切義皆名品故。若所立無，説名異品。”這是説與所立法之義（性質）相同的品類都是同品，而没有所立法的品類就是異品。陳那强調以義爲品。義依於體，體上有義。這與邏輯上説屬性與事物關係相同。事物與屬性不可分。同、異品的品，正取於義，兼取於體。因此，有所立法這一性質的物件就稱同品，而没有所立法性質的物件就稱爲異品。例如，在“聲是無常”宗裡，有無常性質的瓶、盆、電、光等都是同品，没有無常性質的虛空是異品。宗的主項即有法如“聲”是“無常”的同品還是異品，正是要爭論的問題，因此，既非同品，也非異品。

今天的因明研究者對陳那的同、異品定義有兩種批評意見。

巫壽康先生的《研究》批評説，陳那的這一定義由於没有規定除宗有法，因此這一定義與《理門論》基本理論九句因説、因三相説相矛盾（第5頁）。

這一“矛盾”並非出自《理門論》，而是出自《研究》。

前面説過遍查《理門論》，衹有一處直接説到同品應除宗有法。這就是因三相中的第二相“於餘同類念此定有”。“於餘同類”就是説宗有法之餘的同於所立法的一類對象。那麽爲什麽《研究》説與九句因、因三相矛盾呢？《研究》的作者是從九句因中的第五句因“同品非有並且異品非有”中“讀”出來的。第五句因的實例是“聲常，所聞性故”，除了聲以外，没有任何同品有“所聞性故”因，也没有任何異品有此因。第五句因的存在表明《理門論》的同品和異品都是除宗有法的。

巫著既然能從第五句因中“讀”出同、異品除宗，爲什麽不能從陳那在作了“決定同許”的規定之後所下的定義之中也“讀”出同、異品除宗呢？

同、異品除宗對陳那同時代的學者們來説，恐怕是朗若白晝的事情，根本不必要説，説了反而多此一舉。

爲什麽唐疏四家給同、異品下定義都要明明白白説明除宗有法呢？這是因爲文化傳統不同。因明是印度的邏輯。古因明中，同喻依、異喻依不能是宗有法，否則有循環論證的毛病。因明在唐代輸入漢地，當時是一門非常時髦而又極其生疏的新鮮學問。對一門新學問的傳播來説，把隱藏著的對印度因明家不言而喻的道理明明白白地揭示出來，是很正常的。對《理門論》内部的所謂“矛盾”，陳那是不負責任的。

對陳那《理門論》中的同、異品定義，沈劍英先生作了另外一種批評。

要瞭解沈劍英先生的批評意見，還得從他與周雲之先生關於因的三相能否缺一的爭論談起。

周文認爲，商羯羅主在《入論》中指出：“謂所立法均等義品，説名同品。如立無常，瓶等無常，是名同品。”這裡的同品就是指的與宗法（即宗後陳）同類之物。大家都承認“異品遍無性”中的異品就是指的與宗的後陳相異之物，因此“同品定有性”中的同品理應是指與宗後陳相同之物。……不應當在一處是指與因相同之物爲同品；另一處又是指與宗後陳相異之物爲異品，這樣就必然陷入前後矛盾的困境。

周文的理解我以爲符合商羯羅主的本意，也符合陳那《理門論》的本意。但是，沈劍英先生卻認爲“失之偏頗”。

沈劍英先生説：“確實，商羯羅主説過‘謂所立法均等義品，説名同品’的話，但這衹是説及了一個方面，商羯羅主還説到同品須同於因的一方面。《入正理論》云：‘同法者，若於是處顯因同品，決定有性，謂若所作，見彼無常，譬如瓶等。’此句意謂：凡同法喻，當它顯示出是因同品時，就定然同時顯示出它也是宗的同品。如瓶有‘所作性’，亦定有‘無常性’。正因爲同品有同於因和同於宗兩方面，所以窺基將同品明確分爲因同品和宗同品兩種。”（《佛家邏輯》第76—77頁）

這一大段話問題不少。

商羯羅主説的“云何名爲同品、異品？謂所立法均等義品，説名同品”這一句是對同品下定義，它與《理門論》所説“此中若品與所立法鄰近均等，説名同品”内容完全一致。沈劍英先生批評商羯羅主關於同品的定義“衹是説及了一個方面”，同樣也批評了陳那《理門論》的同品定義不全面。

沈劍英先生的這一觀點，我在《佛家邏輯通論》中已經作了反駁。這裡再作一點補充，並且再一次強調説明，對陳那新因明中的基本概念的解釋，一定要原原本本照《理門論》有關論述加以解釋，而不能隨意加以發揮。

第一，《理門論》中出現的“同品”就是宗同品，是與所立法相同性質的品類。陳那從來没有在宗同品和因同品的屬概念的意義上使用“同品”一詞，也没有在屬概念的意義上爲“同品”下定義。《大疏》所説分爲宗同品和因同品的同品與陳那《理門論》中的同品不是一個概念。不能混同。

第二,當宗已經確立,而立宗的一方還没舉出因來證宗之時,同品就已經確定了。那就是除宗以外一切具有所立法的物件。例如,“聲是無常”宗一旦確定,具有無常性的瓶、盆、電、雷等就是同品的外延。這是爲立、敵雙方所決定同許的。不管立方會提出什麽樣的因來證明宗,都不影響瓶、盆、電、雷成爲無常的同品。這就説明,同品的内涵和外延與因毫無關係。

第三,當立方用正因“所作性故”或“勤勇無間所發性故”來證“聲是無常”宗時,瓶、盆、電、雷等是無常的同品,衹不過所有的同品都有“所作性故”因,而有的同品如瓶、盆有“勤發”因,有的同品如電、雷等没有“勤發”因。“勤發”因是正因,是九句因中的第八句因。它三相具足,它雖然不能“正成”電、雷等非勤發的對象,電、雷等仍不失爲“無常”的同品。在九句因中,當同品有非有因(俱),異品與因有三種情況。這就是第七句因“同品有非有並且異品有”,例如,“聲非勤發,無常故,同喻如電、空,異喻如瓶”。“無常故”雖然是共不定似因,但是不妨礙“電”“空”成爲“非勤發”的同品。同樣,第九句因“聲常,無觸對故,同喻如空、極微,異喻如業、如瓶”。“無觸對故”因儘管也是共不定似因,“極微”是有觸對的,無“無觸對故”因,但是印度當時的立、敵雙方卻承認“極微”是“常”的同品。

第四,再拿第五句因來説,例如“聲常,所聞性故,同喻如空,異喻如瓶”。雖然除聲以外,没有一個同品有因,也没有一個異品有因,同、異俱無,“所聞性故”是不共不定似因,但是立、敵雙方都承認“虚空”是“常”的同品。

同樣,九句因中的四、六兩句相違因,都是同無、異有,如果同品要同於因法,則作爲過失因的相違因也就不存在了。

可見,“同品須同於因的一方面”並不是同品概念的内涵。給同品下定義,完全不必要顧及它與因的關係。

第五,沈劍英先生用同法喻來解釋同品,這衹能説明正因必須滿足同品定有這一條件,而不能説明同品概念本身具有因的内涵。

同樣,“同品定有性”是正因的條件之一,而不是同品概念的内涵。一個因要成爲正因,必須滿足同品定有這一條件,而不是説一個對象要成爲同品必須滿足有因法這一性質。

《大疏》對同品的解釋作了錯誤的發揮:“雖一切義皆名爲品,今取其因正所成法”(卷三頁五右)“此中但取因成法聚,名爲同品。”(卷三頁二十一左)。《大疏》的錯誤在於另立標准,從而縮小了同品的範圍。這一錯誤爲熊十力先生所沿襲,在沈劍英先生的各種論著中又一再加以發揮。沈先生在《玄奘和唐初的因明研究》中説《入論》關於同品的“定義似欠嚴密”,因此作如下修正:“所謂‘同品’就是具有因法和宗法性質的對象”,並説,“同品主要在同於因法”。(《中國歷史上的邏輯家》第148頁)

總之,“什麼是同品”與“因應與同品有什麼樣的關係才能成爲正因”這是兩個不同的問題,沈先生卻把它們混同了。

沈著用同法來解釋同品,還主張同法喻體與“同品定有性”邏輯形式一致,我們知道同喻依既是宗同品又是因同品,這樣一來,同品、同喻體、“同品定有性”和同喻依這四個不同的概念就成了同一個概念。陳那的新因明體系就亂了套。

打個比方,要回答什麼是三段論的大詞,衹要説“結論中的謂項”就可以了。不必説中詞與大詞應該有什麼關係。在一個三段論裡,中詞周延也好,一次也不周延也好,都不影響大詞之所以爲大詞。前提中的名詞衹要與結論中的謂項相同,那麼它就是大詞。這個三段論不管形式正確還是不正確,都與什麼是大詞這個問題無關。同樣,什麼是同品與因的正與不正無關。

二、同、異品除宗與九句因和因二相

前面我們已經闡明什麼是同、異品。根據陳那《理門論》本身的論述,我們可以爲同、異品下一個完整的定義:所謂同品是指除宗有法以外凡有所立法的物件;所謂異品是指除宗有法以外凡没有所立法的物件。

九句因是關於因法與同品和異品的九種不同關係。九句因中的所有同品、異品概念都滿足上述定義。

陳那雖然在《理門論》《因輪論》和《集量論》中都没有直截了當地定義同、異品是除宗有法的,這不是疏忽,而是在當時來説没有任何疑義。九句因中第五句因的存在本身就説明同、異品是除宗有法的。況且在表述因的第二相“同品定有性”時説,“於餘同類念此定有”,這“餘”字,就是除宗有法之餘。

在九句因中,衹有第二句因同有異無和第八句因同俱異無是正因。因三相是對二、八正因的概括。過去有人認爲九句因衹講了後二相，這是誤解。《理門論》關於九句因的頌文就是“宗法於同品”，這是説九句因的每一句中因法都首先必須是宗法，即滿足第一相“遍是宗法性”。因此，對二、八正因的概括就是完整的因三相。由於在二、八正因和因三相中的同、異品也是除宗有法的，這就使得二、八正因中的異品無因和第三相“異品遍無性”都不是全稱命題，而是除外命題。遵照因三相原理而建立起來的三支作法是不是演繹推理就爲爭論的焦點。對此，今人有三種不同的見解。

第一種觀點是將同、異品除宗有法忽略不計，把異品無因和“異品遍無性”當作全稱命題，並由此出發，斷定同、異喻體的邏輯形式也是全稱命題，從而判定三支作法爲演繹論證。

國内外持這種觀點的居多。例如，蘇聯的舍爾巴茨基的《佛教邏輯》、印度維提布沙那的《印度邏輯史》，還有日本末木剛博教授等，國内則絶大多數人作如是觀。

這一觀點不合邏輯。因爲衹要承認同、異品除宗有法，則符合因三相原理的因便不能必然地證成宗，三支作法便没有達到演繹的水准而仍停留在類比(歸納的一種)的水准上。

第二種觀點是承認陳那九句因中的同、異品是除宗有法的，並且看到了二、八正因和因三相規則並不能必然地證成宗。這是正確的。巫壽康先生在《研究》中持這一觀點。可是《研究》又認爲同、異品除宗與“《理門論》由因三相能推出宗的理論矛盾”。這又值得討論。

《研究》一方面認爲九句因、因三相是《理門論》的基本理論，因而據此否定同、異品不除宗的觀點；另一方面又認爲九句因、因三相不是《理門論》的基本理論，因爲它們與陳那“生決定解”即根據因三相能必然證成宗矛盾。《研究》陷入了自相矛盾。爲什麼會出現矛盾？巫壽康先生預先把陳那新因明看作演繹邏輯，然後用演繹的眼光去衡量二、八正因和因三相，發現它們不夠格，與《研究》預設的演繹邏輯相矛盾。爲了解決這一矛盾，不惜採用最不明智的做法——修改古人，把根據同、異品除宗建立起來的基本理論九句因、因三相修改掉，即主張異品不除宗。從純邏輯的眼光來衡量，異品不除宗，確實從形式上可保證由因三相必然推出宗。但這樣一來，陳那新因明已不復爲陳那新因明了。其實，華裔學者齊思貽的《佛教的形式論理學》早就主張異品不除宗，這一誤解並非巫博士首創。

本來,在《理門論》内部是没有什麼矛盾的。同、異品除宗既然使得因三相不能保證必然推出宗,那麽就應實事求是地承認陳那新因明不是演繹邏輯,仍然停留在類比推理的階段。

巫壽康先生認爲:“建立因三相,是爲了保證宗正確,第二種定義(同、異品除宗)使因三相不能保證宗的正確,因三相也失去了意義。”①這一説法也值得討論。

古因明也有因三相,古因明五分作法是類比推理,我們不會因爲它的結論是或然的就説五分作法“失去了意義”,同樣不能認爲古因明之因三相“失去了意義”。

陳那新因明之因三相雖然不能保證宗的正確,但也是有意義的。它避免了處處類比和無窮類比,提高了類比推理的可靠程度,這就是意義,而且在當時是了不起的意義。

“爲了保證宗的正確”(必然證成宗)衹是主觀的願望,能不能必然證成宗,要依照邏輯的格來檢驗。陳那的因三相不能必然證成宗,不需要後人來承擔責任,也不需要後人去修改它,提高它。邏輯史的研究是要還其本來面目。陳那認爲,遵守其因三相規則,宗就能確認爲真,即能“生決定解”,换句話説,能取得辯論的勝利。這是他的邏輯眼光,他的邏輯水准。這樣的邏輯水准在印度那時代是領潮流的。作出演繹邏輯的評價,衹是《研究》作者的主觀想法,兩者要分清。

三、因後二相與同、異喻體

《理門論》説:“又比量中唯見此理,若所比處此相審定,於餘同類念此定有,於彼無處念此遍無,是故由此生決定解。”這一段話是説因三相是三支比量的因的規則、内容和作用。在一個比量中,因衹有這三種相,不能多也不能少。“若所比處此相審定”是第一相“遍是宗法性”,“所比”指宗有法;“於餘同類念此定有”是第二相“同品定有性”,“於餘同類”是指宗有法之餘與所立法同類的

① 巫壽康:《因明正理門論研究》,第8頁。

對象;“於彼無處念此遍無”即第三相“異品遍無性”。在陳那看來,遵守了因三相規則就能確認宗。

《理門論》告訴我們,因的三相是獨立的,不能缺少任何一相。少了第一相就會出現四不成因過;少了第二相就會有不共不定因過;少了第三相就有共不定因過;第二、第三相同時缺少就成爲相違因過。

沈劍英先生斷言,“因的第二、三相是等值的”,“可任意舍去其一”①。此説與《理門論》基本理論矛盾。九句因中的第五句因同無、異無,實例是“聲常,所聞性故”,“所聞性故”因“一向離故”,衹是少了一相,即不滿足第二相“同品定有性”。如果第二、三相等值,那麼等於是説第五句因同時不滿足第三相“異品遍無性”。這顯然與九句因理論相矛盾。第五句中的異品無因是滿足第三相的。

如果第二、第三相等值,則所有的共不定因即第一、第三、第七和第九句因本來衹是違反第三相“異品遍無性”的,按沈先生的解釋也就同時違反了第二相“同品定有性”。這與九句因中的這四句不定因原本滿足第二相相矛盾。

本來,第五句因衹違反第二相,四種共不定因衹違反第三相,它們是有區别的。如果説第二、三相等值,豈不是説四種共不定因與不共不定因也没有差别了? 這顯然又與陳那九句因理論矛盾。

總之,如果承認第二、三相等值,則違背其中一相就同時違背另一相。九句因告訴我們,四、六兩句相違因是同時違背第二、三相的。這樣一來,所有的不定因(四種共不定和一種不共不定)就都成了相違因,九句因實際上變成了衹有兩類:正因和相違因。這顯然與陳那把九句因分成三類不符。這三類是:正因、相違因、不定因(四種共不定,一種不共不定)。

對於《理門論》關於三相獨立的觀點,巫壽康先生的《研究》倒是理解得完全正確:“《理門論》認爲因的第二相具有獨立的意義,不能被因的第三相所代替。它指出,第五句因之所以不正確,衹是因爲它不滿足因的第二相。從邏輯角度看,如果存在一種因滿足第一相和第三相,衹不滿足第二相,就説明第二相具有獨立存在的意義,不能被第一相或第三相所代替。但是按照同品、異品的第一種定義(同、異品不除宗),從因的第三相可能(以)推出第二相,使第三相

① 沈劍英:《佛家邏輯》,第 74 頁。

能代替第二相,第二相失去了獨立存在的意義。”(第7頁)

沈先生之所以斷言第二、三相等值,是由以下兩個錯誤造成的,一是在第二、三相中没有堅持同、異品除宗的觀點,二是把“同品定有性”理解成“凡因是同品”,而不是理解成“有同品是因”。這兩種運算式是不等值的。

在論述了因的後二相的獨立性即不能缺一之後,再來看看因後二相與同、異喻體的關係。

《理門論》説:“爲要具二譬喻言詞方成能立,爲如其因但隨説一?若就正理應具説二,由是具足顯示所立不離其因。以具顯示同品定有、異品遍無,能正對治相違、不定。”

這段話大意是:有人問,同、異喻雙陳方能成爲能立,還是如同二、八正因一樣根據具體情況選擇其中之一?陳那回答説,如從論式的完整性來説應該同、異喻雙陳,這樣才能充分顯示所立法與因法的不相離關係,才能顯示因的第二、第三相,才能避免和糾正相違因過和不定因過。

這段話告訴我們:同、異喻有不同的作用,二者合説就能充分顯示同品定有、異品遍無,充分顯示所立法與因的不相離性,共同組成完整的論式,同、異喻雙陳才能表明没有因過。因此,同、異二喻不能缺一。

我們用邏輯的觀點來衡量同、異二喻,可以發現二者是不等值的。由於同喻依不能缺無,缺乏了就不滿足第二相,所以可以把舉得出正確的同喻依看作滿足第二相的標誌。這也説明同喻體的主項是存在的。異喻則不然。異喻依允許是不存在的物件,如龜毛、兔角,因此,異喻依形同虛設,衹起到止濫的作用。由此可見,異喻體的主項既可以是存在的,也可以是不存在的。同喻所斷定的内容比異喻多。同喻既體現第二相,又體現第三相。這是因爲同喻是説,所有因法的外延都包含於所立法(同品)的外延之中,或等於所立法,所以所有因法的外延也必然與異品相排斥,换句話説,異品遍無因。由於同喻主項存在,從異喻推不出同喻。同、異喻雙陳能直觀地體現同品定有異品遍無,能方便地用來檢查、糾正相違因和不定因。

沈劍英先生的《佛家邏輯》説:“因的第二、三相是等值的,據此而構作的同、異二法式自亦爲等值。”(第74頁)

沈先生認爲因的第二相與同喻體邏輯形式相同,第三相與異喻體相同。因的後二相可以缺一,同、異喻也可以缺一。這顯然與《理門論》上述論述相矛盾。

一個論式(省略式另當别論)光有同喻除了直接顯示同品定有,還能間接顯示異品遍無;光有異喻衹能顯示異品遍無,不能顯示同品定有。

由於同、異品必須除宗,因的第三相不是全稱命題,實際上是除外命題。第二相是"有同品是因",第三相是"凡異品不是因"。由於第三相是除外命題而不是全稱命題,不能用直接推理中的換質、换位法推出第二相。由於第二相是特稱肯定命題,也推不出第三相。舉得出正確的同喻依是滿足第二相的標誌。異喻依的作用衹在止濫,異喻依可以是虚假的物件,可以缺無,不能代替同喻依的作用。由此也可見異喻不能代替同喻。

陳那九句因、因三相理論内部一致,没有矛盾。如果承認同、異喻等值會導致九句因内部有矛盾,這與《理門論》體系不符。

以第五句因爲例,同無異無,即"凡同品不是因並且凡異品不是因"。如果同、異喻體等值則第五句因包含矛盾,不復存在。

這是因爲"異品遍無性"等於異喻體,如果異喻體又等於同喻體,我們可用同喻體"凡因是同品"來代入第五句因中的"凡異品不是因",則有"凡異品不是因並且凡因是同品",顯然自相矛盾。

《理門論》中存在第五句因是陳那新因明的顯著特徵,第五句因本來是不包含矛盾的。這個矛盾顯然來自同、異喻體等值。

沈先生不僅認爲同、異喻等值,而且二者在論式中並舉能增添新的東西,"使其結論擺脱蓋然性而臻於必然性。"《佛家邏輯》説:"因明所取的也是不完全歸納,然而它卻追求結論的必然性,以求得演繹部分的圓滿展開。作爲一種不完全的歸納而竟能使其結論擺脱蓋然性而臻於必然性,乃受惠於其論式上有同、異二法式,義蘊上有因之第二、三相。同、異二法式是受因相所制約的。……按常理,第二相'同品定有性'既與第三相'異品遍無性'等值,則可任意舍去其一,但因明卻不願'删繁就簡',這自有其深意;因爲如果僅按第二相的法則'同品定有性'而作出全類概括的結論(即同喻體),則其必然性往往不易得到保證。於是再賦以第三相'異品遍無性'由宗及因加以遮除,這就大大提高了全類概括的可靠程度。"(第74—75頁)

從形式邏輯的眼光來看,這段話是成問題的。同、異二喻既然等值,既然承認依"同品定有性"而"作出全類概括的結論(即同喻體),則其必然性往往不易得到保證",那麼就得承認再增加一個異喻體也不會有"作出全類概括的結論"的"必然性"。邏輯上等值的東西哪怕千百次疊加也不會增加新的知識。因明再特殊,也得接受邏輯的格的檢驗。"往往不易得到保證""大大提高了全類概括的可靠程度"的説法衹適用於模糊邏輯,不適用於真假二值的演繹邏輯。是就是,不是就不是,没有半點含糊。

有的論文甚至認爲"因明三支式是把類比、歸納和演繹的成分有機地結合在一個整體中了"①。推理的種類一共分三種:類比、歸納和演繹。一個三支作法就把所有推理種類囊括無遺,真是圓滿無缺。如果真的是那樣,那麼西方邏輯也就不值得一提了,陳那新因明在人類邏輯思維發展史上的功績還要進一步大書特書。因爲亞里士多德對三段論研究得那麼充分,卻没有解決好怎樣得到三段論大前提(全稱命題)的問題,而培根和彌爾花了九牛二虎的力氣來建立科學歸納法,還不如陳那輕而易舉、毫不費力地舉一個例證。

該文説:"因明三支式比亞氏三段論多出一個同喻依,即作爲普遍命題依靠的典型事例。這個同喻依在整個三支式推論中起著類比和歸納的雙重作用。"②

不完全的歸納不能必然得到普遍命題。新因明規定衹要有一個同品有因,就能滿足"同品定有性",所以僅憑一個或幾個同喻依來歸納得到全稱的同喻體,很不可靠。該文用"典型事例"來限定同喻依,這衹是自己的良好願望,並不反映陳那的因明理論。在《理門論》和《集量論》中找不到任何關於同喻依必須是典型事例的論述。陳那時代的因明家很隨便,他們舉例信手拈來,瓶、盆、瓦、罐、電閃、雷鳴,衹要同時具備所立法和因法的就能充當同喻依。異喻依就更没有什麼典型可言,敵方不共許的"虛空"可以用來做異喻依,衹要它没有所立法和因法就行,甚至龜毛、兔角這些根本不存在的東西也能充當異喻依。舉出同、異喻依確實有類比的作用,但典型歸納則談不上。

有人把因的後二相説成是得到同、異喻體的歸納推理。這也不妥當。它們衹是因的規則,這兩條規則本身並没有告訴我們它們自身是怎麼歸納出來的。

① 孫中原:《印度邏輯與中國、希臘邏輯的比較研究》,載《因明研究》,長春:吉林教育出版社,第57頁。

② 同上,第56頁。

它祇是告訴我們,一個因要成爲正因必須遵守這兩條規則。正如三段論的規則“中詞必須周延一次”和第一格的規則“大前提必須全稱”,祇是規定應該怎樣,而沒有告訴你它自身是怎樣得到的。

第三節 新因明之利與古因明之弊

一、二喻顯因與所立不相離性

亞里士多德的三段論是必然性的推理,結論是從前提中必然推出的。這遭到古希臘的恩披里柯的批評,恩披里柯認爲亞氏三段論的結論蘊涵在前提之中,有循環論證之弊。當然,這一批評是不正確的,因爲大前提是怎麼來的是另外要討論的問題。

陳那的新因明有沒有遭到類似於恩披里柯那樣的批評呢?沒有。同任何新理論的創建一樣,新因明理論的創建也要受到舊理論擁護者的詰難(也包括自問自答)。問者的詰難沒有一句是從循環論證的角度提出來的,道理也很簡單,因爲陳那的新的因三相理論後二相中的同、異品是除宗有法的。根本沒有循環論證之嫌!

可以説,陳那新因明仍然是在類比推理的範圍内提出了並解決了最大限度提高結論可靠程度的理論方案,把類比推理推到了演繹推理的門檻之外,離演繹推理祇有一步之差了。

形式邏輯關於提高類比推理結論可靠程度的條件是兩個:一是兩個類比物件已知的相同屬性越多越好;二是類比的已知屬性與被推出的屬性的相關程度越密切越好。

古因明有所不同,是從一個屬性相同,推出另一個屬性也相同,對已知相同的屬性與被推出的屬性間的聯繫程度沒有更多的説明,因此結論的可靠性程度不高。

陳那新因明不是通過增加兩個物件已知的相同屬性來提高類推的可靠性,而是著眼於因、宗之間的不相離性,“説因宗所隨,宗無因不有”。陳那概括出一個除外的“普遍命題”,有一個例外的“普遍命題”。例如,除宗有法以外,凡有“所作性”的物件都有“無常性”,這個判斷最大限度地概括了一個物件之外所有同類事物具有某一種共同的屬性。用《理門論》的話來説,二喻是“具足顯示所立不離其因”,而古因明的缺點是“終不能顯因與所立不相離性”。

《理門論》中有一段圍繞二喻即因的辯難。

古師提出疑難:“若爾,喻言應非異分,顯因義故。”照你這麼説,喻支就應該不是因支之外獨立的一分,因爲同、異喻顯示了因的後二相。

陳那回答説:“事雖實爾,然此因言唯爲顯了是宗法性,非爲顯了同品、異品有性、無性,故須别説同、異喻言。”意思是説事情雖然實際是這麼回事,然而這因支衹是爲了顯示第一相,不是爲了顯示第二、三相,因此必須另説同、異喻。

古師又問:“若唯因言所詮表義説名爲因,斯有何失?”衹將因支所表示的意義稱爲因,這有什麼不對?

陳那反問:“復有何得?”這又有什麼好處呢?

古師答:“别説喻分,是名爲得!”把喻與因區分開來成爲獨立的一支,這就是好!

陳那批評説:“應如世間所説方便,與其因義都不相應。”就如同世間外道也説因外别有二喻一樣,不能體現因後二相。

古師再問:“若爾何失?”縱使與外道相同又有什麼過失呢?

陳那解釋説:“此説但應類所立義,無有功能,非能立義。由彼但説‘所作性故’所類同法,不説能立所成立義。又因、喻别,此有所立同法、異法,終不能顯因與所立不相離性,是故但有類所立義,然無功能。”

意思是説,古因明衹是表明喻體例證有類似的所立法,而没有證宗的功能,不是正確的能立的意義。五分作法衹説“所作性故”因,舉瓶類聲同有所立法無常,而没有説能立諸所作者皆是所成立無常之義,而且因、喻獨立,雖然同喻瓶有所立法無常和異喻空無所立法常,終究不能顯示因與所立法的不相離性,因此衹是有類似的所立法,然而没有證宗的功能。

古因明與新因明的差别就是前者没有説“諸所作者皆是無常”,因而没有顯示同品定有、異品遍無,没有顯示因與所立法的不相離性。無論從陳那的正面論述還是對古師的批評,都看不出陳那有從毫無例外的全稱命題推出個别結論的演繹思想。

二、無窮類比和全面類比使古因明無有功能

陳那批評古因明無有功能,古師再問:"何故無能?"

陳那回答説,因爲有無窮類比和全面類比的弊病。

"以同喻中不必宗法、宗義相類,此復餘譬所成立故,應成無窮。又不必定有諸品類,非異品中不顯無性有所簡別能爲譬喻。"

這是説,在同喻中不設立反映因法與所立法不相離關係的命題,衹以例證瓶爲喻體,就得回答瓶得以成立的原因,以燈證瓶,又得回答燈爲何成立,這樣就有無窮類譬的弊病。假如説了"諸所作者皆見無常",一言以蔽之,能令敵論者和證人回憶起除宗以外所有同類事物都如此。

以瓶爲喻體,由於瓶上有各種屬性,如無常、可燒、可見等,就會引起所有屬性都類比一番的弊病。若説了"諸所作者皆見無常",就限制了聲一定有無常以外的其他各種屬性,這就"不必定有諸品類",從而避免了瓶、聲處處類比。在異品中不顯示"異品遍無性"來遮遣異品的情況也就不會被當作正確的異喻。

古因明由於有上述二種弊病,陳那認爲没有成立宗的功能,不能"生決定解"。新因明彌補了古因明的這兩種缺陷,建立了除宗以外宗、因之間的不相離性,其結論的可靠性就很高了。

三、因明之新、古與十四過類

如果説古因明五支作法由於不能避免無窮類比和全面類比兩種弊端,因而遭到敵論者的錯誤的難破,但無力作再反駁,那麼可以説,新因明則是對敵論者之似能破進行破斥的有力武器。

十四過類是敵論者對能立的錯誤反駁,故稱爲似能破。

十四過類的前四種都是針對古因明五分作法來反駁的。前四種過類是同法相似、異法相似、分別相似和無異相似。

《理門論》説:"此中前四與我所説譬喻方便都不相應,且隨世間譬喻方便,雖不顯因是決定性,然攝其體,故作是説。"

古師立量,但舉喻依,不用喻體(命題)來貫通宗、因,與世間外道例如勝論的五分作法相同,與我陳那所説論式有所不同。古師論式中的因雖然不能生決定解,然而喻依反映了因、宗的一定聯繫,因此説敵論者的反駁是錯誤的。

同法相似是這樣一種似能破,立論者的論式是:"聲是無常,勤勇無間所發性故,同喻如瓶。"敵論者難破説:"聲常,無質礙故,同喻如虚空。"以立論之異喻"虚空"爲同喻。敵論者用的"無質礙故"因不滿足"異品遍無性",例如異喻依"樂"等有"無質礙性"。這個過失表現在論式上是同、異喻體都不能成立。

古師以"瓶"爲同喻,不説"諸勤發者皆見無常"衹以"瓶"有"勤發性"和"無常性"。敵論者便以"虚空"有"無質礙性"和"常性",聲也有"無質礙性",從而推出"聲常"宗。敵論者的反駁正好暴露了古師論式的弊病。應當説,用邏輯的眼光來看,敵論者以其人之道還治其人之身,不失爲一種反駁方法。古師對敵論者的這一反駁無可奈何。用新因明的因三相理論和二喻即因的觀點來衡量敵方的論式,便能發現敵方之因是不定因,從而確定敵方的難破爲似能破。

又如第四種過類是無異相似。立論同前。敵論者反駁説,同喻瓶不但有無常性,還有可燒、可見等屬性,因此"一切瓶法聲應皆有",這個結論顯然是荒謬的。古因明没有建立規則來避免全面類比,敵論者就用瓶、聲全面類比來難破你。新因明則不同,用"諸勤發者皆見無常",限定了"勤發"因與"無常"宗的關係,其他則不論,就避免了全面類比。

在十四過類中還有所作相似等也是針對古因明的弊病而提出來的,衹有以新因明爲武器才能作有力反駁。

第四節　總　結

至此,我們可以對《理門論》的邏輯體系作一個概括。陳那在《理門論》中建立新的因明體系的同時,答覆了古師和外道的問難。

從新因明體系和答難來看:第一,没有一處論述到從毫無例外的普遍命題出發推出個别結論,而古師和外道的問難也没有關於循環論證的問題。更没有關於怎樣得到一個普遍命題的論述。全部論述都衹限於討論用什麼樣的已知的爲立、敵雙方決定共許的理由來確認宗的成立。這個爲立、敵雙方決定共許的理由並不是立量之際臨時歸納出來的新知識,而是立方舉出現成的理由通過敵方的智了因回憶起來從而使敵方接受的。

第二,同、異品除宗有法的思想貫穿整個新因明體系,在九句因中,在因三相中,在同、異二喻體中都遵守這一准則。這是體系一致的表現,是遵守同一律的表現。

第三,二喻即因,同、異二喻體現了因的後二相,避免了古因明五分論式無窮類比和全面類比的弊病,最大限度地提高了類比推理的可靠程度。同時也有力地破斥了敵論者的難破。

第四,陳那新因明高於古因明,又爲法稱因明最終發展爲演繹邏輯奠定了基礎。

第四章　陳那、法稱因明邏輯體系之比較

第一節　陳那、法稱因明在印度邏輯史中的地位

一、印度邏輯史無視陳那、法稱因明對演繹邏輯的貢獻

印度邏輯有兩個主要流派：正理和因明。印度的第一個系統的邏輯學說出現在正理派的《正理經》中，而印度有演繹論證式則歸功於佛教邏輯。陳那因明和法稱因明是佛教邏輯的兩個高峰。陳那因明爲印度有演繹邏輯打下基礎，法稱因明最終使印度邏輯完成從類比到演繹的飛躍，使論證式達到西方邏輯三段論水准。

意大利杜芝教授(G. Tucci)在其著作《論彌勒無著學説的若干方面》中説："我們必須承認，佛教邏輯，應該説，印度邏輯的最繁榮、最輝煌的時期，是從陳那開始，而結束於法稱。"

國外關於印度佛教邏輯史和印度邏輯史的一批重要論著，對陳那、法稱因明在印度邏輯史中的地位的評價有失公允。它們對陳那、法稱因明的邏輯體系的闡述也不准確。這對國内有關佛教哲學和佛教邏輯的代表性譯著都有很大影響。

吕澂先生在《佛家邏輯——法稱的因明説》一文中對佛教因明的由來作了解釋。吕澂對"因明"這一名稱，特地加了一個注釋："'因明'一詞爲佛家所專用，他宗不一定同意，像晚近印度出版的《正理藏》(Nyāyakośa)大辭彙第三版，裡面搜羅有關正理學説的術語二千五百多個，卻没有'因明'一詞。"這個注釋

非常有説服力，表明印度人自古以來以正理爲正宗，而輕視甚至無視因明，在辭書中都不給它一點地位。

20世紀30年代，楊國賓先生留學印度，回國後他翻譯了他的老師阿得利雅博士的《印度論理學綱要》一書。他在序言中説道："這一本書雖是小，可是關於印度論理學方面的主要思想已搜集無餘了。而且這本書體材簡明，印度大學預科用它當作印度論理課之課本的。"

論理學是邏輯學的舊譯。可是在這本搜集了印度邏輯學方面主要思想的邏輯教科書中基本上是闡述正理派的邏輯思想，古正理的内容占了相當大篇幅。偶爾提及佛教、耆那教邏輯的異同。十分難得地提及了"佛教大論師"陳那的五相違宗過。陳那創建的九句因、因三相和新增設的同、異二喻都未提及。書中提及佛教的二支作法（法稱論式），但法稱對陳那因明的繼承和發展都未提及。這説明，印度的一般邏輯學説中是忽視佛教理論家所創建的新因明理論體系的，印度本土的學者不重視佛教因明對印度邏輯的貢獻。

二、印度邏輯史講不清演繹邏輯的產生和發展脈絡

在印度邏輯史中不重視陳那、法稱因明對演繹邏輯的貢獻，與各國的學者大多講不清印度邏輯史中演繹邏輯的產生和發展的脈絡有關。他們誤認爲古正理的五分論式已有全稱命題，因而誤認爲五分論式已經是演繹論證。

阿得利雅博士的《印度論理學綱要》認爲："他們已把這推理歷程弄得很明白。不留絲毫疑點於所對談人的心中。這種指示推理方式，一切歐幾里得原理都包含其中了。"其五分論式的喻支是"有煙必有火，例如灶"。

舍爾巴茨基的《佛教邏輯》認爲早期正理派經典中"已經有了成熟的邏輯"，是"具有必然結論的比量論（即演繹推理的理論）"。其五分作法是"歸納—演繹性的"，"演繹的理論成爲了中心部分"。可是，其列出的五支論式的實例中卻看不出演繹的特徵：

宗　此山有火，

因　有煙故，

喻　如廚，有煙也有火，

合　今此山有煙，

結　故此山有火。

其喻支不過是説廚有煙且廚有火，並非“凡有煙處皆有火”，或“有煙必有火”。

舍爾巴茨基又説：“陳那進行邏輯改革時，邏輯演繹形式還是正理派確立的五支比量。”所舉五分實例中喻支又成爲：“如在廚房中等，若有煙即有火。”“若有煙即有火”相當於“凡有煙處皆有火”。

印度的德·恰托巴底亞耶是當代著名的印度哲學史家。他於 1964 年出版的《印度哲學》中對古正理論證形式的介紹也未跳出舍爾巴茨基的窠臼。他在書中引述了别的學者的觀點：“演繹推理是這種哲學的專門論題，而正理的意思是例證或例舉，即是這個體系用以表達演繹推理的五個命題中最重要的一個。”他認爲古正理是演繹推理。陳那以前正理派的五支中喻支爲“凡有煙者必有火，如灶”，“這就留給了佛教邏輯家陳那改革這種論證推理形式的任務，他把支數減少到衹有兩個。”除了誤以爲喻支有全稱的必然命題外，還認爲陳那對五分的改造衹是減少支分，而且誤把法稱的二支作法歸到陳那名上。可見，印度當代著名的哲學史家對印度邏輯的發展史也存有誤解。既然古正理五支論式已經是演繹推理，那麼陳那、法稱的貢獻也就微不足道了。

《大英百科全書·詳卷》(*The New Encyclopedia Britannica: Macropedia*)對《正理經》五分作法的評論與舍爾巴茨基完全相同。

梁漱溟《印度哲學大綱》中五分論式中的喻支是“凡有煙處有火如灶”。

張春波所譯日本梶山雄一《印度邏輯學的基本性質》，在《譯者前言》中指出，正理派五支論證式的喻支是“凡有煙處必有火，如灶”，其喻體不僅是全稱命題，而且是必然命題。顯然認爲古正理的五支論證式是演繹推理，但是隨後又解釋《正理經》的兩個著名解説者富差延那和烏地阿達克拉爲什麼反對把煙與火之類的“不可分的關係”作爲推理的一般原則，“這個傳統立場是富差延那和烏地阿達克拉一直堅持的，因此他們就不能不拒絕演繹推理”。原作者和譯者都陷入了自相矛盾。

國内當代從梵文本譯出的兩個《正理經》漢譯本，在注釋中，所舉實例都有喻體和喻依，其同喻體或異喻體都用全稱命題。“此山有火；有煙故；如廚，有煙也有火，凡有煙處必有火，如灶；凡無火處必無煙，如湖；此山有煙；故此山有火。”“聲是非常住的，因爲它具有被造的特性，一切不具有被造的特性的事物都是常住的，如我。”其中異喻體用了全稱量詞“一切”。

從《正理經》三個漢譯本來看，對喻支的譯文中都不見有命題組成的喻體，更談不上用全稱量詞。這説明在直接從梵本譯過來的兩個漢譯本中，爲譯者所加的注釋都是不符合原意的。雖然譯注採用的是國外流行的觀點，但是並不符合印度邏輯的早期發展。

在國内還有許多有關印度哲學的論著中常見上述誤解，這裡就不再一一引述。

難得一見的是湯用彤先生在《印度哲學史略》中所引五分實例與上述所引舍爾巴茨基的五分實例基本相同，其中喻支爲“如灶，於灶見是有煙與有火”。喻支未用全稱命題。這還是類比推理。湯先生指出：“但認因爲最重要並特別注意回轉關係，恐系佛家新因明出世以後之説，早期正理宗師並未見及此。”湯先生的説法是有根據的。

印度邏輯史上最早關於五分作法的論述出現在公元前 5 世紀的一本内科學醫書中。此書由一位名叫遮羅迦的名醫所著。《遮羅迦本集》把五分作法中的喻解釋爲：“喻就是不管愚者和賢者對某一事物具有相同的認知，並根據這一認知來論證一切所要論證的事。”喻就是例證，其五分實例中無喻體判斷。

《正理經》中喻的定義是：“喻與所立同法，是具有（宗的）屬性的實例。或者是根據其相反的一面而具有相反（性質）的事例。”未舉五分實例。從定義可知，五支論式的喻支中，例證就是喻體，還没有出現反映普遍原理的命題。

佛教大乘空宗代表人物龍樹著有論辯邏輯的專論《方便心論》，其漢譯本中有五分的實例，喻支中竟然有全稱命題。應當指出，這衹是偶一爲之的靈光乍現，還不是定式，論中遠未形成從一般推出個别的演繹觀念和論證方式。《方便心論》中所用到的多數推理，是不自覺地運用了命題邏輯的推理方式。

在古因明最高成就的代表作《如實論》（世親著）中，論式的喻支有喻體和例證即喻依組成，在喻支上提供了新的組成方式，成爲陳那創建三支作法的重要借鑒。但是，世親並没有關於普遍命題的理論闡發，知其然而未闡發其所以然。因此，印度邏輯史上一種全新的論證方式的建立，其功績不能歸到世親名下。

日本的梶山雄一教授指出,古正理五分論式的喻支不反映"不可分的關係"與古正理派的傳統立場即實在論傾向有關:祇承認個體間關係,不承認一般關係。推理的基礎祇能是可以經驗到的具體事物。因此,"從《正理經》的作者,經過富差延那,一直到烏地阿達克拉,正理派的傳統立場始終是拒絕演繹法的理論的。這並不意味著富差延那和烏地阿達克拉對演繹的理論完全無知。特別是烏地阿達克拉很熟悉它,但他顯然有意識地反對這種理論。"

在正理的發展史上,直到新正理派出現才吸取陳那新因明喻體的因、宗不相離關係,在新正理的五分論式的喻中才有了普遍命題。

拔高古正理、古因明的邏輯水准,其結果是不能充分肯定陳那對論證式向演繹推理轉變的貢獻。

第二節　陳那因明的邏輯形式

一、同、異品的邏輯表達方式

同品、異品是陳那建立新因明推理規則的兩個初始概念。它們都必須除宗有法。

以 S 表示宗有法,以 M 表示因法,以 P 表示所立法,則有:

同品:非 S 且 P,即非 S 與 P 的交

異品:非 S 且非 P,即非 S 與非 P 的交

二、九句因的命題形式

第一句同有且異有:

所有非 S 且 P 是 M 並且所有非 S 且非 P 是 M

第二句同有且異無:

所有非 S 且 P 是 M 並且所有非 S 且非 P 不是 M

第三句同有且異有、非有:

所有非 S 且 P 是 M 並且有的非 S 且非 P 是 M 和有的非 S 且非 P 不是 M

第四句同無且異有：

所有非 S 且 P 不是 M 並且所有非 S 且非 P 是 M

第五句同無且異無：

所有非 S 且 P 不是 M 並且所有非 S 且非 P 不是 M

第六句同無且異有非有：

所有非 S 且 P 不是 M 並且有的非 S 且非 P 是 M 和有的非 S 且非 P 不是 M

第七句同品有非有且異品有：

有的非 S 且 P 是 M 和有的非 S 且 P 不是 M 並且所有非 S 且非 P 是 M

第八句同品有非有且異品無：

有的非 S 且 P 是 M 和有的非 S 且 P 不是 M 並且所有非 S 且非 P 不是 M

第九句同品有非有且異品有非有：

有的非 S 且 P 是 M 和有的非 S 且 P 不是 M 並且有的非 S 皿非 P 是 M 和有的非 S 且非 P 不是 M

三、因三相的命題形式

第一相"遍是宗法性"：凡 S 是 M

第二相"同品定有性"：有非 S 且 P 是 M

第三相"異品遍無性"：所有非 S 且非 P 不是 M

四、三支作法的推理形式

玄奘弟子窺基在《大疏》中不僅揭示同、異喻依(例證)必須除宗有法，更是進一步明言同、異喻體必須"除宗以外"。該疏在詮釋同法喻時説："處謂處所，即是一切除宗以外有無法處。顯者，説也。若有無法，説與前陳，因相似品，便決定有宗法。"在詮釋異法喻時説："處謂處所，除宗已外有無法處，謂若有體，若無體法，但説無前所立之宗，前能立因亦遍非有。"用今天的邏輯語言來説，就是"同、異喻體是除外命題"。

宗　所有S是P

因　所有S是M

同喻　(除S以外)所有M是P,如非S且M且P

異喻　(除S以外)所有非P是非M,如非S且非M且非P

第三節　法稱因明的邏輯形式

法稱的因明思想簡明扼要地表述在其代表著作《正理滴論》中。在拙著《佛家邏輯通論》中對《正理滴論》作了評述。

一、同、異品不除宗有法

《正理滴論》全文都没有特别説明同、異品不除宗有法。從因過中衹列不成、不定和相違三類,而没有不共不定因,在講了不滿足因的第一相便有不成因過之後,直接講不滿足第二相有不定因過,而不講不滿足第二相的似因即不共不定因,可以看出法稱的同、異品是不除宗有法的。

再從因的第二、三相等值,可以缺一,同喻體和異喻體可以互推,異喻體能單獨組織論式來看,其同、異品也是不除宗的。

以S表示宗有法,以M表示因法,以P表示所立法,則可用P表示同品,非P表示異品。

二、因三相的命題形式

"謂於所比,因唯有性"是對第一相的表述。"所比"即宗有法,是要比度的對象。"因唯有性"是説祇有因才有所比,所比的外延包含於因的外延之中。

第一相的命題形式是:所有S是M。

"唯於同品有性"是對第二相的表述。意思是説因衹在同品中有。

第二相的命題形式：所有 M 是 P。

“於異品中決定唯無”是説第三相。意思是因在異品中一定没有。

第三相的命題形式是：所有非 P 不是 M。

第三相换位、换質後就是第二相。後二相等值，因而可以缺一。

三、三支作法的推理形式

以自性因構成的同法式實例是：

若是所作，見彼無常，譬如瓶等，
聲是所作，
聲是無常。

其中，同喻依瓶等不是必要成分。

其推理形式爲：

對於任何一個 X 來説，如果 X 是 M，那麼 X 是 P，如 M 且 P，
X 是 M，
X 是 P。

由上式可以推出：

所有 M 是 P，如 M 且 P，
所有 S 是 M，
所有 S 是 P。

法稱把具足三相的正因分爲自性因、果性因、不可得因。每一種因都可組織同法式和異法式。

第四節　陳那因明自帶歸納説没有文獻依據

一、没有理論和實例依據

自漢土有因明與邏輯比較研究以來，一百多年間因明研究者普遍認爲陳那

因明的同、異喻體是全稱命題，因而是演繹論證，並且説其論式和因後二相規則自帶歸納，比西方邏輯三段論衹有演繹高明得多。關於本論標題所提問題，正反雙方都没有用專題論文來詳細探討過。説自帶的，無非説喻體由喻依歸納而得，或者説由因的第二相“同品定有性”和第三相“異品遍無性”歸納而得。

對上述理由，可以問一問：有文獻依據嗎？有實例依據嗎？用哪一種歸納推理？在印度佛教陳那論師的《理門論》《集量論》和陳那弟子商羯羅主的《入論》中，甚至在後起的法稱因明中你找得到一句關於歸納的理論嗎？你找得到一個哪怕是不完全歸納推理的實例嗎？如果説找得到，那簡直就是挑戰了不可能。

請持歸納觀點的研習者注意，我們爭論的物件是一個三支作法的論證種類或性質是什麽。在一個三支作法中，除了説它是演繹或類比外，再没有出現過另外的稱爲歸納的思維過程。在一個三支作法之外，在陳那因明的理論體系中也從未有過歸納思想。

比較陳那因明三支作法與邏輯三段論，有一個共同特點是無歸納。説因明三支作法有歸納的理由，邏輯三段論也具有或者很容易具有。在歸納方面因明三支作法並不比邏輯三段論高明。

先簡評一下喻體由喻依歸納而得的説法。很多因明家都説，同喻裡的那個例證，就是歸納的素材，同喻體反映的普遍命題就是通過例證歸納出來的。要知道，在標准的三支作法上，同喻衹要舉出一個同喻依就夠，最多加上“等”字。在異喻處也不見有列舉全部的，可見不必窮舉。舉一個或幾個實例就概括出一個普遍命題，這樣的歸納結論也太不靠譜了。

説喻體直接由喻依歸納而得，顯得没有理論色彩，很難讓人信服。照此理由，同樣可以在一個具體的邏輯三段論大前提上加一個例證，這不是輕而易舉地解決了三段論衹演繹無歸納的問題嗎？這是顯而易見的方法。加一個例證，就説三段論大前提由歸納所得，恐怕没人願意犯這樣一種低級錯誤。

誠然，每一個陳那三支作法在同喻體之後都附有例證，但那不是歸納的標誌。舉得出合格的同喻依是滿足因的第二相同品定有性的標誌，是排除九句因中第五句不共不定因（聲常，所聞性故）的標誌。從邏輯上説，是同喻體主項存在的標誌。由第五句因組成的三支作法的同喻體“諸所聞性見彼是常”在除宗有法“聲”之後，再也找不到任何一個有“所聞性”的同品，進而再無合格的同喻依,因此,同喻體的主項是空類。總之,陳那三支作法的那個同喻依,不再是古因明五分作法低級類比中的角色而有了全新的意義。

在陳那《理門論》和商羯羅主《入論》中,同喻依之過失衹有三種:能立法不成(所舉喻依缺因法)、所立法不成(所舉喻依缺宗的後陳法)和兩俱不成(二者均缺)。同喻依之三過從反面證明,同喻依根本不要求數量有多少,衹要有一個合格的例證就滿足證宗的要求。在20世紀,陳大齊先生對陳那因明的論證種類有較爲深刻的認識。他的看法是陳那因明既演繹又自帶歸納説的代表。他對同、異品除宗有法導致整個三支作法非演繹有過很嚴密的論證,但是他囿於傳統觀點又不得不承認陳那因明爲演繹。他是怎樣來消除這一矛盾的呢?

陳大齊先生認爲,陳那因明三支中全稱的同、異喻體是由因的後二相歸納而來。他説:"因明比量,其根本職務雖在演繹,但於演繹之中兼寓歸納。故邏輯的三段論法是純演繹的,因明的比量是演繹兼歸納的。這是兩者大相懸殊之點。宗因喻三支是演繹的形式,同品定有性異品遍無性是歸納的方法。同品定有性近於邏輯的契合法,異品遍無性近於邏輯的差異法。"

又説:"在邏輯内,演繹自演繹,歸納自歸納,各相獨立,不聯合在一起,所以歸納時不必顧及演繹,演繹時不必顧及歸納。因明則不然,寓歸納於演繹之中,每立一量,即須歸納一次。邏輯一度歸納確立原理以後,隨時可以取來做立論的根據,所以邏輯的推理較爲簡便。因明每演繹一次,即須歸納一次,實在繁瑣得很。"

還説:"因後二相是歸納推理,用宗同異品做推理的資料,以同品定有異品遍無做正似的標准,歸納的結果方才獲得同異喻體。"

陳大齊的歸納説有幾點值得推敲。其一,"每立一量,即須歸納一次",此説不見於任何文獻,於實例和理論兩方面都缺乏依據。每歸納一次,用的什麼歸納推理,内容是否真實,結論是否可靠,敵論方是否認可,因明没有也不可能建立一套規則來回答以上問題。因此,説"每立一量,即須歸納一次",説了等於白説。

其二,照其説法,三段論理論也"寓歸納於演繹之中"。因明的每一個三支作法都有同、異喻體,實際上是每立一量,即將已有的知識拿來運用一次,並没有臨時歸納一次。這與三段論一樣。每一次運用具體的三段論,它的大前提的提出不過是把現成的知識拿過來用一用,很少有臨時歸納的。即便有,如復合三段論,即連珠體,那也是增加了另外一個思維過程。同樣的道理,這每歸納一次與三支作法無關,它是另外多出來的思維過程。可見,要説因明理論"寓歸納於演繹之中",同樣可以説三段論也"寓歸納於演繹之中"。

其三,因的後二相規則的提出不是歸納的結果,後二相本身也不是一個歸納推理,它也没有歸納出同、異喻體。宗以外衹要有一個同品有因就滿足了第二相,所以第二相同品定有性根本不靠歸納推理得出。它們本身也不歸納出什麼結論,它們衹是規範了同、異喻體,换句話説,同、異喻體符合二、三相的要求便正確。第二相和第三相異品遍無性是從九句因的二、八正因中概括出來的。陳那創建的九句因理論本身也不是歸納推理。它把因與同、異品的九種情況列舉出來加以比較辨析,判定四種不定因、兩種相違因,判定衹有第二、第八句才是正因。然後從二、八句中概括出因的後二相。可見,整個九句因理論與歸納説没有關係。

因三相規則本身衹是個規定,陳那認爲,遵守了因三相,三支作法就能"生決定解",即能證成宗,能取得辯論的勝利。同喻要正確,必須同時滿足因的後二相,異喻要正確,必須滿足第三相。如同三段論第一格第一式的兩條規則"大前提必須全稱"和"小前提必須肯定",遵守這兩條規則其形式便正確,不遵守便錯誤。應當遵守它們與它們怎麼來的和它們能證成什麼,畢竟是兩回事。總之,"大前提必須全稱"這條規則並没有告訴你它是怎麼歸納來的。同樣,第三相異品遍無性也没告訴你它是怎麼歸納來的。怎樣得到普遍原理,壓根就與陳那因明理論和三段論理論無關。在一個三支作法内,同品是否有因,異品是否遍無因,因明本身也無法斷定,這都與論證的内容有關,與實際知識有關。

同、異喻體的實際内容一可以是原初的真實的原理、規律,也可以是已有的普遍知識和經驗。它們既然是借來用的,那就不能説陳那因明三支作法自帶歸納。三段論的大前提是吃現成飯的,同樣,陳那三支作法的同、異喻體也是吃現成飯的。衆所周知,運用三段論的人要從百科知識和已有經驗中去找那些真實的原初的理由。除非在簡單事物上,臨渴掘井的事在使用三段論時不太會有。邏輯論證的理由很少是臨時歸納來的。能説這兩條規則本身是歸納推理嗎?當然不能。同樣的道理,不能説因的第二相"同品定有性"和第三相"異品遍無性"本身是一歸納過程。至於這百科知識和已有經驗怎樣由歸納所得,與因明毫無關係。

最後,陳大齊先生在形式邏輯的範圍内,憑空借助"歸納的飛躍"來解釋不完全歸納推理可以獲得全稱命題,從而消除同、異品除宗有法與同、異喻體爲全稱命題的矛盾,顯然違背形式邏輯常識。

要回答陳那因明理論中根本没有歸納理論,還得從陳那因明三支作法的組成和整個體系講起。這是因爲,如果在陳那因明三支作法之外再去找歸納理論和歸納推理,那麼與本題無關。因的後二相儘管是因明體系内的理論,如上所述,無論它們(尤其是異品遍無性)是否歸納,都與判定本題無關。每一個同、異喻體所反映的較爲普遍的命題都涉及具體知識。這具體知識由演繹、歸納、類比哪一種推理方式得出,都與同喻體的組成方式"説因宗所隨"和異喻體的組成方式"宗無因不有"無關,而與具體内容有關。這與邏輯三段論理論衹管形式對錯而不管内容真假完全相同。假如陳那因明還要管怎麽自帶歸納等,那麽學習因明便可代替學習百科知識了。

二、歸納説有"成異義過"或"同所成過"

陳那的三支作法和整個體系中根本就不允許再出現歸納推理,根本就不允許其論據(包括因和喻)的真實性還要靠臨時歸納而證得。假如出現這種情況,就有過失。因明把這種過失稱爲"成異義過"或"同所成過"。

成異義過或同所成過是在《入論》所列宗、因、喻的三十三種過失之外的過失,是立論方和敵論方都力求避免的過失。這是印度佛教因明著作中隱而不顯的潛規則。

陳那中的三支作法和整個因明體系,都衹限於討論一個思維過程,就是用滿足因三相的一個因和同、異喻來證成當下立、敵雙方對諍的宗論題。在陳那的《理門論》和其弟子商羯羅主的《入論》中,規定了一個三支作法的組成,衹有宗、因、喻三支。

陳那的《理門論》説:"爲於所比顯宗法性故説因言;爲顯於此不相離性故説喻言;爲顯所比故説宗言。於所比中,除此更無其餘支分,由是遮遣餘審察等及與合、結。"意爲,爲了顯示宗有法遍有因法,因此要説因支;爲了顯示因法與宗法的不相離關係,因此要説喻支;爲了要顯示立論的物件,因此要説宗支。爲了論證宗義,除宗、因、喻三支外不需要其他支分。由於這樣,便要遣除其餘審察支等以及五分作法中的合支和結支。

商羯羅主的《入論》隨順《理門論》,説:“唯此三分,説名能立。”“唯”字強調衹有宗、因、喻這三支組合起來,就成爲能立。

在一個三支作法中,衹有一個論證過程。例如,在《入論》中,佛弟子立“聲無常”宗。由於《入論》衹討論共比量而不討論自比量和他比量,共比量要求除了宗體“聲無常”爲聲論派反對外,組成宗的“聲”和“無常”兩個宗依概念的真實性和因支、喻支的真實性都必須得到立論方和敵對雙方的認可。三支中的因支、喻支都是爲證此宗而立,三支合成一個論證的思維過程,也衹有這一個思維過程。如果在整個論證過程中有第二個思維過程出現,那麼就有過失。因明稱之爲“成異義過”。邏輯術語稱爲轉移論題。

《入論》“謂極成有法,極成能别”這一句對論題的組成概念有規定。窺基的《大疏》在疏解這一句處首提“成異義過”。

《大疏》説:“極者至也,成者就也,至極成就故名極成。有法、能别,但是宗依,而非是宗。此依必須兩宗至極共許成就,爲依義立,宗體方成。所依若無,能依何立?由此宗依,必須共許。共許名爲至極成就,至理有故,法本真故。若許有法、能别二種非兩共許,便有二過。一成異義過,謂能立本欲立此二上不相離性和合之宗,不欲成立宗二所依。所依若非先兩共許,便更須立,此不成依,乃則能立成於異義,非成本宗。故宗所依,必須共許。”(卷二頁二右)

本段大意爲,所謂“極”是至極,所謂“成”是成就,有至極的成就因此稱爲極成。有法和能别這兩個名詞,衹是宗依,而不是宗支。這兩個宗依必須立敵雙方共許爲至極的成就,宗依成立了,才能形成宗論題。如果所依的宗依都不能成立,作爲能依的宗體怎麼立得住呢?假若允許有法、能别二種並非雙方共許,便有二過。一是有成立别的宗義的過失,這是説能立本來要成立由不相分離的二種宗依和合而成的宗體,不是要成立組成宗體的兩個所依。假如所依即有法、能别不是先由雙方共許,便須另外先來證成這不極成的宗依,乃至使得能立證成别的宗義,没有證成本來要成立的宗。因此宗之所依,必須共許。

窺基在解釋似宗所别不極成、能别不極成和俱不極成處説:“若此上三不立過者,所依非極,便更須成。宗既非真,何名所立?”這是説,對於以上三種不成宗過,宗依不共許,便必須重新成立。宗既然不是真宗,怎麼能稱爲所立呢?

因明關於真宗或正宗的規定共三條。一是上述關於兩個宗依必須共許極成。二是由能別差别有法，形成有法與能別的不相離性即宗體，《入論》稱之爲“差别性故”。三是《入論》所説“隨自樂爲所成立性”，意爲，所立之宗是立者當下樂意成立，而且是當下敵對者樂意辯論的題目。如果在上述三支之外，辯論者臨陣磨槍，靠臨時歸納來證成因和喻，這已不是立論之初立敵雙方樂意認可的辯論題目，那麼同樣轉移了論題，也犯成異義過。

對這第三點“隨自樂爲所成立性”，文軌《莊嚴疏》解釋説：“此簡濫也。即簡因、喻。一釋，宗、因、喻言俱成己義，理應三種齊得名宗。爲去此濫故以兩義簡之。一樂爲簡不樂爲，謂所立之宗違他順己，自所尊重是所樂爲，能立喻、因自他共許成宗，故立非所樂爲。故樂爲是宗，餘二非也。二所成立性簡能成立性，謂宗義既是所成，即唯自所尊主。因、喻既是能立，共許何得名宗？故所立爲宗，餘二非也。……問，何者因、喻是所成耶？答，如對聲顯論者立‘聲無常’，因云‘所作性故’，其聲顯論不許聲是所作，遂更立云‘聲是所作’，因云‘以隨緣變故’，同喻云‘如燈焰等’，其同喻等准此可知也。”

文軌的意思是，“隨自樂爲所成立性”有簡濫的作用。一是以樂爲簡去不樂爲。因和喻在這一個三支作法中已爲立、敵雙方共許，並非雙方樂意討論的物件。二是，宗有所成立性，因、喻則有能成立性，所成立的宗把能成立的因和喻從宗義中簡别出去。他舉例説，聲顯論不贊成聲音有“所作性”，若另立“聲是所作”爲宗，以“以隨緣變故”爲因，則此三支作法另立了一個宗。

窺基的《大疏》也解釋説：“‘樂爲所成立性’，簡能成立者。能成立法者，謂即因、喻。因、喻成立自義亦應名宗。但名能立，非所成立，舊已成故，不得名宗。今顯樂爲新所成立方是其宗。雖樂因、喻非新成立，立便相符，故不名宗。”因、喻是原先已成立的，非當下立敵雙方所樂於辯論的物件，若立爲宗便有相符極成過。

《大疏》又説：“因既帶似，理須更成。若更成之，與宗無别，名同所成。似宗、二喻亦在此攝。”意爲，本來舉出共許之因，是爲了證成宗果。因既然帶有過失，此因本身理當另外證成。如果另外來證成其因，則與待證之宗没有區别了，這就叫與所成之宗相同。似宗和似同喻、似異喻也是這個道理。“同所成”是“成異義”的反面説法。一個三支作法衹允許一個宗，“同所成”是增加了宗，同樣爲因明所不許。窺基還用真因、真喻作對比説，真因、真喻由於没有各種過失，它們本身就是立敵共許的，因而不同於所要成立的宗。

對陳那、法稱因明的邏輯體系的比較研究，我們作一簡短的總結：雖然説人體解剖是猴體解剖的一把鑰匙，但是，不能簡單地用對高級形態的認知來代替對較低形態的認知。值得注意的是，用法稱因明的基本理論來代替陳那因明的基本理論是百年來國内外比較普遍的傾向。通過以上對陳那、法稱因明的邏輯體系的比較研究，可以更清楚地看出，陳那三支作法離演繹論證還有一步之差。拔高陳那因明，就不能正確評價法稱因明的歷史貢獻。我認爲，玄奘開創的漢傳因明是另一把解讀陳那因明的鑰匙。准確地把握陳那因明，反過來又有利於准確地解讀法稱因明。加強兩個體系的比較，是擺在漢、藏因明研究者面前的一項重要課題。

第五節　法稱因明對陳那因明的重大發展

許多因明論著在判定陳那因明爲演繹論證的前提下來評價法稱因明對陳那因明的發展和貢獻，因此很難作出恰當的評價。

法稱因明與陳那因明的區别不是枝枝節節的，而是根本性的。在印度因明發展史上，法稱因明第一次達到了亞里士多德三段論的演繹水准。儘管法稱對演繹理論的研究與亞里士多德相比，還顯得很不充分，但這畢竟是因明發展史上的一次重大突破。

一、《正理滴論》濃縮了法稱因明思想

法稱有因明著作七部。《釋量論》（即《量評釋論》）、《量抉擇論》、《正理滴論》這三部書相當於法稱學説的軀幹，正面論述了法稱的因明思想。《釋量論》最爲詳盡，《量抉擇論》分量適中，《正理滴論》簡明扼要地闡發了他自己的因明思想。後四部是專題論述，相當於四肢，故統稱爲“七支論”。後四部中的《因一滴論》是專門討論因的，《觀相屬論》是專門討論比量中各概念的關係及過類，《論議正理論》集中講過類，《成他相續論》是關於論證他人的心理以成立唯識的道理。七論梵文原本大多已佚，今僅存《釋量論》殘本和《正理滴論》。歷

史上，七論均有藏譯本，卻無漢譯本，故法稱之學盛傳於藏地，而爲漢土不傳。

《正理滴論》共有三品（章）：現量品、爲自比量品、爲他比量品。《正理滴論》的原文見於印度法上8世紀末作的梵文注釋本《正理滴論注》中，爲耆那教人所保存。德格、北京、那塘的藏文《丹珠爾》均有本論譯本。本論由於有梵、藏本存在，遂成爲近世各國學術界研究法稱因明思想的主要依據。由於《正理滴論》簡明扼要地闡述了法稱的因明思想，特别是集中討論了邏輯論證形式，又有法稱再傳弟子哲理派的法上所作之疏，可以幫助理解原文的義理與精神，因此，本文討論法稱因明的因明體系和邏輯體系也主要依據《正理滴論》。

20世紀70年代末，法尊法師將《釋量論》譯成漢語，1982年又有王森和楊化群的兩種漢譯本《正理滴論》問世。王譯譯自梵本，楊譯譯自藏本。隨後又有韓鏡清先生的從藏譯漢本和香港李潤生先生根據舍爾巴茨基的英譯轉譯的漢譯本。這四個漢譯本各有所長，參照研究，能更准確地把握法稱的因明思想和邏輯體系。

二、三類正因是創建邏輯新體系的基石

法稱是通過建立新的因三相規則來創建演繹新體系的，而建立新的因三相規則又是以提出三類正因爲奠基石。

《正理滴論》共有《現量品》《爲自比量品》和《爲他比量品》等三品。法稱把比量分爲爲自比量和爲他比量兩種。爲自比量即天主《因明入正理論》八門中的比量，爲他比量即八門中的真、似能立與真、似能破。爲自比量是內在的思維活動即比量推理，目的在於自悟；爲他比量是用語言表達出來的比量推理，把知識傳達給他人，目的在於悟他。法稱還將爲自比量定義爲借助具備三相的正因獲得的正確認識。

在《爲自比量品》中，法稱提出新的因三相學説。法稱説："因三相者，謂於所比，因唯有性。唯於同品有性。於異品中，決定唯無。"

在第一相"謂於所比，因唯有性"中，"所比"指宗有法（宗支的主項），是要推論比度的物件。法上釋"有"爲防止全分不成（例如"凡聲爲眼所見故"），釋"唯"爲防止一分不成（例如"凡樹皆有睡眠故"）。"因唯有性"是説"因"必須遍有"所比"，也即"所比"的外延包含於"因"的外延之中。用S來表示所比即

宗的主項有法,用 M 來表示因,則法稱的第一相的邏輯形式是:凡 S 是 M。這與陳那的"遍是宗法性"完全相同。按照法上的解釋,所有的所比都有因,必須"決定"無疑。他是根據法稱要求第三相必須決定無疑,因而要求第一、二相也決定無疑。這一解釋對陳那第一相有所增益。

"唯於同品有性"是第二相,意爲"所有'因'都是'同品'"。法稱將同品定義爲"所立法均等義品",即與宗的謂項"所立法"有相同性質的物件。從《正理滴論》全文來看,這裡的"同品"是不除宗有法的,與陳那九句因、因三相中的同品不同。用 P 來表示"所立法"即同品,則第二相的命題形式爲"凡 M 是 P"。這個形式與陳那的第二相"除 S 以外,有 P 是 M"不同。"凡 M 是 P"是全稱命題。

"於異品中,決定唯無"是第三相。法稱的異品也是不除宗有法的。爲什麼説法稱的同、異品都不除宗有法呢?這從後文法稱解釋猶豫不定似因的實例中可知。在"生人肉身(根身)具有真我,有命風故"實例中,宗上"生人肉身"即根身爲有法,同品是"具有真我(靈魂或神我)",異品是"無有真我"。法稱指出:"有我、無我,此二品類,攝一切故。"這是説,同、異品是矛盾概念,非此即彼,其間無中容品。"於異品中,決定唯無"是説,"異品"決定完全不存在於"因"之中。第三相的命題形式是"凡非 P 是非 M",等值於"凡 M 是 P"。法稱的第三相也不同於陳那的第三相"除 S 以外,凡非 P 是非 M"。前者是全稱命題,後者是除外命題。

陳那的第二、三相是不能缺一的,都是正因的必要條件。法稱的後二相實際是一相,二者可以缺一。這與《釋量論》中的表述也是相一致的。王森先生指出:"他在《量評釋論·爲自比量品》的第一頌爲'正因'下定義時,提出'宗法,彼分遍,正因。此三種'。'宗法'指因爲宗中有法之法,即第一相遍是宗法性。'彼分遍',彼,指宗,彼分,即宗中一分'能別'。遍字用的受動分詞,彼分的'分'字用的是具格,應該理解爲'因'爲'所遍','能別'爲'能遍'。……也就在同一頌的同一行中,法稱又提出正因應分爲自性、果、不可得三種。"其中"能別"即所立法,宗支的謂項,有所立法者爲同品。我贊成王森先生的解釋,法稱的因的第二相意爲"凡是'因'法都是'能別'法",命題形式爲"凡 M 是 P"。法稱衹説了第一相和第二相,省略了第三相,説明後二相是等值的。王森先生没有發現法稱的第二相與陳那的第二相的邏輯形式有明顯的不同,留下了遺憾。

關於法稱的因三相，法尊法師在《釋量論》中譯爲："宗法、彼分遍，是因彼唯三。"法尊法師有詳細解釋，文長恐繁不引，其大意概述如下："彼分遍"包括了第二、三相，第二、三相是等值的。法稱因三相與陳那因三相相同。其構成方式相當於陳那關於同、異喻體的表述，即"說因宗所隨，宗無因不有"（陳那的第二相也是"所有'因'都是'同品'"，命題形式爲"凡 M 是 P"）。九句因可用四句來概括，不須用九句來檢查，但九句因另有作用。

法尊法師的上述解釋正、誤並存。他對法稱因三相的解釋是正確的，但認爲與陳那因三相相同則是錯誤的，他還完全用陳那九句因（簡化爲四句）來解讀法稱的正因、似因也是錯誤的。因爲九句因也好，簡化爲四句也好，衹適用於陳那因明。玄奘弟子文軌的《莊嚴疏》曾將九句因作四句概括："若總攝之可爲四句。一同有異無，謂第二第八兩句；二同無異有，謂第四第六兩句；三同有異有，謂餘四句；四同無異無，謂第五句。"可以肯定的是，法尊法師的四句概括源於軌疏。楊化群先生在法尊法師誤讀的基礎上走得更遠，他乾脆把四句因歸屬於法稱。於是，被法稱拋掉了的不共不定因"所聞性故"，又被二師收回來了。值得注意的是，法尊法師和楊化群先生的誤解對當代漢、藏因明學者的影響比較大，應予糾正。

法上設難說，既然從第二相可推得第三相，爲什麼要同時兼立第二、三相呢？法上答難說："我們運用因、宗隨逐'不相離關係'，或運用相反的'相違關係'即已足夠，而不得有異。爲強調此義，所以兼立'因第二相'及'因第三相'。"法上又說："既然不容有異，則二者應單表其一便可，不必二相兼表。因此，並舉二相，如是可使學人，更能精確地運用相隨逐之'不相離關係'及'相違關係'。"這是說第二相的因與同品"不相離關係"和第三相異品與因的"相違關係"的同時使用，一是"爲強調此義"，二是爲使學人"更能精確地運用"。後二相兼立，並没有增加證明力。

三、法稱因明取消了不共不定因

陳那九句因中的第五句因"聲常，所聞性故"，之所以稱爲不共不定因，是因爲除了聲音之外，没有任何物件有"所聞性"因。這表明陳那的同、異品是除宗有法(除聲)的。第五句因的過失在於同品無因,而不在於異品無因。如果陳那的後二相等值,則滿足了第三相異品遍無因,則同時滿足第二相,則不可能有同無異無的第五句因。九句因中既然允許同無異無的第五句因存在,則表明陳那的第二相獨立於第三相。法稱的第二、三相等值,第二相就失去獨立性,就必然不允許不共不定因的存在,才能保持邏輯上的一致。因此,可以斷言,法稱取消了陳那的不共不定因。

在《正理滴論》後面論述似因時,講了不滿足因的第一相便有不成因過之後,直接講不滿足第三相有不定因過。不講不滿足第二相的似因,這絶不是疏忽,而是從反面反映出因有二相即足夠了(有第一相再加上第二或第三相中的一相即夠)。但是,簡單地説法稱取消了不共不定因,還不能服人。因爲在後面的因過中法稱還討論了與"所聞性"類似的實例:

宗　根身具有真我。

因　以有命根與呼吸等故。

同喻　若有命根與呼吸者,則有真我,譬如?(此因"於同品有"猶豫)。

異喻　若無真我,則無命根與呼吸等,譬如?(此因"於異品遍無"亦猶豫)。

有的學者斷言,這就是不共不定因的實例,法稱没有取消不共不定因。粗看是那麽回事,仔細比較一下,還是有所不同。"所聞性"僅限於所比"聲"有,而"有命根呼吸"也僅限於所比"根身"有,這是它們的共同點,即是説因法概念僅限於宗上有法有。用法上的話來説,都是"極狹之因"。不同點是:一、"聲常"宗的所立法"常"是立敵雙方共許極成的概念,同、異品不除宗有法,而"具有真我"則是雙方不共許的概念,既不共許,能找到"真我(靈魂)"的同品嗎?二、"所聞性"因是確定無疑的同無異無,其過失在同無而不在異無。既然對同品"真我(靈魂)"的存在都有疑問,則"有命根呼吸"因"於同品有"亦猶豫。"無真我(非靈魂)"的木、石等是異品,可見有的異品無因,但異品不除宗,把"根身"當作異品,則此異品有因,因此,"於異品遍無"不滿足,第三相亦成猶豫。法稱認爲用"有命根呼吸"因證"有、無真我"這矛盾二宗皆猶豫。因此,"有命根呼吸"因不同於不共不定因"所聞性"。

四、三種正因保證同、異喻體爲全稱命題

法稱因明的喻體不是除外命題,而是毫無例外的全稱命題。在法稱的三支論式中,喻依可有可無,不是必要成分。在陳那因明體系中,舉出正確的同喻依是滿足第二相的標誌,而第五句因的存在表明同、異品除宗有法。法稱取消不共不定因過,表明同、異品不除宗有法。法稱的後二相可互推,同、異喻體也可互推,以異喻體單獨可以與因、宗組成論式,陳那不許由異喻單獨與宗、因構成三支作法。這都表明法稱的同、異喻是全稱命題。

從論式的表述順序來看,法稱顛倒宗、因、喻的順序,而爲喻、因、宗,與三段論相一致。

法稱對因本身的研究比陳那有實質性的進展。陳那著眼於論辯,規定了宗法等必須立、敵決定同許,這是確定論辯的規則,是完全必要的。陳那《理門論》強調證了因,從立的一方看,言生因最重要,衹有通過言生因才能引發敵證的憶念從而開悟;從敵的一方看,智了因最重要,敵者依靠智了因才能了悟立方所立之量。這是論述因在論辯過程中怎樣發生作用,也是完全必要的。陳那還進一步論述宗、因的不相離性,這一條才真正牽涉到推理的規則。這裡存在兩個問題,第一,因、宗的不相離性先天不足,從一開始就引入了同、異品除宗有法,因此,因、宗不相離性有例外,不是真正的全稱命題,而是除外命題。第二,怎樣的因才能滿足因、宗不相離性呢？陳那没有回答。法稱提出了滿足三相的三種正因。這等於説有三種因分別是證宗的充分條件。與陳那的證了因不同,衹要從這三種因出發,不管你論敵和證人主觀上認不認可,都能建立毫無例外的普遍命題。

陳那衹是作出了規定,正因必須滿足除宗以外的因、宗不相離性;法稱回答了要用怎樣的因來建立毫無例外的全稱命題。這是二者的差别。陳那探討了因法作爲正因與宗法的外延關係,法稱則進一步確立了正因與宗法的内涵關係,即一個正因必須有怎樣的内涵。陳那在爲正因所舉的實例中,用“所作性故”來證“聲無常”,用“以有煙故”來證“此山有火”。兩個因分别是自性因和果性因。陳那雖然没有提出自性因和果性因的概念,但也爲法稱的正因説奠定了基礎。

能保證因、宗不相離性的因應有什麼性質呢？换句話説,外延包含於所立

法的因應具有怎樣的内涵？法稱認爲："三相正因，唯有三種：謂不可得比量因、自性比量因及果比量因。"先來看看什麽是自性比量因和果比量因，然後再來看什麽是不可得比量因。

"言自性比量因者，因之自體，若爲實有，即於所立法能爲正因。譬如説言：'此物是樹，以彼本是興遐巴故。'""興遐巴"即無憂樹。

自性比量因簡稱爲自性因。自性因必須具備兩個條件。一是"實有"，二是因自體（自性）與所立法（宗的謂項）的自性相同。例如：

宗　此物是樹，

因　因爲是無憂樹。

"無憂樹"因便是自性因。無憂樹是樹的一個種類。既是無憂樹，當然是樹了。自性因是保證因、宗不相離性的正因之一。以自性因建立的同、異喻體（凡無憂樹都是樹和凡非樹都不是無憂樹）是毫無例外的普遍命題。

對自性因，法上解釋説："'差别義'唯依'因'有，則'差别義'與'因'二者不相離。"又説："如是的'因'與'差别義'同體非異。"李潤生先生解釋説："'因''所比'（宗的主詞）與'差别義'（宗的賓詞）三者，其實是共指同一實體（existential entity），如是此'因'得名爲'自性因'。如於上例'宗'支'樹'的概念，可依'同一律（law of identity）'直接從'此爲無憂樹'因分析出來。故此'因'與'（宗）差别義'的不相離性（按：即例中所涵'因第二、三相'的'若此是無憂樹，則必爲樹'此所構成的原則命題），實爲一'分析命題（analytical proposition）'，所以'自性因'以推'宗'，所得必然是分析地真的。"①

法稱認爲自性因是立物因，"能成實事"，能論證表詮命題，即可證所立法（論題謂項）爲肯定概念的宗論題。

再來看法稱的第二類正因即果比量因。"果比量因者，謂如説言：'彼處有火，以見煙故。'"果比量因又稱爲果性因，它是以因果聯繫中的果作爲論證的理由。例如：

宗　彼處有火，

因　以有煙故。

---

① 李潤生：《正理滴論解義》，香港：密乘佛學會，1999年印，第84—85頁。

根據已有的經驗,煙是由原因火所引起的結果,從某處有煙便推出某處有火。在上述比量中,因法"煙"是因果關係中的果,所立法或差别法"火"是因果關係中的因。因支"彼處有煙"被稱爲果性因。因果聯繫是必然的聯繫。如果有果則必有因,如果無因則必無果。此因也被法稱稱爲立物因,能用來論證表詮命題。

下面解釋不可得比量因。不可得比量因又稱爲不可得因,未緣到因。法稱説:"此中'不可得比量因'者,如指某處而立量云:'此處無瓶,瓶可得相雖已具足,而瓶不可得故。'"法上解釋説:"所言'此處'者,乃指觀察者眼前所見之處,而非任何一處,……'無瓶'者,是'宗'的差别義。此間的'可得見'是能被現見認知義。'可得見之相'是構成'能現見'的因緣總稱,而'瓶'之自體亦包括在'可得見之相'。而'彼瓶'者,作爲現見條件因緣之一,是指一可見的瓶。'以不可得見故'構成因。"所謂不可得因是以論證的物件可以被認識而未被認識作爲證宗的理由。此因又被稱爲"遮止之因",即證成了遮詮之宗。例如,上例中的"此處是無瓶"宗,就是一個遮詮之宗,其差别義即謂項是"無瓶",是負概念,但整個判斷是肯定判斷。又如,"此山有火",這是一個表詮之宗,省略了肯定判斷的聯結詞"是",其謂項爲"有火",是正概念。

上例中,已經具備了認識某處有瓶的條件,而瓶不可得,便能論證某處没有瓶。如果某處有瓶,那麽認識者具備了各種條件便能發現瓶的存在,但是瓶没有被發現,所以説瓶本身於某處不存在。"已經具備了認識某處有瓶的條件而瓶不可得",簡稱"瓶不可得",便是不可得比量因。

爲什麽立物因衹有自性和果性兩種呢?爲什麽這兩種因能建立因、宗不相離關係,换句話説,爲什麽它們能保證獲得一個毫無例外的全稱命題?法稱解釋説:"由彼('因'與'所立義'的)自性,二(者)恒(時)相屬,故舉('因')法一義,(彼'所立義'的)餘義定隨。設若此('因'與'所立義'二(法),非恒相屬,即二者(之)間(的)不相離(而定相隨逐的關係)不(得)决定故。此亦即'因'與'所立義'恒相屬義,剋實而論,(彼'因'或)即所立義之自體故,(或)從'所立義'而生起故。若此('因')既非彼('所立義')之自體,復非從彼('所立義')而生起者,(則)此中('因'與'所立義')即非恒相屬爲自性故。"①原文較

① 李潤生:《正理滴論解義》,香港:密乘佛學會,1999年印,第84—85頁。

爲簡略,不易理解,括弧中的文字爲李潤生先生所加。

法上解釋説:“所謂‘自性恒相屬’者,是(‘因’與‘所立義’)的自性,是具有依存關係的。‘自性相屬’就是自性依存關係。”意思是,從有煙(果)推出有火(因),從菩提樹(能立義)推出(所立義)樹,則煙依火的自性存在,菩提樹依樹的自性存在。每兩個之間便有“自性相屬”關係。如果二法間無“自性相屬”關係,則無推理可言。法上又解釋説:“若二法不具‘自性相屬’關係,則無必然的不相離的定相隨逐的作用;如是則‘此法之有,唯依彼法有’便不可能。”法上指出,凡比量之“因”是“自性的能依”,如“有煙”“菩提樹”;凡“所立義”是“自性的所依”,如“有火”“樹”。作爲“因”的“有煙”“菩提樹”依作爲“所立義”的“有火”“樹”而存在。依自性而言,二法之間的相屬關係祇有二種,或者是“自性同一”,“因”法的自體即具有“所立義”的特性,這是因爲“因”的特性早已涵攝在“所立義”的特性中;或者二法之間的相屬關係是“因果相屬”,“因”由“所立義”生起。一個因要麼就是所立義之自體,要麼由彼所立義生起而與其異體。非同則異,没有第三者。如果一個因既非彼所立義之自體,又非由所立義生起,則連二者相逐不離的“自性”都没有了。因此説,立物因祇有二種。

不可得因既非自性因又非果性因,是對立物因的反面應用。法稱把不可得因歸結爲正因。他認爲,正因祇此三種。不可得因既非所立義之自體,又非所立義所生,此因就與無“自性”相屬不離,因此,不可得因證成了無自性的“遮止之宗”。李潤生先生認爲:“‘三因説’的體系中,‘不可得因’的建立,於‘因明’發展史上,是有其貢獻的,因爲它明確反映出對‘事物有無’(即存在與不存在)的認知,是間接推理的比量之事,而非直接經驗的‘現量’之事。”①他還指出,自性因是分析判斷,而果性因是綜合判斷。判斷祇此二種,因此,把正因來分類,“‘自性’與‘果性’根本窮盡了一切,不必再立第三種因”②。他認爲“遮止之因”還應分爲自性不可得因和果性不可得因,加上自性因和果性因,這四種因各自都能證成表詮之宗和遮詮之宗。我以爲是經過了深思熟慮的合理建議。

至此,我想總結一下。如果説陳那對古因明的改造是以創建九句因從而改革因三相作爲基礎,那麼法稱改造陳那三支作法使論證式變成演繹論證,也是

① 李潤生:《正理滴論解義》,香港:密乘佛學會,1999年印,第389—390頁。

② 同上,第383頁。

以改造因三相作爲基礎的。

法稱與陳那建立因後二相的思路不同。陳那反過來從同、異品出發看它們與因的外延關係。要問同、異品與因有什麼樣的外延關係，首先要回答同、異品包不包括宗有法（論題的主項）。同、異品是陳那因明的初始概念，在立論之初，同、異品除宗有法（把論題的主項除外）是由共比量的總綱規定了的，目的是避免循環論證，這是題中應有之義。因此，九句因、因後二相中的同、異品都必須除宗有法。本來第一相規定了宗有法是因同品，因同品可不除宗，但是由於同喻依必須既是因同品，又是宗同品，宗同品除宗有法，就連帶著因同品也須除宗有法。二喻即因，這就決定了陳那三支作法中的同、異喻體的主項也是除宗有法的，不可能是毫無例外的普遍命題。整個論式離演繹論證就還有一步之差。

除了第一相遍是宗法性（所有宗有法都是因法）與陳那的相同外，法稱正過來從兩種立物因的性質著眼，有什麼性質的因法可以與所立法（同品）能夠組成毫無例外的全稱命題即具有真正遍充關係的普遍命題呢？法稱找到了上述二種（第三種不可得因不過是前二種的反面運用）。因法既然已經包含了宗有法，衹要它是自性因或果性因，因法與宗所立法（論題的謂項）組成的毫無例外的全稱肯定命題便成立，因宗不相離性也即遍充關係便成立。同樣，異品與因法的相離關係也成立。

對陳那的新因明邏輯體系的改造看起來僅僅走了一小步，實際上是一次重大的飛躍，使得推理論證的性質有了根本的變化，因明三支論式真正成爲了演繹推理。

在爲自比量關於三類正因的討論中無一處舉出同喻依，這表明同喻依並非必要成分。這是因爲所舉之因，衹要是自性因，或果性因，則必定舉得出同喻依，故不必舉，如同亞里士多德三段論。但是在法稱爲他比量的同法式和異法式中，法稱又仍然舉出喻依，這又是什麼道理呢？這衹是舉例説明，使得抽象的普遍原理具體化，增強説服力，而没有提高證明力。這顯然有别於陳那三支作法。陳那三支作法的同喻依必不可少，因爲它是第二項得到滿足的標誌。若不列舉出同喻依，有可能是缺無同喻依而無依可舉，則未滿足第二相。

威提布沙那的《印度邏輯史》是完全根據藏傳因明典籍來瞭解陳那因明，

因此没搞清法稱因明與陳那因明的重大區别。同樣,舍爾巴茨基完全用法稱的因三相來代替世親、陳那的因三相,不懂得三者之間的區别。其中教訓,值得記取。

五、各自組織論式的同、異喻

1. 陳那的同、異喻雙陳與法稱的同、異喻各自組織論式

陳那的三支作法規定同、異喻必須雙陳,同、異喻體特别是異喻不可單獨成立論式。同喻依是必要成分,唯有異喻依可以缺無。從邏輯上看,舉得出正確的同喻依是主項存在的標誌,是滿足第二相同品定有性的標誌。

陳那《理門論》專門討論過關於論式的完整性問題。"爲要具二譬喻言詞方成能立,爲如其因但隨説一?""若就正理應具説二,由是具足顯示所立不離其因。以具顯示同品定有、異品遍無,能正對治相違、不定。"上述問答意爲,問的是,同、異二喻是要一併陳述才有證宗的功能呢,還是如同所作、勤勇二因衹要説出其中之一就可以成爲能立?陳那回答,如果從論式的完整性來説應當同、異二喻雙陳,由此才能充分顯示因、宗的不相離關係,從而更明顯地表示因的第二相和第三相,就能更方便地檢查並糾正相違過和不定過。

一個正確的同喻體實際已滿足了第三相異品遍無性。異喻倒是可有可無的。它在論式中的作用是爲了强調因、宗不相離性,爲了方便檢查因過,爲了增强説服力。因此,在我看來,在陳那的三支作法中,用邏輯來衡量,單有同喻可與宗、因組成獨立的論式。單有異喻則不行,因爲不能排除不共不定因。

但是根據論辯時的實際情況,可以運用省略式。當敵方、證人等已經理解了同喻一分,則衹要説異喻一分即可,或者敵方、證人等已經理解了異喻一分,則衹要陳述同喻一分即可。當立方一舉出爲敵、證所共許的因,敵、證根據共許的因就領悟到了"聲是無常"的真實性時,就連同、異二喻均可省略不説。針對不同的情況,在立量時,同、異喻都不説,或者衹説其一,或者二喻雙陳都是可以的。

在第三品《爲他比量品》中,法稱根據滿足三類正因的因三相建立了兩種分别用同、異喻體與因、宗組成的論式:同法式和異法式。這是提出三類正因的必然結果,是法稱因明在邏輯體系上不同於陳那因明的又一個重要標誌。

他用自性因組成的同法式實例是：

同喻　若物是實有(存在)，彼皆無常，譬如瓶等，

因　　聲是實有，

宗　　(故可斷言聲是無常。)

他用果性因組成的同法式實例是：

同喻　若有煙處，彼定有火，如灶等處，

因　　今於此處，現見彼煙，

宗　　(彼定有火。)

用不可得比量因的異法式如：

喻　若物現有，其可得相復具足者，是則彼物決定可得，如彼青色，此白色等，

因　然於此處，瓶可得相雖已具足，現有之瓶而不可得。

宗　(即可斷言此處無瓶。)

對於同、異法式的關係，法稱説："除論式不同外，二者之間，都無少許實質差異。""若論式中，具同法喻，即於此式，其異法喻，義准自明。若不爾者，因與所立相隨逐義，應非有故。若具異喻，准知有合，亦復如是。若不爾者，所立無處，因必非有，不成就故。"這兩段引文是説兩種形式雖不同，但實質相同。在一個論式中，同、異二喻不必雙陳，單舉同喻即知異喻，單舉異喻亦知同喻。在法稱的因明體系中，由於後二相可互推，也可以缺一，因此同、異二喻體可互推，也可以缺一。同、異喻體也就能分别與宗、因組成論式而滿足正因三相。否則，真正的毫無例外的宗、因不相離的關係就不能成立。

2. 作爲全稱命題的同、異喻體是已有的經驗知識

同、異品不除宗必然要回答是否循環論證的問題。同、異喻體作爲毫無例外的普遍命題是怎麽來的？國内外絶大多數的因明研究者總是説，陳那三支作法本身就是歸納和演繹的綜合體，同、異喻依是歸納成分，因的後二相本身也是歸納。我歷來不贊成這類歸納説。衆所周知，邏輯三段論的大前提的獲得是運用已有的知識，是吃現成飯的。同樣，陳那因明和法稱因明也是吃現成飯，並非每立一量就要歸納一次。陳那改造古因明，創建九句因，提出因三相，增設同、

異喻體的過程與歸納推理無關。我在許多論著中一再強調,陳那因明的因後二相如同三段論第一格的規則"大前提必須全稱"一樣,不是歸納,而是一種規定,是對正確三段論的要求。一個因是否滿足後二相,不是立論時當下即臨時歸納出來的,而是依賴現有的知識。同樣,法稱提出自性因、果性因也不是當下即臨時歸納出來的,法稱建立同法式和異法式的兩個喻體,也不是通過運用歸納推理得到的。

法稱明確回答説:"如是一切能成立法,其爲正因,當知唯由此能立法,若爲實有,即能與其所成立法,相屬不離。此義隨宜,先由正量,已各成立。"意思是説,一切能立法祇要它是實有的自性因法,就是正因,就能與所立法建立相屬不離的普遍聯繫。這種普遍命題的真實性是由先前的"正量(現、比量)"所證成了的,即已有的真實知識。

同樣,依果性因建立同、異喻體這兩個普遍命題也不是當下歸納來的。按照法上的解釋,是依照了"正、反兩面的經驗"。經驗是立論前已有的知識。可見,一個普遍命題的獲得不應該從法稱的比量形式或因三相規則中去找根源。

【下　篇】

《因明正理門論》直解

題　名

因明正理門論本*

［印度］　大域龍(陳那)　造
［唐］　玄奘　譯

＊　《理門論》原文以吕澂、釋印滄《證文》的版本爲底本，全文由湯銘鈞博士校訂。原文無章節，爲便於讀者理解，筆者依據原文大意增立了章、節及以下的各級標題。

日僧善珠在《因明論疏明燈抄》卷二末解第八句勤發因處，提到文軌的《因明入論莊嚴疏》曾引用過梵本的《理門釋論》。日僧寶雲所撰《因明正理門論新疏》在釋本文前説："正理門，其安'本'字，譯家所爲。考索諸論，《攝大乘論本》蓋爲有世親、無性釋論也。《廣百論本》亦有護法釋論也。顧此論西方必有釋論流行。"可見，書名《因明正理門論本》中"本"字，爲區别本論的釋論而爲譯者所加。

第一章　序[1]

為欲簡持[2]能立[3]、能破[4]義中真實[5]，故造[6]斯論。

【注釋】

[1] 本論結構分爲三部分。《述記》説："此論一部，分有其三焉。此之一論是序述發起分。第二'宗等多言'下辨釋正宗分。第三論末四句顯所爲契真分。"（卷一頁二右）本句是全書的簡短序言。

[2] 簡持：選擇和持取，即選取、擇取。

[3] 能立：真能立的簡稱，與似能立（錯誤的論證）相對，是能夠准確無誤地使他人（敵方、證人）得到開悟的論證。此"能立"應當包括宗、因、喻三支。"能立"另有一義，當它與"所立"即宗相對時，指證宗的理由即因支和喻支的合稱。這第二義是陳那新因明的創見。

[4] 能破：真能破的簡稱，與似能破相對，是能夠使他人開悟的正確反駁。能破的物件是他人的似能立。

[5] 義中真實：能立和能破義中的正確規則。

[6] 造：造者，制作義，創立、闡述新的理論，不同於述，敘先有之理爲述。神泰《述記》云："自古九十五種外道、大小諸乘，各制因明，俱申立破。今欲於彼立破義中，簡智採言，持取真實，謂昔因明，或非過謂過，過謂非過。今顯簡智持取，此過云是過，非過云非過者。"（卷一頁二右）

【今譯】 爲了選取能立、能破的正確規則，因而創作了本論。

第二章　能立、似能立和立具

第一節　能立與宗和似宗

1. 能立與宗等

宗等多言説能立[1]　是中唯隨自意樂
爲所成立説名宗[2]　非彼相違義能遣[3]

【注釋】

[1] 以下四句爲初頌，提綱挈領地揭示立宗的准則。最後一句強調要把正宗與似宗區别開來。詳細的解釋由下文展開。

宗等多言説能立："宗等"指宗、因、喻三支。梵文以三爲"多言"。這裡的"能立"的原義應指包括宗、因、喻三支在内的論式。此初頌本義明言宗支是多言之一，與因支、喻支共同組成能立即三支論式。唐疏代表作均以第二義解"能立"，宗衹是"所立"而非"能立"。顯然不符合本論原意。據湯銘鈞博士考證，這是玄奘法師據留學時那陀寺的最新解釋。這表明陳那晚期修改了早期的觀點。

[2] 是中唯隨自意、樂爲成所立説名宗：這首偈頌七字一讀，朗朗上口；而實際斷句則應依此，方便於理解。意謂其中宗的建立必須遵照"隨自意"的原則，衹有自己樂意成立的物件才能稱爲宗。

［3］非彼相違義能遣：神泰《述記》："宗有五過名'相違義'。以此五過即義與宗相違，故此相違義能遣正宗令成至似，'若非彼相違義能遣'之宗名正宗。"(卷一頁三左至三右)這裡把與正宗相違背的即有過失的五種宗稱爲相違宗(似宗)。然而神泰在後面具體闡釋五相違宗時又將"相違義"解作真宗，前後未能一致。上來解釋如此重要的本論初頌，爲何身任譯場要職即譯場證義的神泰會有如此明顯的自相齟齬？試作探討。

初頌前一句是概述能立之組成，第二、第三兩句是揭示正宗的特點"隨自意"和"樂爲所成"。後一句也是揭示"是中"即正宗的特點——並非"相違義"所能遣除。打頭的"非"，否定了"相違義"，意爲正宗不爲似宗所遣除。因此，神泰解此"相違義"爲似宗，義理上似乎也説得過去。本來，"相違"是關係詞，有對稱性，也是中性詞。若確定雙方相違，則指稱任一方相違於另一方都行。因此，神泰在後文又將"相違義"解作真宗，並不矛盾。問題在於，在一定的語言環境中，用詞要有確定性。湯銘鈞博士認爲，此"相違義"相當於《入論》中的"法自相"，都指向正宗即真宗的後陳。(詳見其著《陳那、法稱因明推理學説之研究》，中西書局 2016 年版，第 84 頁)

【今譯】 由宗、因、喻多言組成的論式就被稱爲能立，其中立宗的原則是"隨自意"，並且衹有自己樂意成立的才能稱爲宗，稱得上宗的也不是爲正宗所遣除的對象。

宗等[1]多言説能立者，由宗、因[2]、喻[3]多言[4]辯説他未了義[5]，故此多言於《論式》等[6]説名能立。

【注釋】

［1］宗等：指宗、因、喻，稱爲三支。宗又稱所立，相當於論證中的論題。爲立論者所主張、所建立的論旨。它是立、敵雙方爭論的物件，是古因明五支作法和陳那新因明三支作法中的第一支。其表達方式爲命題，如"聲無常""聲常"。整個命題稱爲宗體或總宗。總宗由宗依組成，如"聲""無常"，習慣上省略連接詞"是"。按照本論的原意，能立一詞有二義。

［2］因：是證宗的理由、根據。古因明五支作法和陳那新因明三支作法的

第二支。因支雖爲命題，由於其主項與宗的主項相同，在陳述時按照梵文的習慣被省略。例如“聲無常，所作性故”，“所作性故”便是因支，是一個省略了主項“聲”的判斷。“因”有二義。另一種含義是指稱因法（概念），例如，“所作性”。

［3］喻：是古因明五支作法和陳那新因明三支作法中的第三支，與因同爲證宗的理由、根據。本義爲“見邊”，是凡聖見解一致的事例，是已知的物件。立喻的作用是以這個已見之邊去推出宗這個未見之邊，即起到和合已知和未知的作用。古因明以例證爲喻，例如以“聲無常”爲宗，“所作性故”爲因，同喻“如瓶”，異喻“如空”。新因明在喻支上增加了同、異喻體，而以例證爲喻依，同喻爲“諸所作者，皆見無常，如瓶”；異喻爲“諸有常住見非所作，如空”。

［4］多言：文字或聲音能詮一切法（意識物件）者稱爲言。宗支用語言表達出來就叫宗言，因支用語言表示叫因言，喻支則爲喻言。印度梵文的實詞有數的變化，一數爲一言，二數爲二言，三數以上爲多言。

［5］未了義：敵論者所未了悟的立論者的主張。

［6］《論式》等：指世親所造《論式》《論心》等書。

【今譯】　能立是由宗、因、喻多言組成的，立論者通過宗、因、喻三支來辯説自己的主張，而這種主張是敵論者尚未了悟的，因此三支作法在世親《論式》等著作中被稱爲能立。

又以一言[1]説能立者，爲顯總成一能立性[2]，由此應知隨有所闕名能立過[3]。

【注釋】

［1］一言：能立爲一，其組成爲三。

［2］爲顯總成一能立性：神泰《述記》説：“如椽、梁、壁、户多物總成一舍，不可以椽等别故至舍亦多。”（卷一頁三右）。

［3］隨有所闕名能立過：指宗、因、喻三支中有缺支便造成能立有過。

【今譯】　又以一言來表示能立，是爲了顯示宗、因、喻多言總成一能立整體，由此應知在一個能立中若三支隨應有所缺失便稱爲能立有過。

言是中[1]者,起論端義,或簡持義。是宗等中,故名是中。所言唯者[2],是簡别義。“隨自意”顯不顧論宗[3],隨自意立。樂爲所立[4],謂不樂爲能成立性,若異此者説所成立,似因似喻應亦名宗。

【注釋】

［1］是中:一作發端詞,無意義。二作簡持釋,從“宗等”中且明其宗,未論因、喻,即簡去因和喻。

［2］所言唯者:“所”指後文中的不顧論宗,“唯”指簡去其餘三種宗。此釋見竇雲《〈因明正理門論〉新疏》。

［3］不顧論宗:因明有四種悉檀即四種宗義之説。其一爲遍所許宗,如“眼見色”,爲立、敵雙方所共許,没有辯論的必要。其二爲先業稟宗,在本門派内部立本門派教義,例如佛弟子對佛弟子立“諸法空”,亦無辯論之必要。其三爲旁憑義宗,以所立宗中之義旁顯未説之義,如立“聲無常”,旁顯“無我”等。《大疏》云:“非言所諍,此復何用? 本諍由言,望他解起,傍顯别義,非爲本成,故亦不可立爲正論。然於因明未見其過。”(卷二頁十二右)《大疏》指出,在《入論》法差别相違因過的實例中,其宗爲旁憑義宗,可成宗義,然非正立。其四爲不顧論宗,這是隨立者自意所樂而立之宗,例如佛弟子對聲論派立“聲無常”宗。

［4］樂爲所立:所立指宗,是立論者所要成立的對象。按照《大疏》的解釋,“樂爲所立”有二義:一是指前三宗皆是自不樂,唯第四不顧論宗是隨立者自意所樂。二是指把宗與因、喻簡别開來,宗是自意所樂,因、喻則是立、敵雙方都已認可的理由,能成立宗。因、喻都是能立,在當下是不樂的對象,故下文有“不樂爲能成立性”。

【今譯】 在頌文“是中唯隨自意樂”中,“是中”既是發端詞,也作簡持解釋,即把宗從“宗等”中先挑出來説,因此説“是中”。頌文中“唯”也作簡持解釋,把宗與因、喻簡别開來。隨自意顯示不顧論宗,隨自意所樂而成立。宗作爲所立是立論者所樂的,因和喻作爲雙方贊同的證宗的理由,在當下不是樂爲成立的對象。如果離開了隨自意樂這一立宗的准則來談論怎樣建立宗,那麽,不僅因和喻應稱爲宗,而且連似因、似喻也應稱爲宗了。

2. 似宗

為顯離餘立宗過失[1],故言"非彼相違義遣"[2]。

【注釋】

[1] 為顯離餘立宗過失:《述記》:"謂餘外道等立宗即有五種過失,今為欲顯離餘外道等立宗過失,故有第四句言也。亦可立有過宗是無過宗之我餘,今欲明離餘有過宗,故有斯言也。"(卷一頁八左)疏主闡發了本論這兩句的義理,可見頌文第四句中"相違義"指似宗,是有本論長行依據的。

[2] 非彼相違義遣:金陵刻經處本此句作"非彼相違義能遣"。《述記》:"即是頌文,但略無'能'字也。言'相違義'者,即是似宗。與正宗相違,故名相違義。即此真實宗不為似宗所破,故言非相違義能遣。言'義'者,即是相違義言聲下所詮義也。'遣'者,即除破義也。此之一義,《入理論》無也。"(卷一頁八左至八右)疏主闡發了本論這兩句的義理。

【今譯】 為了顯示必須遠離其餘立宗的過失,因此頌文第四句要說"非彼相違義能遣",即似宗是那種被正宗所要排除的對象。

若非違義言聲[1]所遣[2]:如立"一切言皆是妄"[3]。

【注釋】

[1] 非違義言聲:《述記》解釋說:"'非違義言聲',即是離五過真宗言所目義,與有過宗相違故名相違義。"(卷一頁八右)前文已釋"相違義"為似宗,此句中為什麼又把"相違義"釋為真宗呢?相違本來是一個對稱性的關係詞,甲與乙有相違關係,乙與甲也有相違關係。一般來說,"相違義"既可指稱真宗,也可指稱似宗。但是,"違"與"非違"是有確定性的。在本論中也應有確定性。如果把"非違義"當作似宗,則"相違義"一定是真宗。

湯銘鈞博士認為,《入論》中"如是多言是遣諸法自相門故"一句與此句相關。法自相是法的語言表達。此句梵文是"通過法自相的遣除作用",即法自相是能遣而非所遣。玄奘法師譯文爲求好讀,倒置了遣與所遣。門是虛詞,本無所指。法自相相當於《理門論》中的"相違義",指真宗的後陳。(詳見《陳那、法稱因明推理學説之研究》,中西書局 2016 版,第 74 頁)

［2］ 所遣：所要遣除的(有過之宗)。

［3］ 一切言皆是妄：這是第一種宗過。《入論》稱爲自語相違過。《述記》云:"謂有外道立'一切語皆悉不實'。此所發語便有自語相違。何故？説'一切語是妄'者,汝口中語爲實爲妄？若言是實,何因言'一切皆是妄語'？若自言是妄,即應'一切語皆實'。若復救云:'除我口中所語,餘一切語皆妄者。'更有第二人聞汝所説'一切語皆是妄',即復發言:'汝此言諦實。'彼人發語爲妄爲實？若言是妄,汝語即虛;若言是實,何故便言'除我所説'？若復救言:'除道我語此一人是實,餘一切語皆悉是妄。'若爾,更有第三人復云:'此第二人語亦是實。'此第三人語爲虛爲實？若言是虛,此第二人並初人語是實應妄,若第三人語是實,何故言除我及此人餘虛妄耶?"(卷一頁九左至右)

神泰《述記》的這段話意思如下：

説"一切言皆是妄"的人,你口中這句話是實(真)呢,還是妄(假)呢？

如果説是實,那麼爲什麼説"一切語皆是妄語"呢？如果你口中這句話是妄,那麼應該承認"一切語皆實"。

即使你補救一句:"除我口中所語,其餘一切語皆是妄。"也無濟於事。這時有個第二者聽了你這句補救的話之後,指出"你這句補救的話是大實話"。請問,這第二者的話是實還是妄？

如果説第二者的話是妄,那麼立即推出你的補救的話是虛假的;如果第二者的話是實,你又有什麼理由説"除我所説"呢？

假定你再補救一句:"除了這個評論我的即第二者的話是實以外,其餘一切言統統是假的。"如果這樣的話,又會有第三個人接著評論説:"這第二個人説的話也是實話。"這第三個人的話是假還是真？

同理,如果説是假的,那麼説第二個人以及第一個人説的話是真的就不對了;如果第三個人的話是真的,憑什麼説"除我語及此人,其餘都虛妄"呢？

神泰以上這一連串推論,除了從"自言是妄"("一切言皆是妄"是虛假的)推出"即應一切語皆實"不合邏輯外,後面的推論都是正確的。因爲全稱肯定命題"一切言皆是妄"與全稱否定命題"一切言皆不是妄"的換質命題"一切言皆實”是反對命題。反對命題可以同假,不能同真。由其中一真可以推出另一假,但是不能從其中一個是假命題推出另一個爲真命題。

按照神泰的推論,第四人、第五人……依此類推,以至無窮。你說“一切言皆妄”是真的,可是“一切言皆妄”本身也是“一切言”中的一句,因此又推出“一切言皆是妄”這句話本身是假的。你看到推出了矛盾,作個補救,說什麽“除我口中之語以外,其餘一切都是妄”,但這樣一來,又會出現無窮多個“例外”,例外也就不成其爲例外了。總之,“一切言皆妄”,自語相違,隱藏著矛盾。

釋迦牟尼曾經破斥過類似的例子。一個叫長爪的遊行者對佛說“一切於我皆不可”。釋迦牟尼便詢問道:“那你對自己的觀點‘一切於我皆不可’是否認可?”簡單地一問,便把對方問住了。古因明最高成就代表者世親在《如實論》中把這一類的例子列爲宗的過失之一。

印度、中國、希臘是世界上三大邏輯體系發源地,人類的思維規律是共同的。印度的因明家、中國的墨家以及希臘邏輯學的創始人亞里士多德,都不約而同地研究了這種自語相違的語言現象。

《墨經》中提到的“言盡悖”與“一切言皆妄”意思完全相同,說“言盡悖”爲真,則“言盡悖”本身也是言,因此“言盡悖”也是悖,即“言盡悖”爲假。

亞里士多德對反對者主張的“一切判斷都是假的”的批評和我們對“一切言皆是妄”的批評完全一樣。

熟悉邏輯的讀者都知道,“一切言皆是妄”“言盡悖”“一切判斷都是假的”都是不完全的悖論。假如這些話各自爲真,便推出它們各自爲假,但不能假定它們各自爲假,推出各自的反對命題爲真。

【今譯】 非相違義是通過文字和語言表述的似宗,以下似宗是要被遣除的:“一切言皆是妄”。

或先所立宗義相違[1],如獯狐子[2]立“聲爲常”。

【注釋】

[1] 或先所立宗義相違:第二種要遣除的宗過是自教相違過,此過是立宗與本教派宗義相違背。

[2] 獯狐子：即鵂鶹子，勝論派代表人物，主張"聲無常"。《新疏》釋云："獯狐，舊云鵂鶹是也。"（卷一頁十一右）

【今譯】 立宗與自教原立宗義相違，如獯狐子立"聲爲常"。

又若於中[1]由不共[2]故，無有比量[3]，爲極成言相違義遣[4]，如說："懷兔非月，有故。"

【注釋】

[1] 於中：在上文"非違義言聲所遣"之中。

[2] 不共：《大疏》解釋說："以不共世間所共有知故。"（卷五頁一右）。《大唐西域記》卷七《三獸窣堵波》中記載了印度古代的一個傳說故事。遠古時，在一片林野中有狐、兔、猿三種動物和睦相處。天帝釋想考驗修菩薩行的三獸，便下降變爲老人，向它們要吃的。狐叼來鯉魚，猿采來奇花異果，衹有兔空手而還。兔子便跳進火中，以身供老人佐餐。天帝釋深受感動，爲了不致埋没這事蹟，便把兔子安放到月亮去，使得後世都知道。因此古印度人都深信懷兔是月。這是世間共有的知識。

對於自教相違、世間相違過，熊十力力排眾議，發表了獨到的見解。他批評說："今人每謂佛家因明，說世間相違、自教相違諸過，爲束縛思想之道。此妄談也。因明所標宗因諸過，本斟酌乎立敵對辯之情而立，用是爲辯論之則，非所以立思想之防，文義甚明，可復按也。淺淺之徒，援思想自由之新名詞，妄行攻詰，不思與所攻詰者渺不相干。"（熊十力《因明大疏删注》，上海：商務印書館1926年版，第47頁右）熊注是正確的。因明所設世間相違、自教相違諸過是論辯規則，也是邏輯規則。世間常識一般來說是立敵雙方都承認的。如果一方提出相違背的觀點，那麼在辯論中便處於不利的形勢。如果提出一種觀點與自己信奉的學說相違，那就陷入自相矛盾的境地，二者必有一假，不能服人。因此，從論辯和邏輯兩方面看，都應當避免這些過失。這是不是"束縛思想之道"呢？不是。因爲如果辯論的一方提出了與世間、與自教不同的新見解，那麼可以採取簡別的方式，從語言上特別加以標舉，以示區别。這樣就不會犯世間相違、自教相違諸過，從而避免了"束縛思想"的弊病。

［3］無有比量：《大疏》云："無有道理可成比量。"（卷五頁一右）比量即論式，指三支作法。

［4］爲極成言相違義遣：《述記》解釋説："言'極成'者世間共許是月也。'言'者，説月之言也。'相違義'者，即言詞所詮共許月義，即此共許月義能遣其所立懷兔非月義。……真宗既順道理則不同彼似宗爲相違義遣。"（卷一頁十左至右）此句中"相違義"指世間共許的神話知識"懷兔是月"。立宗爲世間共許的知識所排斥就犯世間相違過。

【今譯】 又如在五種宗過中有世間相違過，即立宗與世人共許的觀念相違背，没有什麽道理可以組成論式，因此被世間共許極成的道理即與似宗相違之義所破除，例如立"懷兔非月，以有體故"。

又於有法[1]即彼所立[2]爲此極成現量、比量相違義遣[3]，如有成立"聲非所聞""瓶是常"等。

【注釋】

［1］有法：宗的主項。如"聲非所聞"和"瓶是常"中的"聲""瓶"。

［2］即彼所立：即彼立論人在聲有法上立"非所聞"法或者在瓶上立是"常"法。宗的謂項稱爲法。

［3］爲此極成現量、比量相違義遣：極成即共許。"聲所聞"是世間共許的現量，即感覺經驗，"瓶是無常"是世間共許的比量，即推理知識。立論人所立"聲非所聞""瓶是常"便爲上述世間共許的相違義所遣除，犯有現量相違和比量相違的過失。

【今譯】 還有兩種宗過：現量相違和比量相違，即立論人在宗有法上立與世間共許的感覺經驗和推理知識相違背的法，因而爲此世間共許的相違義所遣除，例如立"聲非所聞""瓶是常"等。

諸有説言宗、因相違名宗違者，此非宗過[1]。以於此中立"聲爲常，一切皆是無常故"者[2]，是喻方便惡立異法[3]，由合喻顯"非一切故"[4]。此因非有，以聲攝在一切中故[5]。或是所立一分義故[6]，此義不成，名因過失[7]。

【注釋】

[1] 諸有説言宗、因相違名宗違者，此非宗過：指古因明師及小乘稱因支與宗相違爲第六種宗過，其實這不是宗過。

[2] 以於此中立"聲爲常，一切皆是無常故"者：這種並非宗過的例子是，以"聲爲常"爲宗，以"一切皆是無常故"爲因。

[3] 是喻方便惡立異法：《述記》解釋説："'一切皆是無常'之言，此是喻非因也。……彼聲明論師但將因門方便立此喻也。故言是喻方便。雖方便立喻，而復倒離異法喻也。"（卷一頁十二右）陳那認爲上例中，"一切皆是無常故"不是因，而是喻，而且這是有"倒離"錯誤的異法喻，因此説"惡立異法"。

[4] 由合喻顯"非一切故"：《述記》解釋説："如立'聲是常'，以'一切皆是無常'爲異法喻，此異法喻應云'諸無常者法是一切'，即以此異喻反顯成彼同喻，應言'非一切者法是其常'。由此同喻合故即知'聲是常'宗，以'非一切故'爲因也。"（卷一頁十二右至十三左）意思是説，這異法喻既然有倒離的過失，那麼准確的離作法（異喻的組成方式，詳見後文釋異法喻）應爲"諸無常者法是一切"，根據正確的異喻推出同喻爲"非一切者法是其常"，由此同喻合作法（同喻的組成方式，詳解見後文）可顯示，此"聲是常"宗，以"非一切故"爲因。

[5] 此因非有，以聲攝在一切故：此"非一切故"不能成爲宗上有法之法。因爲"一切"包括了聲。立、敵雙方都不許聲上有非一切義。

[6] 或是所立一分義故：爲了回答上述批評，立者補救説，聲上亦有"非一切義"，因爲此聲衹是一切中之一，即它自身，並非其他一切，因此可以以"非一切"爲因。神泰認爲這樣辯解，此因又成爲"所立一分義"，也有過失。宗是由二分即有法和法組成的。"非一切"既然衹是聲的代名詞，那麼它衹通宗上一分有法聲，而不通宗上另一分即不通所立之法。"所作性"因之所以是"聲無常"宗的正因，因爲它既是宗上有法聲的法，又通無常法。

[7] 此義不成，名因過失："非一切故"這一因義不能成立，稱爲過失因。

【今譯】 古因明師及小乘論者把因與宗相違稱爲宗過，其實並非宗過。

這種並非宗過的例子是,以“聲是常”爲宗,以“一切皆是無常故”爲因。其中“一切皆是無常故”還算不上因,而是有倒離錯誤的異法喻(異喻體),由以合作法組成的同喻體所顯示出的因應爲“非一切故”。但是此因不能爲宗上有法所有,因爲“聲”被包括在“一切”之中。或者被稱爲宗義一分爲因,“非一切故”因有過失,稱爲“不成因過”。

喻亦有過,由異法喻先顯宗無,後説因無[1],應如是言“無常一切”,是謂非“非一切故”[2]義,然此倒説“一切無常”,是故此中喻亦有過。如是已説宗及似宗。

【注釋】

[1] 喻亦有過,由異法喻先顯宗無,後説因無:前例中不但因有不成過,異法喻也有過。異法喻的組成方式是離作法,先説宗無,後説因無,即先離宗後離因。衡以邏輯,則先説宗上之法的負概念,後説因概念的負概念。

[2] 非“非一切故”:前一“非”是對後面“非一切”的否定,意爲排除了“非一切故”因。

【今譯】 上例中喻也有過失。異法喻的表達方式是先説宗無,後説因無,應該這樣來表示異喻體:諸無常者是一切。這樣就排除了“非一切故”因。然而上例中卻把異喻體倒説成“一切皆是無常故”,因此在這個例子中喻也有過失。以上已經説了關於正確的宗和錯誤的宗的道理。

第二節　因與似因

1. 因是宗法與四不成因

因與似因,多是宗法[1],此差別相,今當顯示:

宗法於同品,謂有、非有、俱[2];

於異品各三，有、非有及二[3]。

【注釋】

［1］因與似因，多是宗法：正確的因概念和錯誤的因概念，就其多數來説都是宗上有法的法，即宗上有法包含於因法。這裡涉及因三相規則的第一相“遍是宗法性”。正因滿足第一相“遍是宗法性”，當然是宗上有法之法。但在似因中有的是宗法，有的便不是宗法。《述記》對此解釋説：“意因多分是宗家法。如六不定及四相違並正因，謂‘遍是宗法性’是宗家法。其四不成於宗上無名爲不成，既不成因即非宗家之法。故此唯有四名少，餘不定等，簡少名多，故言‘多是宗法’也。”（卷一頁十四右）意思是説，似因中的六不定因和四相違因儘管是錯誤的因，但它們都滿足因的第一相“遍是宗法性”，四不成因的特點就是不滿足第一相“遍是宗法性”，在正因和似因中，四不成因是少數，而多數還是宗上有法之法。

［2］宗法於同品，謂有、非有、俱：《述記》説：“‘宗法’者，即遍宗法性因也。”（卷一頁十四右）宗法是指滿足了第一相的因法，即宗法的外延包含有法的外延。例如，以“聲是無常”爲宗，以“所作性故”爲因，所有的聲都具有所作性，“所作性故”滿足了因的第一相“遍是宗法性”，便稱爲宗法。宗法即因法與“同品”的關係有三種。所謂同品是指除宗有法（宗的主項）以外，凡是具有所立法（宗的謂項）的性質的物件。如立“聲是無常”宗，除聲以外，凡是具有無常性質的事物，瓶、盆、電等都是同品。品有體和義之别。體、義關係即事物與其屬性之間的關係。同品之品正取於義，兼取於體，其外延不包括宗有法。以 S 表示宗之主項，以 P 表示宗之謂項，同品可以表示爲“非 S 且 P”，也即“除 S 以外的 P”。在辯論之初，宗有法（聲）是不是所立法（無常）的同品，正是立、敵雙方所要爭論的問題，尚無定論。陳那九句因的第五句因藴涵了同品除宗有法的規定。同品通常指宗同品。陳那爲同、異品下定義，其同、異品專指宗同、異品，九句因中的同、異品亦然。本論偶爾也用“因異品”一詞，説明“因同品”一詞並非唐疏新創（詳見後文）。

“有、非有、俱”是因法於同品的三種關係。“有”是“同品有”也即“所有同品有因”的省略。用 M 表示因法，則其命題形式爲：所有非 S 且 P 都是 M，即除 S 以外,所有 P 都是 M。

“非有”是“同品非有”,也即“所有同品没有因”的省略,其命題形式爲:所有非 S 且 P 都不是 M,即除 S 以外,所有 P 都不是 M。

“俱”又稱爲“有非有”或“二”,是“有的同品有因並且有的同品没有因”的省略。其命題形式爲:有的非 S 且 P 是 M 並且有的非 S 且 P 不是 M,即除 S 以外,有的 P 是 M 並且有的 P 不是 M。

[3] 於異品各三,有、非有及二:首先,宗法即因法與異品的關係也有三種。其次,因與同品的三種關係中每一種又與因和異品的三種關係相結合,故説“各三”,合爲九句,稱爲九句因。九句因爲陳那所創。所謂異品是指除宗有法以外,凡不具有所立法(宗的謂項)的性質的物件。如立“聲是無常”宗,除聲以外,凡是不具有無常性質的事物都是異品,因明家常舉虚空爲異品,認爲虚空是永恆常住的事物。異品的外延也不包括宗有法。立量之際,宗有法(如聲)是不是所立法(如無常)的異品,尚無定論。陳那新因明規定,宗有法必須排除在異品之外。九句因中的第五句因藴涵了同、異品除宗有法的規定。異品概念用符號表示爲“非 S 且非 P”。異品通常是指宗異品,《大疏》中另創因異品一詞與之相對。

“有、非有及二”是因與異品的三種不同關係。這裡的“有”是“異品有”即“所有異品有因”的省略。其命題形式爲:所有非 S 且 P 是 M,即除 S 以外,所有非 P 是 M。

這裡的“非有”是“異品非有”即“所有異品没有因”的省略。其命題形式爲:所有非 S 且非 P 不是 M,即除 S 以外,所有非 P 不是 M。

這裡的“二”即“有非有”或“俱”,是“有的異品有因並且有的異品没有因”的簡稱。其命題形式爲:有的非 S 且非 P 是 M 並且有的非 S 且非 P 不是 M。

以上解釋了“於異品各三,有、非有及二”包含的第一層意思,異品與因的三種關係。第二層意思是同品與因的三種關係中每一種又結合異品與因的關係可分爲三種,各開爲三,合爲九句。《述記》中對以上頌文有詳解,恐繁不引。

陳那有關因的專著,稱爲《因輪論》。義淨説,陳那著有《因門論》,想必是同書異名。藏文中有《因輪論》(南京支那内學院《内學》第四輯載有漢譯)。論末有書名《九宗法(因)輪論》,其中第三頌説:

又於同品有,無及彼俱二,
異品亦復然,三者各三相。

頌中第一句“又於同品有”,是説宗法於同品有。此頌對九句因的表述與本論意思相同,有助於理解“於異品各三,有、非有及二”兩句頌文。

九句因如下:

第一個三句:同品有,異品有。
同品有,異品非有。
同品有,異品有非有。

第二個三句:同品非有,異品有。
同品非有,異品非有。
同品非有,異品有非有。

第三個三句:同品有非有,異品有。
同品有非有,異品非有。
同品有非有,異品有非有。

【今譯】 在各種正因和似因中,它們大多數是宗上有法之法。這些同爲宗法的正因和似因又有各種不同的情況,現在應當加以揭示:宗法(因法)與同品的關係有三種,即同品有,同品非有,同品有非有;宗法(因法)與異品的關係也有三種,即異品有,異品非有,異品有非有。同品與因的三句,其中每一句都與異品與因的三句相結合,就成爲九句因。

豈不總以樂所成立合説爲宗[1],云何此中乃言“宗”者唯取有法[2]? 此無有失,以其總聲於別亦轉[3],如言“燒衣”[4],或有宗聲唯詮於法[5]。

【注釋】

[1] 豈不總以樂所成立合説爲宗:反問句,“樂所成立”的是宗支,而非宗依,此宗是有宗有法和法兩個宗依“合説”即聯結而成。

[2] 云何此中乃言“宗”者唯取有法:爲什麼這裡的“宗”祇是指有法即宗的主項呢?

［3］以其總聲於别亦轉："總聲"即總名，指宗體，"别"指宗依有法和法，組成宗的組成部分。陳那在《集量論》中説："總攝爲宗故，或法或有法，非總但彼分，假説爲所立。"(《略抄注》頁十八左)

［4］如言"燒衣"：《述記》解釋説："衣是總名，雖燒衣即其一，通亦言燒衣。"(卷一頁十六右)意思是雖然衹燒著了一件衣服的一部分，通常也稱燒衣。

［5］或有宗聲唯詮於法："宗聲"者，《述記》解爲"詮宗之名"(卷一頁十六右)，"唯詮於法"是説把宗的名字僅僅解釋成另一宗依即法。

【今譯】　豈不總是以樂所成立的由宗依有法和法聯結而成的宗體爲宗嗎？爲什麼這裡又把宗衹説成是宗依有法呢？這没有什麼過失，這是因爲宗這個總名也可用來指稱宗依有法，譬如説，燒著了衣服的一部分也稱爲燒衣。有的情況下也有將宗的名稱去專指另一宗依即法。

此中"宗法"唯取立論及敵論者決定同許[1]，於同品中有、非有等亦復如是[2]。

【注釋】

這一段是《理門論》關於三種比量理論(共比量、自比量、他比量)中共比量理論的總綱。陳那在本論中未論及自、他比量。所謂共比量，是指除宗體必須違他順自外，組成宗、因、喻三支的所有概念和判斷都必須共許極成。之所以説本段是《理門論》關於三種比量理論的總綱，是因爲它實際上在對陳那因明邏輯體系的兩個初始概念同品、異品下定義之前，便作了相應的規定。它們是除宗有法的。巫壽康《〈因明正理門論〉研究》一書認爲，九句因中規定同、異品除宗有法，而二論關於同、異品的定義中則没有規定除宗有法，這是《理門論》中出現的矛盾，需要加以修正。此《研究》完全未注意到這一總綱，没有把《理門論》當作一個整體即當作一個完整的理論體系來看，而是把它割裂開來，生造了一個矛盾。持這種觀點是《研究》的一大失誤，該書陷入因明理論的誤區正是由此起步的。

［1］此中"宗法"唯取立論及敵論者決定同許：此"宗法"爲因法。《述記》解釋説："此下釋法名，即通是宗法性也。謂此立宗中欲取宗法爲因者，唯取立

敵決定同許所作性宗法,不取無常宗法,立許敵不許故。有亦須立敵決定同許。"(卷一頁十六右至頁十七左)此同許的因法本身必須滿足三個條件。其一,因概念必須立、敵雙方共同贊成。其二,滿足因的第一相遍是宗法性,即該因是全體宗有法如聲音的法。其三,此同許因法是"決定"的,即没有猶豫不定。

[2] 於同品中有、非有等亦復如是:這後一句話,不僅規定了共比量中宗法即因法必須立、敵共許,還規定了同品有、非有等亦須立、敵共許。同品有、非有等共許包含了好幾層意思。首先,雙方得共許某物爲實有,即爲真。其次,雙方得共許其有所立法(宗的謂項),是共同品。再次,還得雙方共許其有因,或没有因,或有的有因並且有的没有因。"等"中還包括異品有、非有和有非有因。再從立宗的要求來看,立宗必須違他順己,立方許所立法於有法上有,敵方則不許所立法於有法上有。這就決定了宗之有法不可能是共同品,也不可能是共異品。由此可見同、異品除宗有法是因明體系中應有之義,宗有法是否有所立法正是要辯論的物件,當然在立論之際既不能算同品,也不能算異品。在九句因中,每一句都應作如上解釋。《研究》主觀地規定異品不除宗有法,就是説有法可以包括在異品之中。此説若能成立,這無異於宣佈,任何立論都可以被敵論者不費吹灰之力地駁倒。這一錯誤居然受到很多專家一致肯定,不能不是當代因明研究的一大遺憾。

【今譯】 九句因中衹有由立論者和敵論者雙方決定無疑共許極成的因法才是宗法,在同品中有因或非有因等九句因都必須如此。

何以故?今此唯依證了因故[1],但由智力了所説義,非如生因由能起用[2]。

【注釋】

[1] 今此唯依證了因故:這一句話包含了豐富的内容。首先要解釋什麽是因明中的證了因。唐疏和今日因明家口中的言生因或言了因與現實世界中如種子生芽之因是一回事嗎?對"今此唯依證了因故"一句,日本《新疏》説:"'此'者,宗法。'唯'者,決定。'證了因'者,即智了因,敵、證者智。'依'者,

依託。宗法獨力不能成宗,依託智了方能立宗。"(卷一頁二十一右)作者以智了因解證了因,其言甚當,可在《述記》中找到依據。《述記》曾舉例説明:"謂如立'聲是無常',以'所作性故'。此'所作性'謂要立、敵決定同許聲上有此因義,方成其因。何以如此?如説'所作性'是所説義,但由立、敵智力共知此義是有,方得成因,故言但由智力等也。……若彼不信有'所作性',即不了'無常'宗義也。亦可但智力者,謂唯敵論人知聲上有'所作性'因智也,由彼信之有因之力即了立論人所説無常之義。"(卷一頁十七左至十七右)宗法"所作性"的證宗作用依賴於敵、證的智了因,换句話説,敵、證的智慧了知、贊同"所作性"因,該因便有證宗之功能。

[2] 非如生因由能起用:《述記》解釋説:"言'非如生'等者,如種爲芽生因,不由智力知故爲因,不知故亦可爲因。但有種有生芽之用,即是其因。不由知與不知方成因也。言了因者,要由共了知故方得成因也,故言'非如生因由能起用'。"(卷一頁十七右至十八左)在强調了智了因對證、敵的開悟作用之後,再將了因與生因作個比較。既然智了因是證、敵得到解悟的關鍵,它必須滿足立、敵雙方共同了知這一條件才能成爲正因。生因作爲産生果的因,衹要它本身有生果之用,不管你的智力知與不知,它都可以成因,如種子遇外緣便能起到生芽之用。言生因能不能引發敵、證解悟的智了因,還有一個能否得到敵、證主觀認可的問題。所以,因的選擇必須立、敵雙方共許極成。因此,陳那因明中的"證了因"與現實世界中種子發芽一類的生因無關。神泰之釋簡明扼要,一語中的,勝過《莊嚴疏》和《大疏》。

回頭看《述記》釋本文之前的開篇,相當於序文中,在總論過《理門論》書名後,就已用一段文字解釋因明中的"因"特指什麼。"初言因者有其二種:一者生因,二者了因。今此所辨正説了因,兼辨生因。就了因中復有三種。一者義因,謂通是宗法'所作性'義。二者言因,立論之者'所作性'言。三者智因,諸敵論之者及證義人解前義因及言因,心心數法通名爲智。此之三因並能顯照'聲無常',如燈照物故名明也。"(卷一頁一左)

《述記》關於因論的釋文有著豐富的含義。一般而言,佛家把因分爲生因和了因。《涅槃經》説:"有二因:一者作因,二者了因。如陶師輪繩,是名作因;如燈燭等照闇中物,是名了因。""作因"即生因,生因是指事物發生的原因,了因屬主觀因素,是用智慧照解法性之理。

世親在《如實論》中也把因分爲兩種:"一生因,二顯不相離因。"世親説的"生因"就是種生芽的事物因,而"顯不相離因"就是了因,指論辯中的邏輯理由。世親已經把論辯中的"顯不相離因"與"生因"即事物因作了明確區分,他强調"我説因不爲生所立義"。"所立"即宗,論辯中的因不是生因,不是生出了所立(宗)之義。出現在論證式中的因衹是顯示因、宗不相離關係。

陳那進一步發展了世親"顯不相離因"的理論,他在本論中把"顯不相離因"稱爲"證了因"。《述記》特别强調:"今此所辨,正説了因,兼辨生因。"神泰認爲本論闡明的是了因,屬正説。衹是附帶提到與了因相對的生因。一個了因須具有三個要件。神泰舉出佛弟子用"所作性"因證"聲無常"宗的例子。滿足因的第一相的"所作性"因義和表達出因義的因言固然都出自立論人之智,這三種了因合在一起共證了"聲無常"宗,但是此三因作爲正因的提出,必須符合一個條件。那就是必須征得"敵論者以及證義人之智"的認可。即是説,此了因之智必須是"敵論者以及證義人之智因"。爲什麽必須符合"敵論者以及證義人之智因",陳那於後文作答,姑且不論。

這就闡明,因明中的因是指了因,指論證中的邏輯理由,並非指事物發生的原因。换句話説,《理門論》中正説的了因與事物因意義上的生因無關。它們都能證了"聲無常"宗。"如燈照物,故名明也"。打個比方,用燈照亮了物,而不是造出了該物。

這就清楚表明在本論中免談生因。爲什麽又要説"兼辨"呢?那是爲了解釋了因的特點,作爲對照,附帶説了一下生因。

莊嚴寺僧文軌的《因明入正理論疏》(以下簡稱《莊嚴疏》)是舊疏中的佳作,但對生、了二因廣衍其説,混淆概念,使人不得要領。該疏將生、了二因各開言、義、智三種,成爲六因。在種生芽的生因上再分爲言生因、義生因和智生因。這三種生因與陳那三支比量中所用的因毫無關係,在《理門論》中完全可以不討論。文軌疏發揮三種生因之説已遠離因明論,窺基的《因明大疏》又進一步廣衍其説,更加遠離了陳那的《理門論》。可見,"六因説"發揮過當。神泰之釋簡明扼要,一語中的,勝過《莊嚴疏》和《大疏》。

陳大齊對因明之因與邏輯理由作了比較。因明所説的因,含有原因和理由二種意義:"因明所説的因,其中有所謂生因,因上加一生字,表示生起的意義,這明明是原因,不是理由。又把立敵的智作爲因的一部分。立敵的智是心理學上或認識論上的原因,也不是理由學上的理由。……道理義因是理由中的主要部分,言因是理由中的輔助部分。但這二因之上都不可以加生字,因爲一加生字,便成原因了。……所以本書此後説因,專指理則學上所云理由而言。因此,可把因明的定義減縮範圍,因明是研究理由的學問。""因明是研究理由的學問",因明中的邏輯是論辯的邏輯,其因衹是理由,而非原因。陳大齊是把生因從因明之因中剔除的。這就祖述了神泰的觀點。但是,陳大齊在《因明入正理論悟他門淺説》中又承續窺基《大疏》六因之説,詳加解釋,未能將生因從因明之因中剔除的觀點堅持到底,是爲一憾。

【今譯】　爲什麼説宗法和同品中有、非有等要"唯取立論與敵論者決定同許"呢?這是因爲宗法等能否成爲正因要靠敵論者的智了因來決定,衹有敵論者的智慧了知立論者的義理時,立論者的言生因才能成爲敵論者的智了因,這不同於生因本身具有如種生芽啓發敵智的作用(不管敵論者是否贊同)。

若爾[1],既取智爲了因,是言[2]便失能成立義。

【注釋】

[1]　若爾:假如以敵論者之智爲了因。按《大疏》所説"彼自難云",全句是自己設問。

[2]　是言:因言。

【今譯】　假如這樣,既然以敵論者之智爲了因,那麼言了因便失去了能成立的意義。

此亦不然,令彼憶念本極成故[1],是故此中唯取彼此俱定許義[2],即爲善説。

【注釋】

這一句是陳那對"彼自難云"的答覆。

[1]　令彼憶念本極成故:本句非常重要,是領會陳那因明用來證成宗的因

和後二相以及喻體都並非臨渴掘井而得,並非臨時歸納所得。並不是每辯論一次,立方就臨時歸納一次,而是靠言了因引發敵論和證人之"憶念",想起那立方所用的本來就爲自己認可的道理。

［2］ 是故此中唯取彼此俱定許義:在論證中衹選取雙方都共許極成的因法。衹有彼此都認可的,才是證宗的理由。

【今譯】 你這種説法也不對。立論者借助因言能使敵論者和證人之智回憶起因言所表達的因義是立、敵雙方原先亦共許極成的,因此在論證中衹選取雙方共許極成的宗法等,就是正確的説法。

由是若有彼此不同許,定非宗法,如有成立"聲是無常,眼所見故"[1]。又若敵論不同許者,如對顯論,"所作性故"[2]。

【注釋】

［1］ 這一段是講四不成似因中的前二種:兩俱不成和隨一不成。兩俱不成是指立、敵都不許因法於有法上有。隨一不成是指立、敵雙方中有一方不許其因於有法上有。

眼所見故:説聲音爲眼睛所能看見,這是無論哪一個立論者和敵論者都不會贊成的。

［2］ 如對顯論,"所作性故":在這一實例中把宗省略了,此宗與兩俱不成的宗相同,即"聲是無常"。《大疏》説:"聲論師中總有二種。一聲從緣生,即常不滅。二聲本常住,從緣所顯今方可聞,緣響若息還不可聞。聲生亦爾,緣息不聞,緣在故聞。"(卷三頁二十三左)這是説,聲生派主張聲音在發生之前是不存在的,是因緣湊合在一起才生起的,一旦發生之後就不會消滅,所以認爲聲是常。聲顯論則主張聲本來就有,不過未曾顯現出來,一旦顯現也成爲常。他們都主張,聲音的可聞和不可聞是和因緣是否湊合在一起有關係。因緣合則可聞,不合則不可聞,但依然存在。立論者對聲生論立量,可以以"所作性(意爲是造作出來的)"爲因,是正因。若對聲顯論立量,就不能用"所作性"因。聲顯論不贊成"所作性"於聲上有。

【今譯】 根據以上所説,如果出現立、敵雙方並非共許極成的因,那麼一定不是正因,例如説“聲是無常,眼所見故”。又假如其因是敵者所不接受的,也不能成爲正因,例如對聲顯論立量,以“所作性故”爲因。

又若猶豫[1],如依煙等起疑惑時,成立“大種和合火有,以現煙故”[2]。

【注釋】

［1］這是説四不成因中的第三種猶豫不成因過。猶豫不成因是指因能不能成爲有法之法不能確定。陳那關於因法是否爲宗法有明確的規定,必須確定無疑。如果認爲似乎是,似乎又不是,猶豫因成猶豫宗,祇能開啓猶豫不定之智,其因便有猶豫不成過。

［2］如依煙等起疑惑時,成立“大種和合火有,以現煙故”:《大疏》解釋説:“西方濕熱,地多藂草,既足蚤蝱,又豐煙霧。時有遠望,屢生疑惑,爲塵爲煙,爲蚊爲霧,由此論文‘於霧等性’。”(卷六頁五左)遙望遠處,是塵,是霧,是蚊,還是煙都還不能確定的情况下就説“彼處有事火”宗,“以現煙故”因。此因不可靠,有猶豫不成過。《大疏》説:“此因不但立者自惑不能成宗,亦令敵者於所成宗疑惑不定。”(卷六頁五右)

大種和合火:《述記》説:“火有二種。一者大種和合火如炭火等。有地大、火大種及四塵和合總名火。此火於山谷等中或有或無。若性火唯一火大故不名和合,不成立性火大是有,以性火一切處有故。”(卷一頁十九左至右)印度人把火分爲兩種。一爲性火,即地、水、火、風四大之一;二爲事火,由四大種和合而成。性火到處都有,是普遍存在於一切物體中的潛能,如草木中包含的極微火。它不成爲立宗的對象,立宗便有相符極成宗過。事火不是到處都有。如爐灶等處之火,不僅需要火大,還要依靠地大(供給燃燒物)和風大(助燃)以及“水加流潤”(智周《前記》釋爲“焰流及金汁等並是潤,爲水大”)。“大種和合火”即指事火。

【今譯】　又假如使用猶豫不定之因,例如依據遠處有煙等,究竟是否是煙還疑惑不定時便立“彼處有事火”宗,以“因爲現在見到有煙”爲因。

或於是處有法不成,如成立"我其體周遍,於一切處生樂等故"[1]。

【注釋】

此句爲四不成因中的第四種,叫所依不成。所謂所依不成,是指宗之有法非共許極成,使得因法無所依的因過。

[1] 我其體周遍,於一切處生樂等故:"我,其體周遍"爲宗,"於一切處生樂"爲因。宗中之有法"我"爲佛弟子所不許。對佛弟子立此宗、因,此因便有所依不成過。佛家主張無我,即世間一切事物皆無獨立存在的實在自體——我。無我包括人無我和法無我兩種。人無我是指人空,是説人身由五藴和合而成,没有常恒不變的主體。法無我是指法空,是説世間其他一切事物都由種種因緣和合而成,不斷變化,没有常恒堅實的自體。《成唯識論》中説到外道對自我的執著,大約有三種。《理門論》所引的上述實例是第一種。這種執著認爲"體常周遍,量同虛空,隨處造業,受苦、樂故"(《成唯識論》卷一頁二右,金陵刻經處本)對此實例,《述記》解釋了勝論師立此宗的緣故:"勝論師或於立論之處對佛弟子立'我,其體周遍'。彼師所以如此立者,以彼立'我是常'。我既是常,意無移轉彼此方所之義。且如身在此處,其體即能生苦、樂等受用、違順等事,更在彼處亦復如是。豈可常我如所依身,從此處移轉往至彼處受用苦、樂事等耶?但可我體周遍,各於彼彼違順等至,便生樂等有受用事。亦如於方即便證得。此亦如是。是故立'我其體周遍'宗,'於一切處生樂等故'因。由佛弟子不許有我,故其因所依有法不成,無有法可通故。"(卷一頁十九右至二十左)意爲主張我是常,就不能解釋常性的我何以能夠跟隨身體轉移方所,隨處受苦、樂等。爲了回答這一詰難,勝論進一步提出"自我之體是周遍的",並以"自我在一切處所都能受用苦、樂等"爲理由。

【今譯】 還有在宗中的有法不爲立、敵共許的過失,例如勝論師對佛弟子立"我,其體周遍"宗,"於一切處生樂等故"因。

如是所説一切品類[1]所有言詞皆非能立。

【注釋】

[1] 品類:《新疏》解釋説:"'品類'者,《大疏》云,然彼兩俱不成,全分,

一分，乃至廣説。此就外道二不成論，雖四不成，品數不異二十七種，是謂品類。”（卷一頁二十七左至二十七右）外道因明祇有二不成因，而不是四不成因。二不成指兩俱不成和隨一不成。四不成因爲陳那所創。《大疏》廣衍其説，將四不成因從全分與一分，自與他，疑與定三個方面結合起來考察，計有二十七種不成因，這二十七種因都有“不異”即有不成的相同性質，因此構成同一品類，全分的猶豫不成因的實例就是《理門論》所舉的猶豫不成因。立、敵雙方都對遠處是否有煙表示懷疑。《大疏》所舉兩俱一分猶豫的實例是：“如有立、敵俱於近處見煙決定。遠處霧等疑惑不定。便立量云：‘彼近、遠處定有事火，以有煙等故，如廚等中。’近處一分見煙決定，遠處一分俱説疑故。”（卷六頁六左）近處是一分，遠處也是一分，近處和遠處合在一起就全了，在此例中就稱全分。《大疏》説：“然彼兩俱不成，全分、一分，若疑、若定，合有九句。隨一不成，若自、若他，全分、一分，若疑、若定，合十八句。由四不成一切合有二十七。”（卷六頁九右至十左）

《述記》對全句解釋説：“上來四不成因且各指事以爲不成。如是類釋，更於所説餘一切品類有法上所有四不成言辭皆非能立。”（卷一頁二十右）

【今譯】 如同以上舉例説明的那樣，一切有四不成因過的種種言辭都不是正能立。

於其同品有、非有等，亦隨所應當如是説[1]，於當所説因與相違及不定中[2]，唯有共許，決定言詞，説名能立，或名能破[3]。非互不成，猶豫言詞，復待成故[4]。

【注釋】

［1］於其同品有、非有等，亦隨所應當如是説：《述記》解釋説：“上來明‘通（遍）是宗法性’四不成因，自下類釋於‘同品定有性’因。”（卷一頁二十右）四不成因是違反因的第一相“遍是宗法性”，從本句開始是解釋九句因中同品有、非有等符合或違反因的第二相“同品定有性”以及符合或違反第三相“異品遍無性”的情況。在同品有、非有等九句因中亦相應地有是否共許極成的問題。《述記》解釋説：“亦有兩俱同品不成，隨一同品不成，猶豫同品不成，所依

同品不成。其同品中有、非有等皆隨所應有四不成。”(卷一頁二十右)

[2] 於當所説因與相違及不定中：這一句將同品、異品與因的九種關係分爲三類：正因(當所説因)、相違因和不定因。後二種是似因。《大疏》説：“至下當知,然名不定及名相違,不名不成。”(卷六頁十左)違反第二相或第三相的因不叫不成因,而稱爲不定因或相違因。

[3] 唯有共許,決定言詞,説名能立,或名能破：《述記》解釋説：“於當所説因是正因也,即是下文言能立也。相違、不定者,即是下能破。此文具足應言,於當所説正因中有共許決定言詞説名能立。於當所説相違及不定中唯有決定共許言詞説名能破也。”(卷一頁二十一左)立、敵雙方都共許同品有因,並且所有異品没有因,這樣的因是正因,以正因來證宗,稱爲能立(正能立)。如果立、敵雙方共許同品無因、異品有因,就稱爲相違因;如果立、敵雙方共許同、異品都無因或同、異品都有因,則此因稱爲不定因。以相違因或不定因來成立宗,就成爲似能立。爲什麼《理門論》又稱其爲能破呢?《述記》解釋説：“謂彼立論人因有相違及不定過,其敵論人俱能現彼立因有相違及不定過失,説此過真,立、敵俱許,即名能破。”(卷一頁二十一左)立、敵對揚,立方所立之量有因過,稱爲似能立,敵方指出其過,就稱爲能破(正能破)。“説此過真”也必須“立、敵俱許”。

[4] 非互不成,猶豫言詞,復待成故：前句説正能立或正能破都是立、敵雙方共許極成的,本句接下來將能立和能破與四不成因中的隨一不成和猶豫不成作比較。前者不同於後者。“互不成”是互有不成,即隨一不成,包括自隨一不成和他隨一不成。“復待成故”,是説隨一不成因和猶豫不成因無證宗功能,可以再立一比量,使用兩俱共許因或者決定因。《述記》説：“猶豫不成,若更成立：‘言彼處決定無火,以有蚊非煙故,諸有蚊非煙處必定無火,如餘有蚊處’。或云：‘若處定有火,以近見煙故,如餘近見有煙處。’”(卷一頁二十一右)爲什麼兩俱不成和所依不成不説“復待成”呢?《述記》接著説“其俱不成及所依不成不可重成得,故不説也”。

【今譯】 在同品有、同品非有等九句因中,亦相應地如上所説,有是否共許極成的問題。在正因中有立、敵共許決定言詞就稱爲能立即正確的論證,在相違因和不定因中有立、敵共許決定的言詞,並指出其爲過失,就稱爲能破即正確的反駁。能立、能破與自隨一不成因、他隨一不成因和猶豫不成因不同，這後三種因無證宗功能，可以再立論式，使用兩俱極成或決定因來證宗。

夫立宗法，理應更以餘法爲因成立此法[1]。若即成立有法爲有，或立爲無[2]，如有成立"最勝爲有，現見別物有總類故"[3]，或立"爲無，不可得故"，其義云何[4]？

【注釋】

［1］夫立宗法，理應更以餘法爲因成立此法：本段是提問。此句中"宗法"指宗中之法，宗的後陳，又叫能別，即宗的謂項。宗的後陳法是不是爲有法所有，正是立、敵爭論的物件，因此是不共許法。因法也是宗上有法之法，因法爲有法所有是立、敵共許的。因此宗中之法是否爲有法所有理應由別的法作爲因來論證。

［2］若即成立有法爲有，或立爲無：問者提出兩個假設，一是用因來成立"有法爲有"，意爲論證有法本身存在；二是用因來成立"有法爲無"，意爲論證有法本身不存在。

［3］如有成立"最勝爲有，現見別物有總類故"：這是問者舉出"有法爲有"的事例。這一實例是數論所立之量。"最勝"指數論二十五諦(範疇)的第一諦自性(原初物質)。數論主張自性是萬物之本，經神我(第二十五諦)思用，便按一定程式轉變出其餘二十三諦。二十三諦包括：覺、我慢、五唯(色、聲、香、味、觸)、五大(地、水、火、風、空)、五知根(眼、耳、鼻、舌、皮)、五作根(手、足、大遺、男女、語具)、心根。二十三諦爲神我所受用。"別物"指自性、神我之外的二十三諦。"有總類"指二十三諦總屬於自性。全句意爲，例如數論成立"自性是存在的，因爲現見二十三諦總屬於自性諦"。

［4］或立"爲無，不可得故"，其義云何：這一實例是佛家所立之量。宗支省略了有法"最勝"，完整形式是"最勝爲無"。佛家不贊成自性是獨立存在的。"其義云何"是問者的提問。問者承認要以共許因法來成立不共許宗法，接著又立兩個量並舉出實例，其宗是涉及宗有法本身的存在。問者認爲，這兩個實例表明，由共許因法證成了有法，而不是宗上之法，這又作何解釋呢？《述記》

陳述了問者的這一疑問:“如是以餘因法成立有法,如是所成非宗家法違正理故。問言:‘此義云何?’”(卷二頁一右)

【今譯】 要確立宗法爲宗之有法所有,理應另外用共許極成的理由爲因來論證。如果要論證宗之有法本身存在或不存在,例如數論成立“自性是存在的,因爲現見二十三諦總屬於自性”;又如佛家成立“自性是不存在的,因爲是不可得的”,這兩種情況表明因證成的是有法,而不是宗上之法,這又怎麼解釋呢?

此中但立别物定有一因爲宗,不立最勝,故無此失。[1]

【注釋】

[1] 這一句是陳那對問者的答覆。陳那解釋了問者所問的來龍去脈。《述記》説:“論主示其成立最勝有無所以,但約二十三諦别物爲有,即定有一因是法。其所有一因即是最勝,約二十三諦有法成立最勝爲有,不即立最勝爲宗,故無以法成立有法之失。立量云,‘此中二十三諦别物定有一總因’宗,‘以是别故’因,‘猶如多片白檀’同喻。”(卷二頁一右至頁二左)陳那揭示成立“最勝爲有”和“最勝爲無”的根據,認爲數論僅僅是以“二十三諦别物”爲有法,以“定有一總因”爲法,即以最勝爲法。應當指出,數論的宗“最勝爲有”與陳那示其所以之宗“二十三諦别物定有一總因”是有區别的。在後一宗中,最勝不再是有法而成爲法,因此可以説“無以法成立有法之失”。其實用因法(實際是因支)來證成宗(宗支),既不是單單證成法,也不是單單證成有法,而是證成宗體(論題)。因明的習慣説法是“以共許因法證成不共許宗法”祇是一簡略説法,完整的説法是“以共許因支證成‘不共許宗法爲有法所有’”,即“以共許因支證成不共許宗支”。本例中,數論所立之量證成的是“此中二十三諦别物定有一總因”宗,並非直接證成了“最勝爲有”。

【今譯】 在數論的這個例子中衹是立“二十三諦别物定有一總因(最勝即自性)”爲宗,不是立自性爲宗有法,因此不存在以共許因法來證宗有法本身的問題。

若立爲無,亦假安立不可得法,是故亦無有有法過。[1]

【注釋】

［1］這一句是陳那解釋佛家立"最勝爲無"宗的根據。《述記》對這一句做了兩種解釋,第一種解釋説:"若立最勝爲無,亦約二十三諦假立最勝爲無,以不可得故。立量云:'二十三諦無有一最勝因'宗,以'最勝不可得故'因,'猶如兔角'同喻。"(卷二頁二左)神泰認爲佛家雖然主張"最勝爲無",但也不是直接以"最勝爲無"爲宗。在陳那列出的論式中,"最勝"不是有法,"二十三諦"才是有法。"無有一最勝因"成爲宗的後陳法。因此在這一論式中也不存在以法成立有法的問題。但是,因支似乎不妥當,不符合第一相;因法又有與宗法相同,即宗義一分爲因的過失,故此釋存疑。

《述記》接著又作第二種解釋,即使直接以"最勝"爲有法,以"無"爲法,也不存在以法成立有法的過失。因爲其論式爲:"汝所計最勝是無宗,不可得故因,猶如兔角喻。"(卷二頁二右)這裡用"汝所計"三字對有法"最勝"作了簡別,使整個論式成了他比量,而非共比量,避免了所依不成因過。

【今譯】　如果就佛家所立之宗"最勝爲無"的宗,則應説成"汝所計自性(最勝)是不存在的",也是以"汝所計自性(最勝)不可得故"爲因,來成立"二十三諦無有一自性因"宗,也不存在以法成立有法的問題。

若以有法立餘有法,或立其法[1],如"以煙立火",或"以火立觸"[2],其義云何?

【注釋】

［1］若以有法立餘有法,或立其法:前一個"有法"指宗的主詞,"餘有法"指宗的謂詞。有法與法的關係相當於事物與屬性之間的關係。在"草是綠的"這一判斷中,"草"是有法,"綠的"是"草"這一事物的屬性,稱爲法。在"草是植物"這一判斷中,"草"是有法,"植物"是法,但"植物"是"草"的屬概念。植物有綠色的或其他顔色的屬性,因此"植物"也是有法。在"草是植物"這一判斷中,"草"是有法,"植物"是法即"餘有法"。"若以有法立餘有法"是説假如

以宗上有法(主詞)爲因來成立其餘有法(法)。"或立其法"是説假如以宗上有法爲因來成立宗之後陳法(宗的謂詞)。

［2］如"以煙立火",或"以火立觸":前一句是外人的問話,這一句是舉例。《述記》説:"外人問:夫立因之正義,且'所作性故'因法,成立'無常'宗法。今論問云:'若以有法别立餘有法,或以有法成立其法(怎麽個講法呢)?'下指其事,如謬立量云:'煙有火。''煙'是有法,'火'是其法宗,'以是煙故'因,'猶如餘煙'喻。然'煙'之與'火'俱是有法。彼人以'煙'有法成立'火'有法爲宗法。此立即不是爲'以有法立餘有法'耶?"(卷二頁三左、右)問者以"煙有火"爲宗,以"是煙故"爲因,問者認爲這是以"煙"有法爲因,成立"火"有法。而在後一個例子中,"火"是有法,"觸"(熱觸、熱感)是法(屬性),"火有觸"是宗,"是火故"爲因。問者認爲這是以有法"火"來成立法"觸"。這兩個例子,一是以有法來成立有法,一是以有法來成立法,不同於正確的論式以共許因法來成立不共許宗法於有法上有。

【今譯】 如果以宗上有法爲因來成立其餘的有法(以其餘的有法爲宗上之法),或者以宗上有法爲因來成立宗上之法,例如,"煙有火,以是煙故因",或者"火有熱觸,以是火故因",這兩個説法能成立嗎?

今於此中非以成立"火""觸"爲宗,但爲成立此相應物。[1]

【注釋】

［1］此句《述記》解釋説:"論主答,今於此宗、因中,非以'煙'爲因成立'火'宗故,非是以'煙'有法成立'火'有法,亦非以'火'爲因成立'觸'爲宗故。……言'但爲成立此相應物'者,但爲成立此'煙''火'及'觸'處所有相應物也。如立量云:'此山谷處有火',以'山谷'四塵爲有法,以'有火'爲法,法及有法合爲宗。以'此山谷中有煙故'因,'猶如餘有煙處'喻。又立量云:'此火爐處有熱觸宗,以有火故因,如餘有火處喻。'"(卷二頁三右至頁四左)這一句是陳那對外人提問的答覆。"非以成立火、觸爲宗"是簡略的説法。外人是以"煙"這一有法爲因來成立"火"這一有法,或者以"火"這一有法爲因來成立"觸"法,陳那不贊成,因而説"非以煙爲因成立火宗故,非是以煙有法成立火有法"等。"相應物"是指與煙、火有關聯(相應),與火、觸有關聯的地方,"但爲成立此相

應物”也就是以與煙、火或者火、觸有關聯的處所爲宗之有法。

【今譯】 在這兩個實例的宗、因中，並非以“煙”爲因來成立“煙有火”宗，即非以“煙”有法爲因成立“火”有法(作爲宗上之法)，也並非以“火”有法爲因來成立“火有觸”宗，即非以“火”有法爲因來成立“觸”法(作爲宗上之法)，而衹是以“煙”或以“火”爲因來成立與煙、火相應的處所山谷，或與火、觸相關聯的處所火爐爲宗上有法。

若不爾者，依煙立火，依火立觸，應成宗義一分爲因[1]。

【注釋】

[1] 宗義一分爲因：宗由有法和法二分所組成，以“煙”或以“火”爲因，是以宗上有法這一分爲因，即因支爲“煙是煙故”或“火是火故”，同義反復。

【今譯】 若不照我所説那樣立量，而依你立“煙有火宗，以有煙故因”，或“火有觸宗，以有火故因”，則有以宗義一分爲因的過失。

又於此中非欲成立“火、觸有性”，共知有故。[1]

【注釋】

[1] 此句《新疏》解釋説：“煙下有火、火中有熱，世間共知，立乃相符。”(卷一頁三十一右)若立“煙下有火”或“火中有熱”這兩個宗，便會犯後面要説到的相符極成過。

【今譯】 此外，在三支比量中，也不是要成立“煙下有火”或“火中有熱”這兩個宗，因爲這是人所共知的。

又於此中觀所成故，立法、有法[1]，非德、有德，故無有過[2]。

【注釋】

[1] 觀所成故，立法、有法：《述記》解釋説：“又於此中立論者要觀待前敵

論人義方有所立。謂如佛弟子欲立‘聲是無常’,要觀待前敵論人立‘聲是常’,故方立‘無常’爲所立法及有法也。言一切人既不疑煙下有火,無火,火復是熱,何得相即成宗?”(卷二頁五左)立宗要有針對性,立論之前要看敵方立什麽,敵立“聲常”,自己才立“聲無常”。所有人都不懷疑煙下有火,或者不懷疑在無火時火也是熱的,何必再去成立“煙下有火”“火有熱觸”宗呢?

[2] 非德、有德,故無有過:《述記》解釋説:“非如吠世德句、有德句,不由觀待而成也。”(卷二頁五左、右)“非”是非如,即不同於。“吠世”指勝論派。勝論派有六句義,包括實、德、業、同、異、和合。德指性質,有德即爲實,實即實體。德爲實有,實有德性。德句義、實句義作爲勝論哲學的基本概念,它的建立不必要觀待敵所成而後成。因此,勝論立德句義、實句義没有過失。

【今譯】 除以上之外,在立量之前要看敵方的觀點是什麽,方才用相應的有法與法組成宗體(否則便有過失),這不同於勝論立德句義、實句義(不須觀敵所成)而無有過失。

重説頌言[1]:
有法非成於有法　及法[2]此非成有法[3]
但由法故成其法　如是成立於有法[4]

【注釋】

[1] 重説頌言:再用頌文來總結以上回答。此頌是對前面的總結。

[2] 有法非成於有法及法:頌言第二句中“及法”二字應與前句連讀。《述記》解釋説:“言‘有法非成有法’者,謂不應以‘煙’有法成立‘火’有法也。言‘及法’者,亦不應以‘火’有法成立‘觸’法也。”(卷二頁五右)這裡的“有法及法”均指不共許宗後陳法(宗謂詞)。

[3] 此非成有法:《述記》解釋説:“謂此法不應成有法也,即是上文以餘别法成立最勝爲有、爲無也。”(卷二頁五右)

[4] 但由法故成其法,如是成立於有法:《述記》解釋説:“下兩句正義。謂但由因法成立宗法,如是法與有法既不相離亦即成有法也,此是正義。了由因有所依故,如是以法成法時亦兼成立有法,不可以法正成立有法。”(卷二頁

五右至頁六左）由共許因法成宗上不共許法，亦即由共許因法成立不共許宗法爲有法所有。宗法爲宗有法所有稱爲不相離性。因此通過建立共許因法與不共許宗法的聯繫來證成不共許宗法爲有法所有，也就兼成立了有法有宗法，而不是直接以因法成立宗上有法。

【今譯】 再用頌言來總結以上回答：不能以宗上有法來成立宗之法（宗的謂項，包括有法和法），也不能以因法來直接成立宗有法，衹能通過共許因法來成立不共許宗法，從而證成了宗法於有法上有。

若有成立"聲非是常，業等應常故，常應可得故"，如是云何名爲宗法？[1]

【注釋】

［1］這一段話説得比較簡略，初讀很難理解，先要搞清它的背景，並且與陳那在後面的解答連起來讀就容易一些。《述記》解釋説："今陳那既造論，所有古因明中立量有隱伏者並敘入言釋。故舉外人疑云，如勝論師對聲論者立宗云'聲非即常'，立因云'業等應常故'。謂第三業句往來俯仰……此即非宗義之法，何得言宗家法故名宗法。又立因云'常應可得故'，謂此聲應一切時常應可得聞。如是常應可得義於其聲上無此因義，此自、他俱不許聲一切時中常爲耳識可得。……何得言宗家法復名宗法耶。"（卷二頁六左至頁六右）

外人對古因明中的實例有疑問。這個實例的立、敵雙方是勝論與聲論。聲論立"聲是常"宗，勝論則以"聲非是常"與之相對。勝論破斥聲論，稱爲能破。"業"是勝論六句義基本概念之一，意爲行動，"往來俯仰"，非恒常不變。在這一比量中，以"業等爲常故"爲因，説業等是恒常不變的。外人表示疑問，既然認爲"業等應常故"並非宗法之義，爲什麼又把它當作宗法之義呢？勝論的第二個因是"常應可得故"，意思是説聲音應該在一切時刻都可以聽到，但是事實上立、敵雙方都不許聲音在一切時刻都能聽到，因此外人也提出疑問，"常應可得故"因怎麼能成爲宗法呢？

【今譯】 如果有人立量以"聲音是非永恆的"爲宗，以"行爲是恒常不變的"爲因，或"聲音是一切時刻都可聽見的"爲因，那麼這兩個因怎麼能成爲宗法呢？

此説彼過，由因、宗門[1]。以有所立，説應言故[2]。以先立“常，無形礙故”，後但立宗斥彼因過[3]。

【注釋】

這一段是陳那解答外人的疑問。

[1] 此説彼過，由因、宗門：《述記》説：“此論主通難。此是勝論説彼聲論過，由約因爲門及宗爲門。”（卷二頁七左）勝論破斥聲論，指出聲論的過失。勝論的反駁是以聲論的因、宗爲門徑，即從因、宗著手。

[2] 以有所立，説應言故：《述記》解釋説：“以立論者先有所立，後敵論者説應言難也。‘業等應常’説應言故，故知是説彼過言也。”（卷二頁七左）針對立論者所立之量，敵論者據以爲推，説應該會怎麽樣，即據以爲推，而推出的結果又是你我都認爲是荒謬的。敵論者以“應言”來“難”對方的方式是邏輯上的歸謬反駁。“業等應常”就是敵論者的應言之一。可見勝論作爲敵論者是在揭示立方的過失。

[3] 以先立“常，無形礙故”，後但立宗斥彼因過：《述記》説：“以先聲論師對勝論立‘聲是常宗，無形質故因，猶如虚空同喻’，後時勝論約因、宗門以斥彼過。若汝言‘無形質爲因’，故德句中‘聲是常’者，第三業句等亦無形質，亦應是常也。又汝先立宗云‘聲是其常’，今又約彼宗門以斥彼過云‘聲若是常者，常應爲耳識得’，今既共不常，聲不常爲耳識得，故知‘聲非是常’。”（卷二頁七左）

勝論假定聲論的“無形礙故”因成立，那麽業也是無形礙的，業也應爲常，而“業爲常”宗是爲立、敵雙方都不贊成的，因此“無形礙故”因不能成立。在這一反駁過程中，勝論並没有建立論式，並没有以因、喻來成立自宗“聲非是常”，而衹是提出自宗，指出了對方的因過。這是通過駁論據來間接駁論題。接著又直接從對方論題出發，推出一個立、敵雙方都不能接受的結果，從而否定對方論題。既然“聲是常”，那麽聲就應該時刻爲耳朵所聽見，這顯然是不可能的，因此“聲是常”是不能成立的。

【今譯】 此（勝論）所立之量是破斥對方（聲論）的比量過失，從聲論所立之量的因和宗作爲門徑來著手破斥。假如聲論所立之量能夠成立的話，那麽會推導出什麽樣的結果（爲立、敵雙方都不贊成）。由對方（聲論）先立“聲常，無形礙故”的比量，(勝論)隨後立“聲非是常”之宗，破斥對方論式中因的過失。

若如是立，“聲是無常，所作非常故，常非所作故”，此復云何?[1]

【注釋】

[1] 此句又是外人的提問。勝論對聲論立“聲是無常”宗，以“所作非常故，常非所作故”爲因，這兩個因都不在宗有法聲上，怎麽能稱之爲宗法呢?

【今譯】 假如(勝論對聲論)立“聲是無常”宗，以“所作非常故，常非所作故”爲因，這又怎麽解釋呢?

是喻方便[1]，同法、異法[2]，如其次第，宣説其因宗定隨逐，及宗無處定無因故[3]。

【注釋】

[1] 是喻方便：陳那答問，“所作非常故”“常非所作故”不是因，而是喻。“方便”意爲理義方正、言辭巧妙之意。

[2] 同法、異法：同法即同喻，異法即異喻。吕澂先生認爲，《入論》梵本中的同法、異法僅有相同、相異之意，“法”字並無意義，也可以叫“同喻”“異喻”。(第15頁)陳大齊在《因明大疏蠡測》中認爲，同法是既同於能立法，又同於所立法，亦即因同品兼宗同品。異法，即是既異於能立法，又異於所立法，亦即因異品兼宗異品。(第66頁)陳大齊先生的這一解釋是符合《理門論》《入論》關於同法、異法的規定的。“法”這個詞在因明中是多義詞，有時單指所立法(宗的謂項)或能立因法，有時又雙指所立法和能立因法。在《入論》和《大疏》中，這兩種情況都同時存在。文軌《莊嚴疏》則明言宗、因雙同爲同法喻：“此則同有因法、宗法名同法喻。”(卷一頁二十三左)《大疏》關於“法”一詞有多種解釋，未臻一致。其中一種解釋是：“因、宗二同異名法，别同異名品。此同、異二，故名爲法。”(卷四頁二左)意思是宗、因雙同、異名法，宗、因單同、異名品。我認爲，《大疏》這一解釋把法和品是區分開來了。宗、因雙同的是同喻依，宗、因雙異的是異喻依。

[3] 如其次第，宣説其因宗定隨逐，及宗無處定無因故：同法喻和異法喻

的組成是有一定格式的(因在喻中的位置要講究次第),同喻是先陳述因法,宗上之法一定隨後陳述,異喻是先陳述没有宗上之法,然後陳述因法一定没有。例如,以“聲是無常”爲宗,“所作性故”爲因,則同喻爲“若所作者,見彼無常”,異喻爲“若是其常,見非所作”。

【今譯】 這是文義完善的喻支,前是同法喻,後是異法喻,它們都是按照一定的格式來陳述的,同法喻是先陳述因法,宗上之法一定隨後陳述。異法喻是先説没有宗上之法,再説因法一定没有。

以於此中由合顯示“所作性”因[1],如是此聲定是所作,非非所作[2],此“所作性”定是宗法。

【注釋】

[1] 以於此中由合顯示“所作性”因:《述記》説:“此之二喻實不在聲上,非宗家法。然以此中由同喻合方便顯示聲上有‘所作性’因。謂法所作者即是無常,聲既所作,故是無常也。彼立論者文中雖不作此合,意亦有此合故。宗法因在聲上,如是由合喻顯聲定是所作性,非是非所作性,故此‘所作性’定是宗家法,故名宗法。”(卷二頁八左至頁八右)《理門論》此句意爲,同喻雖非宗法,但在同喻的順合作用中體現了“所作性”因的宗法作用。

[2] 非非所作:雙重否定表示肯定,即“所作”。

【今譯】 因爲在這喻支中,由同喻的合作法顯示出“所作性”因,照這樣説這聲一定是所作,而不是非所作,這“所作性”因便一定是宗法。

重説頌言:
説因宗所隨[1],宗無因不有[2],
依第五顯喻[3],由合故知因[4]。

【注釋】

[1] 説因宗所隨:此句頌文述説同喻的組成方式。

［2］ 宗無因不有：此句頌文述説異喻的組成方式。

［3］ 依第五顯喻：《述記》説："喻是初轉因聲，前云'所作非常故，常非所作故者'，其'故'字結喻因法是第五轉因聲。依此第五轉因聲説同喻、異喻，故云顯喻。"（卷二頁八右）

［4］ 由合故知因：《述記》解釋説："由同喻順合，由異喻返顯，方知其因。此即依因聲顯喻，借喻顯因也。又解，若依五分，'聲是無常宗，所作性故因，法所作者皆是無常，猶如瓶等喻，聲既是所作合喻同法，是故無常結'。今言'由合故知因'者，由第四分合喻，故知聲所作性因。文中雖不説因，以宗由合故自知其因，故不説也。"（卷二頁八右至頁九左）一個正因能起到證宗的作用是通過它與三個方面的聯繫來實現的。第一，它是宗法，滿足因的第一相"遍是宗法性"，由因支來體現。第二，因法與同品的關係，即因與宗法（宗的謂項）的關係，這一關係必須滿足因的第二相"同品定有性"，在三支中由同喻來體現。第三，因法與宗異品的關係，這一關係必須滿足因的第三相"異品遍無性"，在三支中由異喻來體現。"由合故知因"是説借喻顯因，喻中顯示了因作爲宗法的證宗作用。

【今譯】 再用頌文來總結以上問答：同喻體是先説因法隨後説宗上之法，異喻體是先説没有宗上之法，後説没有因法，依第五轉聲的因來顯示同喻和異喻。由同喻的順合和異喻的返顯來瞭解因（的證宗作用）。

由此已釋反破方便[1]。以所作性於無常見故，於常不見故[2]。如是成立："聲非是常，應非作故。"是故順成、反破，方便非别解因[3]。如破數論我已廣辯，故應且止廣諍傍論[4]。

【注釋】

［1］ 由此已釋反破方便：《述記》解釋説："由此前來順反二喻乃得立義，即是已釋僧佉唯立反喻方便，立義不成也。"（卷二頁九右）這是説前面同喻順成、異喻返顯才能助因證宗，同時也就説明數論祇列異喻（不用同喻），這樣取巧立論是不能成立的。《述記》中有數論的實例，恐繁不引。

［2］ 以所作性於無常見故，於常不見故：一個正能立其完整的論式應包括

同、異二喻,因此《理門論》舉出了同、異二喻的實例。前一句是同喻體“若是所作見彼無常”,即“凡所作者皆無常”;後一句是異喻體“若是其常見非所作”,即“凡是常者都是非所作”。

［3］如是成立:“聲非是常,應非作故。”是故順成、反破,方便非別解因:其中“應非作故”是“若是常者應非所作”的省略語。前一句是數論衹用異喻取巧立論的實例。後一句是陳那對數論反破方便的批評。我對後一句的標點不同於吕澂、釋印滄的《證文》。《證文》此句爲:“是故順成、反破方便,非別解因。”《述記》解釋説:“以上成論要順、反二喻方得與決定解爲因故,是故順成同喻、反破異喻二種喻之方法同爲一決定解。非如數論唯以異喻反破方便爲別生決定解因也。”(卷二頁九右至頁十左)“一”與“别”相對,完整的喻支“一”由同、異喻組成,“别”指部分即指異喻。陳那認爲“一”能生決定解,“别”不能生決定解。

［4］如破數論我已廣辯,故應且止廣諍傍論:《述記》解釋説:“如我(陳那)破數論,唯以異喻成立有我反破方便之因,如我造破數論論有六千頌。我已廣辨數論唯立返破方便爲別解因過故。今於此論中且止廣諍傍論也。”(卷二頁十左)陳那另有六千頌的著作破斥數論,已經廣泛地揭示數論衹以異喻取巧立論而不能生決定解的過失。在本論中就不再廣爲討論旁及的内容了。

【今譯】 根據前面所説同喻順成、異喻返顯(才能助因證宗),同時也就説明了衹用異喻來取巧立論是不能成立的。(完整的喻支)應説“若是所作見彼無常,若是其常見非所作”。(數論)卻成立衹有異喻的論式:“聲非是常,常應非作故。”同喻順成、異喻返顯才是文義完善的論式,與(數論)衹説異喻來取巧立論從而别生決定解因是不同的。在破數論的著作中我已廣泛揭示其過失,因此在本論中就不再討論旁及的内容了。

2. 同品、異品與九句因

如是宗法三種差别[1],謂“同品有、非有及俱”,先除“及”字。[2]

【注釋】

［1］宗法三種差別：指因法與同品的三種關係，在這三種關係的命題中，同品是主項，因法是謂項，因法差别了同品。"同品有"的命題形式是"凡同品是因"。

［2］在前面論述因與似因時有一頌，前兩句是，"宗法於同品，謂有、非有、俱"。"先除'及'字"是説明先前這一頌第二句中没有這個"及"字。前頌中没有這個"及"字容易發生誤解，以爲同品與因法的關係衹有"有"和"非有"兩種，加上一個"及"字，顯然是"有""非有"外還有第三種情況"俱"。那麽爲什麽前頌中不加"及"字呢？因爲頌文字數有限，因此省略掉了，今長行中字數不限，才補上。

【今譯】　如上所述因法可以與同品有三種不同的關係，即是説，"同品有因，同品没有因以及有的同品有因並且有的同品没有因"，前面的有關頌文中省掉了"及"字。

此中若品[1]與所立法鄰近均等，説名同品，[2]以一切義皆名品故[3]。若所立無，説名異品。[4]

【注釋】

［1］此中若品：《述記》説："言'此中'者，謂宗法中。'若品'者，品爲品别，如瓶、聲等是。宗法無常所依品别也。"（卷二頁十一左）此宗法爲宗上不共許之能别法，即後陳法。品即種類，有體、義之分，即事物與屬性之關係。事物一定有屬性，屬性一定依附於事物。神泰直接以體釋品。瓶、聲有無常的性質，而無常性質是依賴瓶、聲之體存在的。

［2］與所立法鄰近均等，説名同品：《述記》説："若瓶品上無常與聲上所立無常法相似，故名鄰近均等，故説瓶爲同品類也。"（卷二頁十一右）意思是説與宗上之法有相似意義的種類稱爲同品。《述記》以體類解品。

［3］以一切義皆名品故：本句强調的是"一切"義皆可爲品。此"一切"與"與所立法鄰近均等"的那一義相對。一個事物或一個對象有各種各樣的義，

即有各種各樣的屬性，但是，儘管所有義都可以爲品，前一句規定了祇有“與所立法鄰近均等”的那一義才稱爲同品。

陳那明確説是以義爲品。神泰《述記》則説：“以一切體、義皆名品别故也。”（卷二頁十一右）神泰以體、義二者解釋品，也是有根據的。《入論》有兩處就明言以體爲品，“此中非勤勇無間所發宗，以電、空等爲其同品”，“勤勇無間所發宗，以瓶等爲同品”。《大疏》也有一種以體釋品的説法。《入論》在作出同品定義後，便舉例説明，以瓶等具有無常義之物爲無常之同品。説具有無常性的瓶等物是同品也好，説瓶等上的無常義是同品也好，不論哪一種説法都是體、義雙陳。可以説，《入論》對《理門論》的同品定義有所闡述和發揮，更有利於理解《理門論》的定義。一個事物是否是同品，不以體爲轉移，而是看體上之義是否有與所立法相似之點，因此，同品之品，正取於義，兼取於體。

［4］若所立無，説名異品：“所立”是“所立法”的簡略説法，如果没有所立法（能别法、後陳法）的性質，就稱爲異品。《理門論》此處爲同、異品下定義，並未説必須除宗有法，即同、異品不包括宗之主項。這是題中應有之義，是略而不説的潛規則。

“同、異品除宗有法”並非本人的創見，它有文獻依據。在日僧善珠（723—797）所撰《明燈抄》中引用了唐總持寺玄應法師《理門論疏》中關於同品定義的一段話：“玄應師云：‘均等義品，説名同品者，此有四説。一有云，除宗已外，一切有法皆名義品。品謂品類，義即品故。若彼義品有所立法，與宗所立鄰近均等，如此義品，方名同品。均平齊等，品類同故。彼意説云，除宗已外，一切有法但有所立，皆名同品，不取所立名同品也；二有云，除宗已外，一切差别名爲義品，若彼義品與宗所立均等相似，如此義品，説名同品；三有云，除宗以外，有法、差别，與宗均等，雙爲同品；四有云，陳那既取法與有法不相離性，以之爲宗。同品亦取除宗已外，有法、能别不相離義，名同品也。此説意云，除宗已外，有法、能别皆名義品。若彼義品二不相離，與宗均等，説名同品。’今依後解以之爲正。”（卷第二末頁二六六下至二六七上）

可見，以上幾家唐疏在給同品下定義時雖説法不一，但都强調了“除宗已（以）外”即“同品除宗有法”。按照佛教論著説法的習慣，異品也是除宗有法的。漢傳因明向有“互舉一名相影發故，欲令文約而義繁故”的慣例。儘管窺基釋何爲同品處未提除宗有法，在釋異品定義處則説“異品者謂於是處無其所立”，特别標明“‘處’謂處所，即除宗外餘一切法。”以異品除宗來影顯同品亦除宗。這就是玄應在匯總四家説時把窺基也算在内的理由。

日籍《因明論疏瑞源記》（以下簡稱《瑞源記》）裡不僅保存了唐代玄應法師的記載，還補充説明三家歸屬。第一家爲文軌，第二家爲汴周壁公，第三家佚名，第四家爲窺基。又據敦煌遺珍中唐代淨眼的《略抄》可知，淨眼法師也有此一説。窺基弟子慧沼在《義纂要》中也提到四家的同品定義，其中有兩家是主張同品除宗有法的。可見，連同玄應疏，唐疏至少有七家主張此説。這應當看作是玄奘的口義。

《集量論》因循《理門論》的習慣，在給同、異品定義下定義時仍未明言同、異品除宗有法。二論有一共同點，在討論因後二相與同、異喻體的關係時完整表述的因三相都强調同、異品須除宗有法。

百年以來，國内老一輩因明家大都重視玄奘的這一重要遺訓。太虚法師的《因明概論》認爲，陳那因明的“同喻體多用若如何見如何”，如果同品不除宗有法，則“辭費而毫無所獲”。（頁三十左）

其後，幾乎所有因明家如熊十力、吕澂、慧圓（史一如）、陳望道、周叔迦、龔家驊、密林、虞愚、陳大齊等，都有“同、異品除宗有法”之説。遺憾的是，他們受國外名家之影響，未能堅持將此觀點貫徹始終，未能對陳那因明邏輯體系作出正解。更令人遺憾的是，當代許多因明研究者不僅不珍惜唐玄奘的遺訓，反而大張撻伐。

【今譯】 在宗法之處，如果某物件有與所立法相同的性質，則該物件稱爲同品，因爲一切性質都稱爲品別（種類）。如果某物件没有所立法，該對象就稱爲異品。

非與同品相違或異[1]。若相違者，應唯簡別。[2]若別異者，應無有因。[3]

【注釋】

［1］非與同品相違或異：陳那用一個“無”字解釋異品的“異”字，是很有講究的。它與古因明家對異字的解釋有根本的區别。有的古因明家把異品解

作“相違”,也有的古因明家把異品解作“别異”。陳那認爲把異品解釋成爲與同品相違或與同品相異都是錯誤的。

［2］若相違者,應唯簡别:《理門論》中的“相違”一詞有二義:一指邏輯上的矛盾關係,二指反對關係。這裡的“相違”是互相違害的意思,指稱具有反對關係的概念,如苦與樂,明與暗,冷與熱,大與小等。它們在外延上互相排斥,其間有中容品(中間概念)。如樂與苦之間有不苦不樂,冷與熱之間有不冷不熱。“簡别”是因明中對所使用概念加以限制説明從而避免過失的一種方法。古因明家不以“所立無”定義異品,而以相違法定義異品,便縮小了異品的範圍,祇有相違法從同品中簡别出來成爲異品。《大疏》所説“是則唯立相違之法簡别同品”(卷三頁十三右)就是這個意思。

在陳那的新因明體系中,同品之外,異品須包攝一切,不許有第三品即中容品。《大疏》説:“若許爾者,則一切法應有三品。如立‘善’宗,‘不善’違害,唯以簡别名爲異品,‘無記’法無簡别故,便成第三品‘非善’‘非不善’故。此中容品既望‘善’宗非相違害,豈非第三?由此應知無所立處即名異品,‘不善’‘無記’既無所立皆名異品,便無彼過。”(卷三頁十三右至頁十四左)這裡的“不善”不是“善”的矛盾概念,它相當於惡。善與不善之間還有既不屬於善也不屬於不善的中容品無記。若用“所立(法)無”來定義異品,便把同品善之外的不善和無記都包括到異品中,也就避免了出現第三品的過失。

爲什麽不允許有第三品存在呢?因爲在同品和異品之外出現了第三品,就無法確定一個因是正還是不正。在陳那的新因明體系裡,用因三相規則來衡量一個因的正與不正。因法與宗有法、同品、異品三個方面發生聯繫。一個因滿足了因三相便是正因。因支是體現第一相“遍是宗法性”,同喻是體現第二相“同品定有性”,異喻體現第三相“異品遍無性”。以相違法來定義異品,就使得一部分對象與因毫無關係,同喻不涉及它,異喻也不涉及它,這樣因就起不到媒介作用,難於確定宗上有法與法的不相離關係。《述記》舉例説:“如云‘此處有暖宗,以有火故因,諸有火處悉皆有暖,猶如廚上(同)喻;諸無暖處並皆無火異(喻)’。此是正立。若云‘此處有暖宗,以有火故因,猶如廚喻;若有冷處即無有火,如雪山處’。此以有冷處違有暖處爲異喻故。此應唯簡别異法喻異同法喻而已。其異喻不能返顯宗定隨因。”(卷二頁十二左至頁十二右)前後兩個論式,前一個是正能立,後一個以相違法爲異品組成異喻體,是似能立。神泰認爲以相違法爲異品組成異喻體衹能起到與同喻體相區别的作用，而起不到異喻所應起的返顯作用。《述記》接著説："其事云何？若對暖宗以冷違暖爲異法喻者，其非冷、暖處不知定屬何品。……若准相違異喻'諸有冷處即無有火'其中庸處既非有冷復應有火，異喻乃返合有火之因成不定過。"（卷二頁十二右）神泰認爲從"諸有冷處即無有火"可推出"中庸處（非暖非冷）既非有冷復有火"，我認爲没有必然性，但是可以説因"成不定過"。

陳大齊先生在《因明入正理論悟他門淺釋》中説："因明衹設同、異二品，不許有第三品的存在。因爲因明之設宗同品與宗異品，原以供歸納的用途，且因明的歸納方法，是從所立法以觀能立法，故衹可設同、異二品，方能令其所求得的原理正確無誤，若允許第三品介入，有了攪亂的因子，所求得的原理便不易正確。故以'相違'解釋宗異品的異字，既不切當，又有流弊，是不足取的。"（臺灣中華書局 1971 年版，第 57 頁）

陳大齊先生認爲設宗同品、宗異品是爲了歸納，此説很值得商量。他認爲允許第三品介入，"所求得的原理便不易正確"，因的規則也就無效了。這一點是對的。

［3］若别異者，應無有因：這是説以"别異"而不以"無"所立法來解釋異品便没有正因。《大疏》説："如立'聲無常'，聲上無我、苦、空等義皆名異品，'所作性'因，於異既有，何名定因？謂隨所立一切宗法，傍意所許，亦因所成，此傍意許既名異品，因復能成，故一切量皆無正因。"（卷三頁十四左）這是説，所立法爲"無常"，而無我、苦等法與無常别異，如果也算作異品的話，就不適當地擴大了異品的範圍。擴大異品範圍的後果也導致因的第三相不能完成。因爲"所作性"因於無我、苦上也有。"所作性"因既爲同品無常所有，又爲異品無我、苦等所有，便不能成爲正因。因此，以别異釋異品之異則一切量皆無正因。無我、苦等法雖然與無常法有所不同，但無我、苦等法也具有無常性，與"所立無"不合，不能算作異品。

以"相違"釋異品，縮小了異品的範圍，以"别異"釋異品，擴大了異品的範圍。這是二者的區别。二者的共同點是使正因成爲不定因，於是一切量皆無正因。

【今譯】　異品的定義並非是説"與同品相反對或與同品相别異"。如果以

“與同品相反對”來定義異品,那麽衹有相反對的概念從同品中分離出來;如果以“與同品相别異”來定義異品,則無正因可言。

由此道理,“所作性故”能成“無常”及“無我”等,不相違故。[1]

【注釋】

[1]“所作性故”能成“無常”及“無我”等,不相違故:前面解釋了以别異釋異品則導致異品有因,以致一切量無正因,這是從反面來説明。本句是從正面來説。根據不以别異釋異品的道理,則“所作性”因便是正因,既能成“聲是無常”宗,又能成“聲是無我”宗等。《述記》説:“由所立無處是異品道理故,其‘所作性’因能正成‘無常’,旁成‘無我’及‘空’,故言‘等’也。如言‘聲是無我,所作性故,如瓶等’是,即此亦成立‘聲是無我’,以‘所作性’與‘無我’宗不相違故,亦可‘無我’與‘無常’相不違(應爲不相違),故得同以‘所作性’爲因也。……以一切‘無常’法皆‘無我’故,故不相違也。”(卷二頁十三左至頁十三右)

在《入論》中也有相應的一句,“此中所作性或勤勇無間所發性”因“是無常等因”。文軌《莊嚴疏》却解釋過度:“此之二因能成‘無常’等者,等取‘無我’‘苦’‘空’也。”遭到了窺基《大疏》的批評:“此上二因,不但能成宗無常法,亦能成立‘空’‘無我’等,隨其所應非取一切。”(卷三頁二十四左至右)《入論》這一句是彰顯因所成立之果。所謂“等”,等取“空”“無我”等。上述二因,不但能成宗“無常”法,而且能成立“聲是空”“聲是無我”等,隨二因所能成其三相者方可列入等取之中,但不能成立一切。假如“所作”因,也能成立意所許“苦”等一切法的話,此因便犯有不定因等過失。例如立比量説:“聲亦是苦,所作性故。”以無漏法作爲異品,“所作性”因於其異品一分上依轉,就成爲不定因。此所欲成立之有法聲,以“瓶”等爲同品,因爲有“所作性”因,能成立宗體“聲是苦”。以佛家自宗“道諦”等法爲異品,因爲有“所作性”因,又能成立宗體“聲是非苦”。上述“所作”“勤勇”二因既然作爲正因提出來,便無不定因過,因此這裡説“等”,是隨其因所能成三相者。

【今譯】 由於以上異品並非相違或别異的道理,“所作性故”因既能成“聲是無常”宗,也能成“聲是無我”等宗,因爲“所作性”因法與“無我”法不相排斥,“無常”法與“無我”也不相排斥。

若法能成相違所立,是相違過,即名似因。[1]如無違法,相違亦爾。[2]所成法無,定無有故。[3]非如瓶等,因成猶豫,於彼輾轉,無中有故,[4]以“所作性”現見離瓶於衣等有,非離無常於無我等,此因有故。[5]

【注釋】

這一段是闡述相違因過。

[1] 若法能成相違所立,是相違過,即名似因:“法”即因法,這裡“相違”的意義與前面不同,不是反對關係,而是矛盾關係。“所立”是所立法的省略。全句的意思是,假如因法能成立與所立法相矛盾的法,那麼此因就有相違過,即稱爲不正確的因。在《入論》中稱爲法差别相違因。

《述記》舉例説明:“若因能成相違所立者,如立言‘眼等必爲他用,即以積聚性故爲因,以臥具爲同喻’。今‘積聚性因’亦能成立所立‘眼等必爲積聚他用’。即此‘積聚他用’是其所立,即此所立與前‘無積聚他用’宗正相違,故名爲相違。”(卷二頁十四右)

吕澂先生認爲,佛家立此相違有其實踐目的。他們想用因明駁倒别家學説。神泰所舉實例是爲了駁倒數論最主要的主張——神我。數論以五種理由成立神我,“積聚爲他故”就是第一個理由。這個比量的意思是,一切積聚起來的事物都是供他受用的,即積聚爲他。例如牀、蓆都是積聚而成,都是爲他所用。同理,眼、耳、鼻、舌、皮都是積聚而成,也應爲他所用。數論把世間一切分爲二十五諦。這二十五諦歸爲三大類,首尾二諦爲自性、神我。數論認爲神我是永恆不變的實體,又稱實我。自性爲供神我受用,使中間二十三諦時常轉變。眼等便是二十三諦中的五知根。數論立宗之本意是眼等必爲神我用,但由於佛家不承認神我,祇承認假我,神我作爲宗依便不極成,自許他不許。於是,數論便含混其詞,用一個模糊概念“他”來代替神我。“他”,可以是積聚性的他,也可以是非積聚性的他。“積聚”意爲許多極微的集合。眼等五知根是各由許多極微集合而成的。陳那就用“積聚性因”來成立與“非積聚性他”相矛盾的“積聚性他”。因此數論所立比量中的因就有相違之過，稱爲似因，即不正確的因。(參見《講解》第37—38頁)

［2］如無違法，相違亦爾：“無違”指本立之宗，如數論本來立的“眼等必爲他用”，“必爲他用”與因法無違稱爲“無違法”。佛家用“積聚性因”去成立“眼等必爲積聚他用”，“積聚他用”與“非積聚他用”相矛盾，稱爲相違法，宗則稱爲相違宗。《述記》説：“謂僧佉(數論)本立‘必爲他用’爲正宗，以‘積聚性’爲正因，本所立宗名爲‘無違’，其‘積聚因’正能成立無違宗，故名‘無違法’。即此‘積聚性’因不但成無違宗，亦能旁成‘眼等必爲積聚他用’，即此‘積聚他用’是其所立，與前‘必爲他用’宗相返，故名‘相違亦爾’。後宗名爲‘相違’，當知前宗名‘無違’也。”(卷二頁十五左)“如無違法，相違亦爾”意思是如同因法能成立前立之宗(因與宗不相違)，同一因也能成立與前宗相違之宗(後宗與前宗相違)。

［3］所成法無，定無有故：這是進一步釋“相違亦爾”。用“積聚性因”成立前宗“眼等必爲他用”，當所成法“必爲他用”無處，定無“積聚性因”。這便是異喻體，滿足第三相“異品遍無性”。《述記》説：“言‘所成法無有’即是所立無也，謂必爲積聚他宗是也。‘定無有故’者，即是‘積聚性’因無也。言‘積聚性’因能成前無違宗於異品遍無，今成相違宗亦於異品遍無，故言‘亦爾’。”(卷二頁十五右)《述記》緊接著説：“此是真實相違因也，下舉不定，顯非相違因。”下一句説的是不同於相違因的不定因。

［4］非如瓶等，因成猶豫，於彼輾轉，無中有故：相違因是一種似因，它是決定因，而不定因也是似因，但它是猶豫因，在異品即無中輾轉出現。例如，針對“聲是無常，所作性故，如瓶等”，有人用“聲應是瓶，以所作性故，如瓶”來破斥。用“所作性”因來證宗法“瓶等”，與用“積聚性”因來證“積聚他用”是不相同的。《述記》説：“此因即有不定過，故成猶豫。以於彼輾轉無中有故。謂若立‘聲是瓶’，‘衣’等即爲異品。此‘所作性’於無瓶處衣上亦有故。或復難云：‘聲應是衣，所作性故，猶如其衣。’唯衣爲同品，瓶等即爲異品。此‘所作性’於無衣處瓶等上有故，言輾轉無中有故。其所作性因既於異品中有，故不定。”(卷二頁十五右至十六左)全句意爲，上述相違因過不同於不定因，以“聲是瓶等”爲宗，“所作性”因就成爲猶豫因，因爲此因在異品中輾轉出現。

［5］ 以“所作性”現見離瓶於衣等有，非離無常於無我等，此因有故：這一句是將不定因與前述旁成“無我”宗區别開來。“所作性”因既成“無常”，又旁成“無我”，是決定因，而非猶豫因。《述記》説：“若‘聲是無常，所作性故，如瓶等無常’，此因非是轉彼瓶等無常處，别於餘無我上此因亦轉。以瓶等若是無常，即是無我。無有離無常外别有無我有‘所作性’因也。是故‘所作性’因若證‘無常’，即能旁證‘無我’等。其因決定，非如‘瓶等’，因成猶豫等也。”（卷二頁十六右至十七左）全句意爲，“所作性”因於遠離同品瓶外的異品衣等上有，不同於“無常”宗之外的“無我”等，因爲此因於‘無我’等上有。

【今譯】 假如因法能成立與所立法相矛盾的法，那麽此因便有相違因過，就稱爲似因（不正確的因）。如同因法能成立立方原本要成立的無違宗（因與宗不相違），同一因法也能成立與原宗相違之宗（後宗與前宗相違）。相違宗的法没有時，其因也一定没有（宗無因不有）。此相違因不同於不定因，以“聲是瓶等”爲宗，“所作性”因就成爲猶豫因，因爲此因在異品中輾轉出現。（用來成立“聲是瓶”宗的）“所作性”因在與同品瓶相離的異品衣等上有，不同於“無常”宗外的“無我”法（“無我”法非異品），因爲此“所作性”因於“無我”等法上有（是正因）。

“云何别法於别處轉?”[1]“由彼相似不説異名，言即是此，故無有失。”[2]“若不説異，云何此因説名宗法?”[3]“此中但説定是宗法，不欲言唯是宗法。”[4]“若爾，同品應亦名宗?”[5]“不然，别處説所成故，因必無異方成比量，故不相似。”[6]

【注釋】

這一段是外人與陳那的三問三答。

［1］ 云何别法於别處轉：“别法”指宗上因法，因法與同品瓶等有區别，故稱因法爲别法。“别處”之“處”指宗法處，同品瓶、衣等與宗法處有異（不完全一致）稱爲别處。《述記》説：“今問意云，如‘所作性’是聲宗家法，云何宗家法乃於瓶上立有耶?”（卷二頁十七左）

［2］ 由彼相似不説異名，言即是此，故無有失：陳那回答外人，瓶上所作性與

聲上所作性的性質屬於同類,都稱爲所作性,不再用不同的名稱來指稱。彼此一樣,因此没有什麽過失。《述記》説:"言瓶上所作性即是體聲上所作性,極相似故,故言'即是',猶縷貫兩華,其縷一頭貫此華,一頭貫彼華,此亦如是。……若子細分析,其聲及瓶上所作性各别也,但可總説一所作性名爲宗法也。"(卷二頁十七右)由於瓶上的所作性和聲上的所作性極爲相似,就其"一"即共性而言,都稱爲所作性,都稱爲宗法。儘管仔細分析的話,它們之間也有差别,即個性不同。

[3] 若不説異,云何此因説名宗法:這是外人的第二問,如果不説瓶上所作性與聲上所作性有差别,爲什麽要稱此"所作性"因爲宗法呢?它也是瓶等同品之法呀。

[4] 此中但説定是宗法,不欲言唯是宗法":陳那回答説,這裡祇是説因法一定應是宗上有法之法,没有説因法僅僅是宗上有法之法。如果説"唯是宗法",則瓶等同品上就不能有此因法了。

[5] 若爾,同品應亦名宗:這是外人的第三問。《述記》説:"外人復難云:'若所作性一頭是瓶上,亦得名因者,亦可其所立無常亦一頭在同品瓶上,亦應名宗。'"(卷二頁十八左至十八右)外人的意思是,瓶等上有"所作性","所作性"可稱爲因,而同品瓶上有所立"無常"法,那麽,"同品瓶有無常"也應稱爲宗了。

[6] 不然,别處説所成故,因必無異方成比量,故不相似:陳那否定外人的説法。"别處"指宗有法,在原來所立的"聲是無常"宗中,瓶是同品,今外人要以"瓶是無常"爲宗,因此聲成了瓶之外的别處。"别處説所成"即以"聲是無常"爲宗,此宗立許敵不許,因此是正宗。"瓶是無常"爲立、敵共許,因此不須成立,不能成爲宗。若成立爲宗就有相符極成過。要成立"聲是無常"宗,"所作性"因必須立、敵共許,因此説"因必無異",立、敵雙方都共許聲、瓶都有此因。這樣才能成立正確的論式。外人以"瓶是無常"爲宗,由於立、敵先前就共許極成,不須成立,無"所成"可言,而"聲是無常"宗爲立許敵不許,"所作性故"因爲立、敵共許,故兩宗不相似。

【今譯】 外人問:"爲何宗上的因法(所作性)與同品(瓶、衣等)有區别而又在同品上有呢?"陳那回答説:"由於(聲的所作性與瓶的所作性)極爲相似,就不必用不同的名稱了，此（所作性）就是彼（所作性），彼就是此，因此没有什麽過失。”外人問：“如果不計較（聲上所作性於瓶上所作性）兩者之間的差異，爲什麽要稱此因爲宗上有法之法呢？（它也是瓶等同品之法呀）”陳那回答説：“這裡衹是説因法一定是宗法，而没有説因法衹能是宗上有法之法。”外人問：“假如照你所説（所作性爲瓶所有，可稱爲因），那麽（瓶有無常）同品有所立法也應稱爲宗了？”陳那回答説：“不然，在宗上有法處説它有後陳法（立許敵不許，可以成宗），因法又爲立、敵共許，才能成爲正確的論式，因此説同品有所立法（‘瓶是無常’立、敵共許）與前者是不同的（不能稱爲宗）。”

又此一一各有三種[1]：謂於一切同品有中，於其異品或有、非有及有非有。[2]於其同品非有[3]及俱[4]，各有如是三種差别[5]。

【注釋】

這一段是講九句因。

［1］又此一一各有三種：前面頌文説明宗法（因法）與同品有三種關係，與異品也有三種關係，緊接著從總體上解釋宗法，然後再來具體解釋九句因。宗法（因）與同品有三種關係：同品有、同品非有和同品有非有。異品與因也有三種關係：異品有、異品非有和異品有非有。其中同品與因的每一種關係分别與異品與因的三種關係相結合，這樣就有九種情況，稱爲九句因。正如《述記》所説：“此三一一爲三，故有九種。”（卷三頁一左）

［2］謂於一切同品有中，於其異品或有、非有及有非有：具體陳述第一個三句。當同品有因時，異品與因有三種關係。這三句是：

同品有，異品有；
同品有，異品非有；
同品有，異品有非有。

［3］於其同品非有：這是説第二個三句。當同品非有因時，異品也有三種關係，合爲三句：

同品非有，異品有；

同品非有,異品非有;
同品非有,異品有非有。

［4］及俱:這是説第三個三句。當同品俱有因即同品有非有因時,異品也有三種關係,此三句是:

同品有非有,異品有;
同品有非有,異品非有;
同品有非有,異品有非有。

［5］各有如是三種差别:同品中每一句各有這樣三種情況。

【今譯】 又"宗法於同品"的三種關係中每一種又各有三種不同的情況:即是説在一切同品有因的情況下,異品與因的關係也有三種,即異品有、異品非有和異品有非有;在同品非有因的情況下和同品有非有因的情況下,也都有異品與因的三種關係。

"若無常宗全無異品,對不立有虚空等論,云何得説彼處此無?"[1]"若彼無有,於彼不轉全無有疑,故無此過。"[2]

【注釋】

這一段前半段是問者的質疑,後半段是陳那的答覆。

［1］外人的問話調整如下更好理解:"若'無常'宗對不立有有虚空等論,全無異品云何得説彼處此無?"《述記》説:"勝論對經教立'聲是無常,以所作性故,以虚空爲異品。'其經教既不立虚空,云何於彼虚空處説此'所作性'無?"(卷三頁一右)神泰介紹了立、敵雙方。小乘經量部是無空論,不承認虚空爲實有,又怎麽能説彼"虚空"處無此"所作性"因呢?

［2］若彼無有,於彼不轉全無有疑,故無此過:陳那答問,假如小乘經量部是敵論者,虚空非實有,所作性不於虚空上有,也完全没有什麽疑問,因爲異品無因,能滿足"異品遍無性",起到止濫作用就行,因此没有過失。

【今譯】 外人問:"假如對不承認虚空爲實有的無空論立'聲是無常'宗,那麽異品虚空根本不存在,怎麽談得上虚空處無'所作性'因呢?"陳那答:"如果是對小乘經量部立量，那麼彼虛空非實有，所作性也就在虛空上不轉，這完全没有什麼妨礙（同樣滿足'異品遍無性'），因此没有什麼過失。"

如是合成九種宗法，隨其次第略辨其相。[1]謂立"聲常，所量性故"；[2]或立"無常，所作性故"；[3]或立"勤勇無間所發，無常性故"；[4]或立"爲常，所作性故"；[5]或立"爲常，所聞性故"；[6]或立"爲常，勤勇無間所發性故"；[7]或"非勤勇無間所發，無常性故"；[8]或立"無常，勤勇無間所發性故"；[9]或立爲"常，無觸對故"。[10]

【注釋】

本段是舉例説明九句因。

［1］如是合成九種宗法，隨其次第略辨其相：如上所述合成九種宗法（因法），按照前面所説"一一各有三種"的次序對九句因簡略地舉例加以辨析。

［2］謂立"聲常，所量性故"：這是第一句同品有並且異品有的實例。以"聲常"爲宗，"所量性故"爲因，以空等爲同品，以瓶等爲異品。"所量"指認識的物件。無論什麼同品、異品都是認識物件，因此"所量性"因既於同品有、又於異品有，不滿足"異品遍無性"，是不定因。《入論》將此因列爲六不定因過中的第一種，稱爲"共不定"。

［3］或立"無常，所作性故"：這是第二句同品有並且異品非有的實例。以"聲無常"爲宗，以"所作性"爲因，以瓶等爲同品，以空等爲異品。此"所作性"因於同品有、異品遍無，因此是正因。陳那關於第二句正因的舉例"無常，所作性故"正確無誤，一千五百多年來接受了古今中外多少讀者包括敵論者的認可。可偏在今天，卻有師徒二人不以爲然，批評印度邏輯經典作家連標牌實例也舉錯了！

姚南強認爲我對陳那所舉出的第二句因"所作性"的解釋依照了陳那，而陳那本人的解釋本來就是錯誤的。（《華東師範大學學報》，2005 年第 3 期）一個實例舉錯了，不是什麼大事，但出在陳那身上，問題就變得十分嚴重。這事關整個佛教邏輯的水准和形象問題。被稱爲"中古邏輯之父"和印度佛教論師六莊嚴之一的新因明創始人陳那，在親自撰寫的新因明的奠基作《理門論》中居然連一個事關基本理論的最爲重要的標牌性的實例都會舉錯,居然會違背自己奉行的最基本、最淺顯的佛教義理,犯了該論所列爲宗過之一的"自教相違"的錯誤。這就不能不浪費點筆墨辯出個是非來了。

姚文的依據有二:一是依照他的導師沈劍英先生的一大發現,二是引用佛光山《佛光大辭典》(下同)相關解釋。

沈劍英先生在《因明學研究》和《佛家邏輯》中,兩次指出陳那連自己創建的"九句因"第二句的實例都舉錯了。姚君認爲這明明是其師的一大發現,一大功績。我卻一直把它當成一個小錯誤。

姚文説:"與此相關的是,在第二句因中立聲無常宗,所作性因,以瓶爲同品。沈劍英認爲陳那《正理門論》中所舉的'同品有'的這個實例不對:'因爲所作性因與宗的同品並非全部有聯繫,而祇是部分有聯繫(有非有)',如雷、電、霧、雨都有無常宗的性質,都是宗的同品,但卻没有所作因的性質。而鄭文的雷電雨霧有所作性,其論據正出於此。"

爲什麼如雷、電、霧、雨這些有無常性質的同品没有"所作性因"呢?姚文説:"在佛家看來,'所作性'祇是指人力所爲,《佛光大辭典》中對'所作'是這樣界定的:爲'能作'之對稱,指身、口、意三業發動造作。身、口、意三業爲能作之主體,爲彼等所造作者即稱所作。"

《佛光大辭典》這個"所作"定義是先定義"能作"的主體是身、口、意三業,由此出發,相對應的"所作"自然爲人力所爲。姚君是從概念出發來套因明的實際,顯然曲解了因明。在陳那的《理門論》中,"所作性"包括人力和自然力,其造作物件則爲有無常性的一切事物。可以説凡所作皆無常,也可説凡無常皆所作。

《佛光大辭典》並没有説因明中的"所作性"必須是人力所爲,更没有説出必須是人力所爲的理由。沈、姚二人有什麼權利削足適履,強釋"所作性"爲人力所爲呢?

中華佛典寶庫中的《英漢–漢英–英英佛學辭典》中有關"所作"的釋文共有三條,其第三條是:That which has been created,即指已被造作出來的東西。這條釋文所指就很寬泛,包括了人力和自然力。

在因明中有些術語的用法不同於佛學的一般的用法,這也是因明的一個常識。沈先生也是知道的。本來不必由我來説。例如,窺基在《大疏》卷四中有關於概念的表詮、遮詮的解説："然中道大乘，一切法性，皆離假智及言詮表，言與假智俱不得真。一向遮詮都無所表，唯於諸法共相而轉。因明之法，即不同彼。然共相中可有詮表義，同喻成立有、無二法，有成於有可許詮也，無成於無即可遮也。異喻必遮，故言此遮非有所表。異不同同，理如前説。"又如，關於"自性""差别"的用法，因明與佛學不同，姚君本人也有過解釋。

陳那選擇"所作性"作爲第二句正因的實例是很有講究的。先來看看玄奘法師的弟子窺基所撰《因明入正理論疏》是怎麽解釋的。窺基在該疏卷三中説："雙舉兩因者，略有三義：一對二師，二釋遍、定，三舉二正。"窺基隨後一一做了詳細解釋。所謂"對二師"，是説針對聲論師中的兩派立論。一派主張聲生論，認爲聲音從緣而生，生後常住不滅，且内、外聲皆常住。另一派主張聲顯論，認爲聲本常住，從緣而生顯示之後今方可聞，要是緣響息滅仍不可聞，且執内聲常住。"若佛弟子對聲生論，立'聲無常'，'所作性'因，便具三相。"假如對聲顯論立"所作性"因，便有隨一不成因過。要是對聲顯師立"勤勇"因，此因便具有三相。要是對聲生論立"一切皆是無常"，以"勤勇"爲因，則因法未能周遍依轉有法，有兩俱一分不成因過。前舉二因顯然各有所對，對聲生論，以"所作"爲因，對聲顯論，則以"勤勇"爲因。再則，若立"内外聲皆無常"，因應爲"所作"。若立"内聲"爲宗，因應爲"勤勇"。否則，因便有兩俱一分兩俱不成過。爲了針對不同的情况，因此列舉上述二因。

所謂"釋遍、定"，若以"所作性"因成"無常"宗，則三相俱遍；若以"勤勇"因來成宗，則同品爲定有因而非遍有因，其餘二相爲遍是和遍無。顯示順成，宗同品定有因亦爲正因，不一定要三相皆遍，故舉二因。

所謂"舉二正"，是説在九句因中，這"所作性"是其中的第二句因，這"勤勇"因是其第八句因。陳那説這兩種因都是正因，因爲都滿足三相，因此雙雙列舉。所謂"所作性"，是説由因緣和合而起造作作用，彰顯其生義。所謂"勤勇無間所發性"，"勤勇"意指策勵發動擊臍輪等風，乃至輾轉擊咽喉唇舌等，勇猛鋭利連續不斷因而顯發出來。

在這本被奉爲漢傳因明權威著作的《因明大疏》卷三中，還有一段關於陳那《理門論》九句因中第二句實例的解釋："二同品有、異品非有，如勝論師立'聲無常，所作性故，喻如瓶等'，'無常'之宗'空'爲異品，'所作性'因於同品有於異品無。"

窺基不認爲陳那舉的實例有錯,這是玄奘的看法,也是奘門幾代弟子包括日僧、新羅僧所撰全部幾十本疏記的共識。基疏標明立此論證式的不光是佛弟子,還有勝論師。顯然,基疏把陳那所舉第二句因實例“所作性”當作通一切無常同品(包括雷、電、雨、霧)的寬因(寬因證寬宗的説法首見奘門譯場證義神泰的《理門述記》),這也是印度眾多宗派的共識。從《理門論》問世到窺基撰疏幾百年間,此經典實例,可謂經歷了印度各宗各派的千錘百煉。玄奘的譯傳是有堅強正當的理論背景和理論基礎的。是不允許逞意而論、隨意否定的。

陳那、商羯羅主的大、小二論討論的都是共比量,九句因中所舉每一實例,無論正似都必須立敵雙方共許。這是因明基本常識。印度人對待辯論十分鄭重其事,他們崇尚誠信,常有辯者在辯論之初許諾,倘若辯輸,便“斬首相謝”或“割舌相謝”。試想,陳那這樣一位在當時戰無不勝的大論師,在自己撰寫的關於論辯邏輯的專著中,連自己創建的九句因實例都舉不對,其著作不被佛門内、外的論師們批得體無完膚才怪。根本輪不到沈先生來糾正。

再來看看當今佛學與因明的專家的見解。吕澂先生的《因明入正理論講解》在解釋“所作性”因和“勤勇無間所發性”這二種正因時説:“‘勤勇無間所發性’比‘所作性’的範圍狹,如所作性可以包括瓶、電,而勤勇無間所發性則不能包括電,因爲電不是勤勇無間所發性的。”(第十五頁)吕師隨後還引述了窺基的解釋作爲依據。但是,在爲似同法喻品作結語處,又説:“如瓶等無常,是所作,而電等也是無常,但並非所作。這或許是隨手的筆誤,未能守一,誠爲可惜。”(第四十八頁)

最後看看《佛光大辭典》關於“九句因”中第二句的詮釋:“(二)同品有異品非有,謂因與宗同品有全分(全部)關係,與宗異品全無關係。如佛弟子對聲生論者立‘聲是無常’宗,以‘所作性故’爲因。‘無常’爲所立法,‘所作’爲能立法。凡具有無常性者,如瓶,是宗同品;凡不具有無常性者,如虛空,是宗異品。如瓶等具有無常性之事物,無一不具有所作性,故同品有;如無常性之範圍相等,能證明例中聲確爲無常,故爲正因。”這句話表明雷、電、雨、霧是自然力造作的結果。

法稱《正理滴論》解釋過“所作”:“若法因得他法之(經)營(與作)爲,其法自體始得成就,是名‘所作’。”李潤生先生解釋説:“意思是説,任何事物,凡必須依藉其他事物的作用爲條件然後存在,此物即名爲‘是所作的’。如‘瓶’必須依藉水、土等作用而後產生製作出來，故言‘瓶是所作的’。其義易知，不再繁引法上文字作解。”(《正理滴論解義》第 138 頁)

[4] 或立“勤勇無間所發，無常性故”：這是第三句同品有並且異品有非有的實例。以“聲勤勇無間所發”爲宗，以“無常性故”爲因，以瓶等爲同品，以電、空等爲異品。“勤勇無間所發”的意思是靠意志的作用使潛在的顯發出來。同品瓶等遍有“無常性”，而異品中的一部分如電有“無常性”因，一部分如空没有此因。這第三句因没有滿足“異品遍無性”，也是似因。《入論》列爲六不定因中的第四種，稱爲“異品一分轉同品遍轉”。

[5] 或立“爲常，所作性故”：這是第四句同品非有並且異品有的實例。“聲常”爲宗，“所作性故”爲因，空等爲同品，瓶等爲異品。“所作性”因於同品無，於異品有，因的第二、第三相都未滿足，是相違因。

[6] 或立“爲常，所聞性故”：這是第五句同品非有並且異品非有的實例。以“聲常”爲宗，以“所聞性故”爲因，以空等爲同品，以瓶等爲異品。聲音是世間唯一具有可聞性的事物，除聲之外任何同品都没有此因，除聲之外任何異品也没有此因。按理，一個因若同品非有，則異品有，若異品非有，則同品有。爲什麼會出現同品、異品都没有因的情況呢？陳那雖然没有加以直接説明，但從陳那新因明的整個體系來看，這是不言而喻的。九句因隱含了一個前提，即同、異品除宗有法。第五句因也是似因，没有滿足“同品定有性”。

[7] 或立“爲常，勤勇無間所發性故”：這是第六句同品非有並且異品有非有的實例。以“聲常”爲宗，以“勤勇無間所發性故”爲因，以空爲同品，以電、瓶等爲異品。此因於同品空等無，於異品中的瓶等有，電等無，也都未滿足第二相和第三相，因此也是相違因。

[8] 或“非勤勇無間所發，無常性故”：這是第七句同品有非有、異品有的實例。《入論》六不定因中的第三種“同品一分轉異品遍轉”即是此句因。“轉”是有的意思，同品一部分有因符合“同品定有性”，而所有異品都有因，違反“異品遍無性”，是似因。“聲是非勤勇無間所發”宗以電、空等爲同品，此“無常性”因在同品電等上有，在空等上無。以瓶等爲異品，異品瓶等全部有因。

[9] 或立“無常，勤勇無間所發性故”：這是第八句因同品有非有並且異品非有的實例。此因滿足因三相，因此是正因。“聲是無常”宗以電、瓶等爲同品，“勤勇無間所發性”因在瓶等上有，在電等上無。此宗以空等爲異品，此因

在異品上遍無,《大疏》對第八句因的實例作了修改,其宗爲"內聲是無常"而不是"聲是無常"。因爲衹有內聲(人、獸等的聲)才是勤勇無間所發,外聲如風、雷聲則非勤勇無間所發。若不對宗有法聲加以限定,便不能滿足第一相"遍是宗法性"。

[10] 或立爲"常,無觸對故":這是第九句因同品有非有、異品有非有的實例。此因在《入論》中列爲六不定因中的第五種"俱品一分轉"。這句因是說,同品有的有因,有的没有因,異品也有的有因,有的没有因。因既通同品,又通異品,是不定因,與第一、第三和第七句因相似。此例以"聲常"爲宗,以"無觸對故"即"無質礙故"爲因。凡具有常性的空、極微(分子或原子)都是同品,凡不具有常性的快樂、瓶等都是異品。同品中的空無質礙,同品中的極微有質礙,因此是有非有。異品快樂等是無質礙的,異品瓶等是有質礙的,因此是異品有非有。

【今譯】 如上所述可以組成九句因,按照上述次序簡略辨別:第一句,是說立"聲常"宗,以"所量性故"爲因;第二句,立"聲是無常"宗,以"所作性故"爲因;第三句,立"聲是勤勇無間所發"宗,以"無常性故"爲因;第四句,立"聲爲常"宗,以"所作性故"爲因;第五句,立"聲常"宗,以"所聞性故"爲因;第六句,立"聲常"宗,以"勤勇無間所發性故"爲因;第七句,立"聲是非勤勇無間所發"宗,以"無常性故"爲因;第八句,立"(內)聲是無常"宗,以"勤勇無間所發性故"爲因;第九句,立"聲常"宗,以"無觸對故"爲因。

如是九種,二頌所攝:
常、無常、勤勇,恒、住、堅牢性,
非勤、遷、不變,由所量等九。[1]
所量、作、無常,作性、聞、勇發,
無常、勇、無觸,依常性等九。[2]

【注釋】

這一段是說,九句因的主要內容爲九宗和九因,用二頌來包攝,目的是便於記憶。

［1］由所量等九：前一頌列舉九個宗，是説這九個宗分别以“所量”等爲因。“恒”“住”“堅牢性”和“不變”就是“常”宗，“遷”即是“無常”。

［2］依常性等九：後一頌相應列舉了九個因，是説這九個因相應有“常”等九個宗。

【今譯】如上所述九句因，可以用兩個頌文來包括。常、無常、勤勇，恒、住、堅牢性、非勤、遷、不變這九宗，以“所量”有九個因。所量、作、無常，作性、聞、勇發、無常、勇、無觸這九因，依“常性”也相應有九個宗。

3. 正因與相違因和不定因

如是分别説名爲因、相違、不定，[1]故本頌言：
於同有及二，在異無是因；[2]
翻此名相違[3]；所餘皆不定[4]。

【注釋】

这一段是将九句因分类。

［1］如是分别説明爲因、相違、不定：如上所述九句因可以分别稱爲正因、相違因和不定因。

［2］於同有及二，在異無是因：這兩句是説正因。正因有兩種，指第二句和第八句。第二句是同有、異無，第八句是同品有非有（頌文用及二來指稱）、異品無。正因滿足三相。

有一種説法，認爲“第二、八句因本來即互相矛盾的事實”，“就表明這兩句因是互相矛盾的，是不能並存的，因此不可能同爲正因”（黄志強《佛家邏輯比較研究》，香港：新風出版社2002年版，第89頁）。這樣理解二、八因的“矛盾性”，完全不符合陳那的本意。九句因全面縝密地討論因與同、異品的九種關係。它列舉了實際存在的九種情況，一個因與同、異品的關係，衹能是這九句中的一句。陳那爲每一句因都舉出實例。陳那根據對九句因研究的結果，判定第二、第八句爲正因，何來矛盾之有？二、八兩句本來就是獨立的。當陳那用第二句因"所作性"來證"聲無常"宗時,所有"無常"的同品(如瓶、電、雷、雨等)都有"所作性"因,並且所有異品"常"(如虛空)都無"所作性"因。第八句因是用"勤發"因證"内聲無常"宗。有的同品"無常"(如瓶)有"勤發"因,有的同品雷、電、霧、雨則無"勤發"因,並且所有異品"常(如虛空)"沒有"勤發"因(黃志強一再說"雷電霧雨等""無因法所作性",這是常識性錯誤。有"無常"性的同品如雷、電、霧、雨等皆有"所作性",而衹是無"勤勇無間所發性")。二、八句因是客觀存在的兩種情況。正如我們可以用第二句因"張三是生物"來證"張三有死",也可以用第八句因"張三是人"來證"張三有死"。絶不能説這兩句因事實上不同,因而互相矛盾,因而要取消第八句因的正因資格。如果説某一句因既是第二句、又是第八句,那才叫有矛盾。黃志強的見解既曲解了九句因,又曲解了形式邏輯的矛盾律。如果否定第八正因,則整個陳那新因明都不復存在。

［3］翻此名相違:與正因相反,同品無因而異品有因,此因就是相違因。相違因同時違反因後二相。九句因中的第四句同無、異有和第六句同無、異有非有即是。

黃志強否定第八句因爲正因,還有一條理由,原來他又曲解了本頌中的這一句,他説:"同品有異品無的第二句因爲正因,與之翻倍的第四、六、八句因爲相違因,其餘的爲不定因。"(《佛家邏輯比較研究》第89—90頁)黃志強望文生義,替陳那捉刀,隨意修改陳那的本意。二、八正因的共同特點是同品有而異品無。相反,同無異有的是相違因,即"翻此名相違",並非説四、六是二的倍數,更沒有説因爲八是二的倍數,因而也歸爲相違因的意思。

陳那《因輪論》藏譯本題爲《九宗法(因)輪論》,其中有與《理門論》本頌相同的頌文:

上下二正因,兩邊二相違,
四隅共不定,中央乃不共。(轉引自吕澂《講解》第25頁)

上下、兩邊、四隅、中央是指九句因在九宫格中的位置,完全沒有按照二的倍數來定正因、似因的意思。"上下二正因"就是指二、八爲正因。"兩邊二相違"就是指四、六相違因。其義甚明。可見,不是陳那九句因本身有矛盾,也並非大多數注釋者解釋有矛盾,而是黃文不求甚解。

［4］所餘皆不定:除正因和相違因之外,剩下的就全是不定因。第一句同

有、異有,第三句同有、異有非有,第五句同無、異無,第七句同有非有、異有,第九句同有非有、異有非有。以上這五種因都是不定因。九句因中不定因的特點是或者違反第二相、或者違反第三相。第五句因違反第二相,其餘四句違反第三相。

【今譯】 以上所述九句因可以分爲三類,稱爲正因、相違似因和不定似因,因此本頌説:正因是同品有或者有非有並且異品非有;與此相反,同品無並且異品有或者異品有非有是相違因;正因和相違似因之外的是不定因。

此中唯有二種名因:謂於同品一切遍有、異品遍無;及於同品通有非有、異品遍無。於初、後三,各取中一。[1]

【注釋】

這一段是具體解釋正因。

[1] 於初、後三,各取中一:第一個三句和第三個三句中各取中間的一句,即第二和第八。

【今譯】 這九句因中衹有兩種稱爲正因,這正因是説同品全有因並且異品遍無因,以及同品有非有因並且異品遍無因。在第一個三句和第三個三句中各取中間的一句。

復唯二種説名相違[1],能倒立故[2]。謂於異品有及二種,於其同品一切遍無。第二三中取初、後二[3]。

【注釋】

這一段是具體解釋相違因。

[1] 復唯二種説明相違:又有兩種是相違因。

[2] 能倒立故:有二解。其一爲頌文所説"翻此",即與正因正好相反,同時違反第二和第三相。其二,相違因能證成相違宗。如立"聲是常,所作性故","所作性"因同品無、異品有,正好證成了相矛盾的"聲是無常"宗。正如《述記》所釋:"其所立因能返前宗,故云'能倒立故',又釋,返前二正因,故云

‘能倒立’。”(卷三頁六右)

唐疏對相違因的成因有兩種説法,一爲相違即因,二爲相違之因。《莊嚴疏》主張相違即因,兼顧相違之因。校刊本旁注以《大疏》“相違之因”破《莊嚴疏》“相違即因”説。隨後又有旁注《大疏》與《莊嚴疏》所兼顧的相違之因説相同。本文對校刊本所標同異是非,試作探討。

所謂相違即因是指因法直接與宗相違,過失在因。所謂相違之因是指該因與原宗法相違,反證成了與原宗法相違之法,成了相違法之因。其過失之命名著眼於宗中法。

陳大齊先生説:“相違即因云者,謂所作因違於常宗,其違在因自家,相違之因云者,謂無常相違法之因,其違在宗中法。莊嚴略纂,兼取二義。大疏唯取之因而斥即因,然亦不無兼取即因之嫌。”

《入論》本身未對相違因作過定義。《莊嚴疏》在對似因作總釋處説:“若所立因同無異有或……,故名違。”文軌指出“同無異有”是相違因的根本特徵,因在宗中法上同無異有。因直接與宗相違,此爲即因説。又在總釋《入論》“相違有四”處用兩個問答講明爲什麼不稱宗過而稱因過。第一問爲:“宗亦乖因,豈唯因過?過不在宗,何得名相?”這一問中包含連續兩問。相違因既與宗有關,爲何衹追究因過?既然是説因過,過不在宗,相違因之名又從哪來?文軌答:“如言父子相生,子不生父亦得名相。此則宗因兩形爲相,因返宗故名違。”因言是爲證成宗言而設的一支,猶如子與父關係,衡於邏輯,因法與宗法爲一對關係概念。要維持這一關係,誰也離不開誰。少一方,則對方也不成其爲一方。雖説“宗因兩形爲相”,但此相違因過衹是追究因對宗的相違,故稱相違因,相違即因。第二問是:“常義既返所作,何不宗説相違?”文軌答:“宗言常住過失未生,因言所作方乖所立,故因説違,宗無此過。”此答繼續明言相違因過不在宗,過在因自家。因爲立了宗而還未舉出因時,宗是否有過失還不能確定,它衹是爭論的題目。因都還未出現,也無相違因可言。當舉出因後,它是正因還是相違因,才有判定的必要。其因過在因自身,故爲即因。

校刊本在“因言所作方乖所立”有旁注“大疏七卷一左破”。《大疏》相關文字爲:“相違因義者,謂兩宗相返。此之四過,不改他因,能令立者宗成相違。與相違法,而爲因故,名相違因。因得果名,名相違也。非因違宗名爲相違。故無宗亦違因,例而成難。”意爲因所能證成的宗與因原本所要證的宗相矛盾,由於兩宗相違,此因稱爲相違因。強調成爲相違法之因是因爲宗相違,"因得果名"是從宗出發命名,"非因違宗名爲相違。故無宗亦違因,例而成難。"意爲因所能證成的宗與因原本所要證的宗相矛盾,由於兩宗相違,此因稱爲相違因。強調成爲相違法之因是因爲宗相違,"因得果名"是從宗出發命名,"非因違宗名爲相違",的確是以之因說否定即因說。

《前記》:"因依主得名,亦得名因違宗也。主者,相違宗是也。因是相違宗之因,故名相違因也。主即違宗,因亦得違宗之稱。"又對"故無宗亦違因,例而成難"一句解釋說:"若以因違於宗名相違者,即有難言,因違於宗名相違因,亦宗違因應名相違宗。由有此難,故言'與相違法爲因',故言'無宗例而成難'。"其實《大疏》與《前記》的解釋没什麼必要。

《蠡測》在"相違因"這一專題中搜索《大疏》相關論述,見其即因、之因二說並存。"之因即因,本互相同。所作性故,與無常宗爲因,無常返常,因亦違於常宗。故疏雖取之因之說,難免羼入即因之義。竊觀二論,亦若兼取。"《蠡測》又舉出《理門》《入論》相關論述數則以證其說。可見,即因與之因二說,其實有相通之處。同一個相違因,從因出發,站在因的角度則爲即因;從宗出發,站在宗的角度看,則爲之因。二者没有根本不同。陳大齊又進一步指出,"衡以理則,即因爲勝"。日僧孝仁取即因說,且謂違其正因。"准因明理,此說最勝,於論於疏,亦有依憑。"最後,陳大齊總結說:"疏於此文已得正解,其後說過,别取他義,捨本逐末,爲可惜耳。"熊十力循《大疏》之因說,虞愚則取即因說,都未作評論,不無片面。巫壽康先後並列引述熊、虞二説以注疏文,亦未得其解。

[3] 第二三中取初、後二:第二個三句中,取第四句和第六句這兩句。

【今譯】 又有並且祇有兩種爲相違似因,因爲它們與正因正好相反,能證成相違宗。兩種相違因是説,在異品上有因或有非有因,而在一切同品上都没有因。在第二個三句中取前一句(第四句因)和後一句(第六句因)。

所餘五種,因及相違,皆不決定,是疑因義。[1]

【注釋】

這一句是説不定因。

[1] 原文文意似乎不順，若仔細揣摩，便能領會陳那行文是有講究的。若讓我們來對九句因分類，那麼先把九句因分成正因和似因兩大類，再在似因中分出相違因和不定因兩個小類，但陳那不是這樣。他是根據是否“決定”這個標准來劃分。把能夠“決定”的兩類先分出來，正因是能夠決定所立之宗的，相違因是能決定與原宗相違之宗。對“因及相違”這正因和相違因來説，所餘五種因既不能確定爲正因，也不能確定爲相違因，因此其因義是疑惑不定的。《述記》所言甚是：“皆不決定是正因，亦不決定是相違故，是疑因之義也。”（卷三頁七左）所餘五因既不能確定爲正因，也不能證成相違之宗，故稱爲不定因。《證文》將此句斷爲“所餘五種，因及相違皆不決定，是疑因義”，意思反掉了。

【今譯】 在上述正因和相違因之外還有五種因，既不能確定它是正因，也不能確定它是相違因，因此是疑惑不定因。

又於一切因等相中，皆説所説一數同類。[1]

【注釋】

這一句是解釋爲什麼都用一言來解釋三類因。

[1]《述記》説：“前頌中九因總爲三類：二是正因，二是相違因，五是不定因。依西方有三種言，謂一言、二言、多言。既正因有二，應二言中説；相違有二，應以二言中説；不定有五，應以多言中説。何故頌中但以一言中説正因，乃至一言中説不定？……然前頌中皆一言中説者，若法法同相皆不可説。今就意識相分於二正因上，現一正因相分，括二正因上，如線貫華，此是彼立爲一數可言説法。又其二正因上假立一法種類亦可言説，故言‘皆説所説一數同類’。二相違因總説爲一相違因類，五不定因總説爲一不定因亦爾。”（卷三頁八左）其中“一切因”指九句因。印度梵文有一言、二言和多言之分。正因有二，相違有二，不定有五，爲什麼不用二言和多言而統統用一言來述説呢？就事物的性質本身來比較其相同點，應該用二言或多言，不能用一言，而現在是從思維上對它們進行概括，或者是對二正因等進行歸類，歸爲同一種類，借用這一個同類的名稱來指稱。

【今譯】 並且在全部九句因中按不同類別統統各以一類名稱來指稱。

勿説二相更互相違，共集一處，猶爲因等。[1]

【注釋】

這一句是説相違決定因。

[1] 它是與前述五種不定因不同的特殊的不定因。例如，勝論師對聲生論立“聲是無常宗，所作性故因，猶如瓶等喻”，此因三相具足，是正因。同時聲生論也對勝論立“聲是常宗，所聞性故因，猶如聲性”。聲生論用的“所聞性故”因是爲勝論所允許的，因此也是三相具足，從單方面來看也是正因。前後兩個因組成不同比量，分別來看，都是正因，但是“共集一處”，意思是立、敵雙方同時拿出來加以爭辯，就不能説它們都是正因和所立之量都是正量了。“因等”指正因和由正因組成的論式。

前面説過，九句因中第五句因缺無同品，是“不共不定”似因，爲什麼這裡又説它就其本身單方面拿出來是正因呢？因爲對立的一方是勝論師，而勝論師是承認聲性的。由於聲性有所聞性，聲生論便可以拿來作爲同品，不犯“不共不定”因過。吕澂在《〈因明入正理論〉講解》中詳細解釋説：“聲性的性，指一事物與别事物藉以區别開來的性質。不論勝論還是聲生論都認爲‘所聞’與‘常住’是聲的性質。但對於這兩種性質的由來，勝論與聲生論的解釋是不同的。勝論以爲，聲性是同異性。勝論有六句義：實、德、業、同、異、和合。實即本體，德即相、性質、屬性，業即作用。這三者都是實在的。同、異、和合本來表示事物之間的關係，但勝論把它們也看成實在的。同，相當類。異，相當種。類是上位概念，種是下位概念。同、異也可以説是事物的共性和個性。它們的關係是相對的，但也有極限。同的極限是上同（存在、大有），異的極限是邊異，上同與邊異之間，既有同也有異，謂之俱分。勝論所説的聲性就是聲的同異性。凡聲都具有所聞與常住性，這是聲的同性，而聲又與色等區别這是異性。……聲生論的聲性則是‘新生緣具，方始可聞’（《大疏》卷五），並且常住。儘管兩家的解釋不同，但他們都以爲聲的性質是所聞與常住。這樣聲生論的論證，勝論也得承認。……其實，這兩家是犯了沒有遵守概念的同一性的過錯。勝論立聲無常，這個聲是一般的聲，即現實的聲，而聲論的聲則是概念的聲。”（第34—35頁）

【今譯】 兩個不同的正因各自證成了相矛盾的宗,當它們被立、敵雙方同時拿來爭論時,都不能説它們是正因,也不能説各自所組成的論式是正確的論式。

或於一相同作事故,成不遍因。[1]

【注釋】

此句文義費解。

[1] 今存《述記》之殘本不置一辭,究竟是遺佚還是原本就未作解釋,無從查考。

丘檗的《斠疏》作如下注解:"或於(非眼所見及現量性括爲獨)一(因)相,同作(聲)事故,(如勝論説'聲非實、非業'宗,意許德句聲,以'非眼所見及現量性'爲因,此因唯於宗有法有,不能決定宗法),成不遍因。(此即《入論》不共不定)。"(卷三頁九左)這一解釋是根據呂澂的《略抄注》來的。該書對"如是二疑因,獨亦不決定"作注説:"此頌意云,如是'非眼所見及現量性'二疑因,括爲獨一因,亦是不定因。"(頁二十五左)呂澂並沒有説這兩句頌文就是《理門論》的那一句"或於一相同作事故,成不遍因"。

《斠疏》的注解似有不妥。這一注解把"非眼所見及現量性"説成唯有宗有法聲上有,恐怕不對。因爲除聲以外,香和味也是"非眼所見及現量性"。因此把此因説成是同無、異無的不共不定因是錯誤的。

《理門論》原文是説"成不遍因",這"不遍因"作何理解,是正因還是似因?《〈正理門論〉斠疏》是把它解作不定似因,而沈劍英的《佛家邏輯·〈因明正理門論〉詳解》也把它解作不定因。"若以非屬同一事類的二因(如'非眼所見'和'現量性'衹是部分外延重合,因爲'非眼所見'的外延中當還有非現量的部分)合爲獨一之因(即作'一數同類'看待),即有因法不能周遍有法聲的問題,從而成爲不定之因。"(第344頁)此説又把不成因和不定因混同了。因不遍有法,這是不成因,前面已解釋過了。九句因都是滿足了第一相"遍是宗法性"的。"宗法於同品"等首先肯定因是宗法。《理門論》在解釋正因、相違因和不定因後再重提不成因過似不合理。因此,沈文的解釋不無疑問。

這裡再介紹一種解釋。寶雲的《新疏》解釋此句説:“在此第八,唯瓶勤發,宗法同事,因是不遍,異第二句。”(卷二頁十七左)寶雲把“不遍因”解作正因,大有令人茅塞頓開的感覺。他認爲《理門論》此句是在講解第八句因,“内聲是無常”宗,“勤勇無間所發性”因,同品中唯瓶等是勤發,同品電等非勤發,因此同品有非有此因,不同於第二句因同品有即同品遍有因。故説第八句因“成不遍因”。如此解釋“不遍因”,似乎較爲合理。

以上各種解釋都很有參考作用,究竟哪一種合乎原文,還有待進一步探究。這裡姑且取後一種解釋。

【今譯】 或者在一種正因之上有相同的宗上之法,使得同品並非遍有因(同品有非有因,與第二句同品有因不同)。

“理應四種名不定因,二俱有故,‘所聞’云何?”[1]“由不共故[2]。以若不共,所成立法,所有差别,遍攝一切,皆是疑因。[3]唯彼有性,彼所攝故,一向離故。”[4]

【注釋】

這一段是説古因明師提問,陳那作答。

[1] 理應四種名不定因,二俱有故,所聞云何:《述記》説古因明師不許四不定因外另有不共不定因,因爲除相違決定似因以外,四不定因都是同、異二品都有因,同品有因没錯,異品有因則不行。第五句因“所聞性故”於同、異品中都没有,與四不定因不相同,爲什麼要把它歸爲一類呢?

[2] 由不共故:陳那先總的回答,不共與共相對。共是共有,不共是共没有。把“所聞性故”歸爲不定因,是因爲同、異二品“不共”有此因。《述記》解釋説:“餘四不定屬同、異二品,不唯屬一,故是不定。今‘所聞性’成不定因,由不共故。謂如山中樹木無的攝屬,然有或屬此人、彼人之義,故是不定。今此‘所聞性’因亦爾,不在同、異二品之上,然容即通是二品之義,觸通同、異二品,無定所屬,故名不定。”(卷三頁九左至九右)這個譬喻不太好理解。山中樹木無主,不能歸屬此人或彼人,但是從道理上講還可以有個歸屬此人或彼人的問題。“所聞性”因除聲以外,任何同、異品都無此因,這是明確無疑的,不可能

“觸通同、異二品”。“所聞性”作爲因法還有個通所立法或非所立法的問題，即《述記》所説的“然容即通是二品之義”。四不定因於同、異品上都有，“不唯屬一”，稱爲不定，“所聞性”因“無定所屬”，因此也稱爲不定。

［3］以若不共，所成立法，所有差别，遍攝一切，皆是疑因：陳那具體解釋“由不共故”。《述記》説：“以若前不共‘所聞性’因所成宗法，若常、無常等所有差别，遍攝佛法、衛世、僧佉、尼犍子一切所立自許宗法皆是疑因。”（卷三頁九右）這是説世上無論什麼派别，衹要以“聲”爲宗有法，以“所聞性”爲因法，無論成立什麼法於“聲”上有，此“所聞”因都是疑惑不定因，因爲没有什麼好類比的。

［4］唯彼有性，彼所攝故，一向離故：《述記》説：“‘所聞’因唯彼有性有法之‘聲’，即彼有法‘聲’之所攝。不爲唯同品所攝或唯異品所攝，故成不定。又釋言，‘唯彼有性’者，即‘所聞性’因也，‘彼所攝’者，即‘所聞性’因爲彼有法‘聲’所攝也。”（卷三頁十左至十右）“所聞性”因衹能爲有法‘聲’所具有。《前記》：“此前‘有性’即屬有法，有法不無，名爲有性。”（卷中第九四五頁）“一向離故”是説此因滿足了第一相”遍是宗法性”和第三相“異品遍無性”，而離開了第二相“同品定有性”。“相”即面或邊，因有三個相，或者説有三個面、三個邊，也可以説三個特徵。

【今譯】 外人問：“按理衹有四種因名爲不定因，因爲這四種因於同、異品上都有，‘所聞性’因爲什麼也稱爲不定因呢？”陳那答：“那是因爲同、異品都没有此因。這是由於一個因，假如同、異品都不具有的話，那麼無論以什麼法作爲所立法，此因都是疑惑不定因。‘所聞性’因唯聲所有，爲聲所攝，缺少了‘同品定有性’這一相。”

諸有皆共無簡别因[1]，此唯於彼俱不相違，是疑因性。[2]

【注釋】

這一段繼續講四不定因與不共不定因的區别。

［1］諸有皆共無簡别因”：指諸有立因於同、異品上皆有，這樣就成爲不能簡别異品的因。

［2］“此唯於彼俱不相違，是疑因性”：共因於同、異品上皆有，就叫俱不相違，不共因在同、異品上皆無，就叫俱相違。“此唯”指不共不定。《述記》説：“所言‘唯’者，即簡不共也。”（卷三頁十一左）不共與共因不同，不共是同、異品都與因相違，既把因與同品簡别，又把因與異品簡别。共因通同、異二品，是疑惑不定之因。

《述記》對於“此唯於彼”還作了第二種解釋：“‘此唯於彼’等者，宗有二種：一寬二狹。寬宗者，如云：‘内身無我。’除宗已外，餘一切法悉是無我，故是其寬。狹者，如立‘音聲是常’，除宗已外，即有無常，故是其狹。因亦有二：一寬二狹。寬者‘所量性’‘所知性’等。除此已外更無非所知等故。狹者‘勤勇所發性’或‘所作性’等，除此已外更有‘非勤勇所發性’或‘非所作性’等故。……唯於彼狹宗望同、異二品俱不相違是疑因性。若望彼寬宗云‘内身無我’，此寬‘所量性’因即是正因，或狹因云‘所作性’故亦即正因，非不定攝。今簡寬宗故言‘唯’，又簡狹因故云‘唯’。謂唯此狹宗，其‘所量’寬因即成不定，非於寬宗而成猶豫。又唯此寬因於其狹宗成其猶豫，非彼狹因於彼狹宗、寬宗而成不定也。此共因望寬、狹宗有定、不定，至不共因一向恒是不定而非定也，故有差别。”（卷三頁十一左至十二左）神泰這句話的意思是，寬宗可以由狹、寬二因來成立；狹因可以成立狹、寬二宗；寬因不能成立狹宗。因此其因有定、不定的區别，共因若望寬宗就會一變而成決定正因，望狹宗則爲猶豫因。至於不共因則一律是不定因而不是定因。這就是共因和不共因的差别。

【今譯】　諸有立因於同、異品上皆有，這些因就成爲不能簡别異品的因，除不共不定因外，共因與同、異品都不相排斥，因此是猶豫不定因。

若於其中俱分是有，亦是定因，簡别餘故，是名差别。[1]

【注釋】

這一句由於文字過簡，唐疏便有多種不同的解釋，令後人莫衷一是。

［1］第一種解釋出自《述記》，爲《大疏》所引用，或者説《大疏》之釋與《述記》同出奘師口義，而爲《前記》《後記》所因襲。

《述記》説：“若所立因於不定中同、異品上俱悉分有，不但是不定因，亦是相違及正因也。言‘簡别餘故’者,以所立因不於一分異品轉,故是定因。論如立‘聲常宗,無質礙故因,諸無質礙悉皆是無常,猶如虚空同喻;若是無常即有質礙,猶如瓶等異喻。’以虚空爲同品,以瓶等爲異品,既簡瓶等無常有礙法,故復望虚空爲同喻,故是正因。若望心心法等其因即成相違。”(卷三頁十二左至十二右)

《述記》這段話的意思是,在不定因(後面説到三不定)的第三句同品有並且異品有非有,第七句因同品有非有並且異品有和第九句因同品有非有並且異品有非有中,都存在同品或異品一分有、一分没有的情況,這稱爲“俱悉分有”。這三句因本來是不定因,但在一定條件下就成爲正因或相違因。這個條件就是“簡别餘故”。什麼叫“簡别餘故”呢?請看神泰所舉之例:

聲常,	宗
無質礙故,	因
諸無質礙悉皆是常,猶如虚空;	同喻
若是無常即有質礙,猶如瓶等。	異喻

這是由第九句因組成的三支比量。同喻未列極微,異喻未列樂等。神泰認爲在這個三支比量中,“無質礙”因是正因。異喻列舉了瓶等無常有礙法,瓶是無常的同品又有質礙,瓶不具有“無質礙”因。這樣,同品虚空有因,滿足了“同品定有性”,異品瓶無因,滿足了“異品遍無性”,因此是正因。神泰用異品瓶無因來解釋“簡别餘故”,似不妥。没有説到關鍵處。在上例中,異品瓶等裡面,還有樂等(心心所),樂等有‘無質礙’,異品一分有因,異喻體不能成立。祇有不考慮,不計較,或者在這異品一分有因根本不存在情況下,“無質礙”因才是正因,也就是説在簡除異品一分有因的情況下才是正因。《述記》説如果以樂等(心心法)爲異品,則此因又成了相違因。這話又未説完整,還得假定同品一分無因,即簡除虚空同品一分有因的情況,使得同無異分有,才是相違因。否則,同品有並且異品也有就是不定因。

《述記》接著説:“謂‘聲是無常宗,無質礙故因,諸無質礙法悉無常,如心心法同喻;若是其常即有質礙,猶如極微異喻。’此三不定,望異品一分無邊即成決定,望異品一分有邊即是猶豫。其不共因於一切宗無有定義,故有差别。”(卷三頁十二右)

其中的實例如下：

聲是無常，	宗
無質礙故，	因
諸無質礙法悉無常，如心心法；	同喻
若是其常即有質礙，如極微。	異喻

神泰認爲假如異品一分（如空，空是常且無質礙）無邊（即没有實例）的話，此因就成爲決定正因。又假如異品一分有邊的話，此因就成爲猶豫因。請注意，這兩個比量所立宗是相違的。不共不定因則無論對哪一個宗都不可能成爲決定正因，因此不共不定因與上述三不定因是有差别的。

對於這後一個三支比量，《大疏》説："今此不定因，望異品一分無邊，可是決定；若望異品一分有邊，即成相違，故是猶預。"（卷六頁二十一右）對此，《前記》解釋説："《理門論》云若於其中俱分至由有相違及正因者，此意即此俱分句除異品一分（樂等心所）即成正因（如立聲常，無質礙故，猶如虛空，如瓶等）；若除同品（虛空一分）即名相違（如法自相相違量云，聲應無常，無質礙故，猶如樂等）；若俱不簡即名不定也。'簡别餘故，是名差别'等者，即與上四差别不同，上四唯是不定，二品俱有不簡别故。今簡異品且言定因，若除同分即相違也。今此第五俱分有所簡别即成正因也。"（卷中第九四六至九四七頁，引文中括弧内文字轉引自《因明論疏瑞源記》卷五頁二十九左至二十九右）《前記》的解釋比《述記》和《大疏》都要完整和清楚。《入論》六不定因過中的第五種稱爲俱品一分轉，即九句因中的第九句同品有非有並且異品有非有，又稱同、異俱有。這第九句因如果簡除異品一分有因，使得同品一分有因、異品無因，就成爲第八句正因；如果簡除掉同品一分有因，使得該因同無、異有非有，就成爲第六句相違因。《前記》認爲這就是經過簡别的第九句因與前四種不定因的差别所在。

對《理門論》原文的第二種解釋也出自《大疏》："或於其中俱分有者，非唯此一。第一、第三、四、五皆名俱分，並有此義。同品、異品名爲俱分，非俱一分名爲俱分。若作後解，攝不定盡。前不共因，無有定義，宜簡别自餘不定因故，是名不定，與餘差别。"（卷六頁二十二右）意思是説"俱分是有"不單指六不定中第五句俱品一分轉，而是還包括六不定中第三同品一分轉、異品遍轉，也包括第四異品一分轉、同品遍轉，甚至包括六不定中的第一，稱爲共。即是説，在九句因中不僅第九句，還包括第一、三、七句。因爲同品和異品都有因就稱爲俱，而不是局限於同品、異品都是各有非有因才叫“俱分是有”。六不定中的一、三、四、五在簡别的情況下都可以是正因或相違因。按照這後一種解釋，就把六不定中除不共和相違決定外的四種不定因都包括進去了。不共不定因同、異皆無因，没有簡别的可能，不可能成爲決定正因，所以與其餘幾種有差别。《大疏》將二解並存，未作取捨。

第三種解釋出自與神泰同時代的文備法師和西明寺的新羅僧圓測。二師認爲，第三、七、九句因祇要把宗上之法改動一下，經此簡别就使原來的因成爲正因或相違因。第四種出自嵩山定賓的解釋是，相違決定的兩個比量，各自是定因。以上各家解釋均見日僧善珠《明燈抄》。

《明燈抄》卷第四末説：“釋此文中，諸説不同。備、測二師約餘三不定因，以釋此文。即九句中……此之三因，並於同品、異品俱分是有義，亦不定因。謂若有立‘聲是勤發，無常(性)因’。此‘勤發’宗，‘瓶等’爲同品。‘無常性’因，於彼遍有。‘電、空’爲異，此‘無常’因，於‘電等’有，於‘空等’無，故是同品有、異品有非有不定因。若有立云‘聲是世攝，無常性故，猶如瓶等’。此‘世攝’宗，‘瓶等’爲同品，‘無常性’因，於彼遍有，‘空等’爲異品，於彼遍無，故是正因。餘二准此，亦成正因，及成違因故與不共及共因，義有差别，望同無異有義，即成相違因，真似交雜，故成不定。賓法師約相違決定以釋此文。若‘於其中者’，若是於其一有法中也，‘俱分是有’，亦是定因。‘簡别餘故’者，兩人各别，‘立同品’者，相對明之，名爲俱分。且如聲、勝……若‘所聞’因，對勝論師，即相違決定中攝；若‘所聞’因，對佛弟子，即不共不定中攝。是名差别義門之異。”(頁三六一)

文備和圓測二師的解釋是，將九句因中三、七、九句共不定因所成的宗進行修改，經過對原宗的簡别便使原來的因相應成爲正因或相違因。不共不定因則不能簡别，因而不能成爲正因或相違因。

對此，《新疏》解釋説：“釋此論文，諸家異説，文備、西明道證粗同。謂此段論，論三、七、九其共，不共於上，論訖爲及，違決非九句故。於同、異品隨應分有，名俱分有，亦是定因，表亦相違。三、七、九因改其宗法，乃成正因，及成相違。且‘勤發’宗改爲‘世攝’，‘無常性’因同有異無，以成正因。爲‘非世攝’，同無異有，卻成相違。‘非勤’亦同。第九‘常’宗，爲‘不可燒’，‘無質礙’因，乃成正因。若爲‘可燒’,成其相違。‘簡別餘者’,謂簡別宗,共因改宗,唯成正因,不成相違。若不共因,正違俱無。”(卷二頁二十一左至二十一右)意思是説將“聲是勤發”宗改爲“聲是世攝”宗,則“無常性”因爲正因,宗爲“聲是非世攝”,則“無常性”因成相違因。第七句“非勤”宗也可以這樣改。第九句“聲常”宗若改爲“聲不可燒”,則“無質礙”因爲正因。若改爲“聲可燒”,則成相違因。“唯成正因,不成相違”與前“乃成正因,及成相違”不合,恐爲“及成相違”之誤。

定賓是用相違決定因來解釋,《新疏》不贊成,認爲非九句因所攝。

以上幾種解釋,前人未有定論,究竟哪一種更符合原意?在這裡是討論九句因,相違決定因可以不論。改宗之説亦難於説得通。因爲宗是爭論的物件,宗確定之後才有因正與不正的討論。爲了説明某個因是正因或相違因而去爲它另外設一個宗,於實際並無意義。《述記》以第九句因爲例,但説明是“三不定”,包括了第三、七兩句。《大疏》第二釋把六不定中除不共和相違決定外的四不定都包括進去,即是把九句因中的第一、三、七、九都算進去。把第一句同有、異有算進去,簡别之後成正因、相違因的話就較爲牽強。相比之下,還是《述記》“三不定”説較爲可取。第九句因同、異皆俱,簡除異品一分有因則爲正因,簡除同品一分有因則成相違因。第三句同有、異俱,若簡除異品一分則成正因,而無相違之説。第七句同俱、異有,若簡除同品一分則成相違因,並無正因之説。至此,我們可以總結“若於其中俱分是有,亦是定因,簡别餘故,是名差别”全句。

【今譯】　假如在九句因的不定因(第三、七、九)中,或者同品、或者異品各有一分有因,祇要相應地對同、異品一分有因的情況加以簡别,原來的不定因就成爲正因或相違因,這就是簡别之因與原不定因之差别。

若對許有聲性是常,此應成因。[1]

【注釋】

這一句是外人的質疑。

[1]　你既然説不共因總是不定因,當聲生論對勝論立量時,雙方都以聲性

爲同品,同有異無,“所聞性”因不就成正因了嗎?

【今譯】 如果(聲生論)對以聲性爲常的(勝論)立論,此“所聞性”因就應成爲正因了。

若於爾時無有顯示“所作性”等是“無常”因[1],容有此義[2]。然俱可得一義相違[3],不容有故,是猶豫因。[4]又於此中現、教力勝,故應依此思求決定。[5]

【注釋】

這一段是陳那答外人問。

[1] 若於爾時無有顯示“所作性”等是無常因:“爾時”指聲生論立量之時。在聲論立量之際勝論如不以“所作性”因來成立“聲是無常”宗。

[2] 容有此義:在聲論對勝論立論而未遭勝論反駁的情況下,“所聞性”因三相俱足,可以容許爲正因。

[3] 然俱可得一義相違:“俱”指聲論立量的同時,各方可得相違的一義,即聲論得“所聞性”成立“常”義,勝論得“所作性”成立“無常”義。

[4] 不容有故,是猶豫因:“常”與“無常”不能共存,因此“所聞性”和“所作性”都是猶豫不定之因。

《莊嚴疏》對不定因過中的相違決定與宗過中的比量相違之差別有過討論。《莊嚴疏》設問:“此與比量相違何異?”自答:“前比量相違但立其宗,即違其因。今立因也,方違其因,故不同也。又但相違決定即比量相違,自有比量相違非相違決定也。”(卷三頁五右)文軌講明瞭二者的不同,比量相違之宗一經提出,無須舉因,即已有宗過。相違決定之二因待提出後才可認其爲不定因。這是二者在立論之際,在思維過程的不同階段才分別出現的宗過和因過。這是《莊嚴疏》指出不定因過相違決定與宗過比量相違之差別的根本點。

但是,“前比量相違但立其宗,即違其因”不好理解。比量相違之宗一定與論敵相違之正宗矛盾,“但立其宗”便已有過。“宗宗相違”應是正違。《理門論》指出“瓶是常”等爲極成比量“瓶是無常”相違義所遣除。《入論》的舉例也是:“比量相違者,如説瓶等。”一舉出“瓶是常”宗,就知道違背了世間共許的比量知識即推理知識“瓶是無常”。不問以何因來證所立之宗，該宗一定爲似宗。可見，此過爲宗違正宗，陳大齊認爲“宗宗相違”才是正違。正宗由正因所證成，比量相違既違正宗，必然與其正因相違。因此，本過兼違正因。《莊嚴疏》“前比量相違但立其宗，即違其因”一句並没有錯，衹是未得正解。

《莊嚴疏》本段答句後半段“但相違決定即比量相違，自有比量相違非相違決定也”不無疑問。既然前面説了二過“故不同也”，怎麽又説“相違決定即比量相違”呢？相違決定過是兩宗、兩因皆滿足因三相，也都不能破斥對方，乃至兩宗皆不定，因而兩因成爲不定因。這與比量相違宗在先有之隨應極成比量宗後面提出，本身一經提出便有宗、因二過根本不同。況且比量相違是宗過，相違決定是因過，不可以説“相違決定即比量相違”。“自有比量相違非相違決定也”似乎是説有的比量相違非相違決定。實際上凡比量相違皆非相違決定。文軌之解又爲窺基所因循。

［5］又於此中現、教力勝，故應依此思求決定：這一句是陳那理勝負。古因明師判定兩個相違決定比量的勝負是仿照下棋的一條規則。在某種特定的棋勢中，先行棋的一方便輸，後下者可取勝。《大疏》説：“古有斷云：‘如殺遲棋，後下爲勝。’”（卷六頁二十四左）陳那則反對以先後分勝負，主張以現、教二量分優劣。《述記》解釋説：“衛世所立‘無常’者是以現、比教力勝故。謂一現量力，世間現見聲是間斷有不聞時。二比量教，所作性是比量教力，故勝。聲論唯立比量教，故劣也。又佛所説亦云‘聲是無常’，佛於一切説教中勝。故衛世勝也。故可依此現、教二勝思求二量，無問前後。縱衛世先立，以現、教勝故理亦是。……又釋，教者至教，即一切世間所有言教，合其理者即是至教。世間現見聲從緣起，猶如瓶、盆，體是生滅，有不聞時，依此現見以發無常至教，故衛世義同此。故‘聲無常’是也。”（卷三頁十三右至十四左）衛世即勝論。勝論之宗有現量即感覺知識和推理知識作依據，比聲論單以推理爲依據要優，因此，陳那認爲，勝論立量即使在前，也應判爲勝。

對《入論》關於相違決定過“此二皆是猶預因故，俱名不定”一句的解釋，窺基《大疏》固然比文軌《莊嚴疏》解釋更有條理，但也不能説軌疏解勝負之説爲基疏所破。有相違決定因過的兩個因之所以被天主稱爲“猶預因”“俱名不定”，《莊嚴疏》用一個總釋和七個問答做了正確解釋。“此二比量雖無餘過，然令證人聽衆不測理之是非。謂彼疑云，一有法上其宗互反，因喻各成，何正何邪？相俱猶豫，名爲不定。”這個總釋已經簡明扼要地講清楚了勝論的“所作性”因對聲論的“所聞性”因都具備三相，能各證自宗，卻令證人和聽衆難斷是非而生猶豫，就同被稱爲不定因。隨後他又用七個問答作分釋，應該説全面解答了《入論》這句原文。其中第三問和第四問性涉及勝負和是非的判定標准。《莊嚴疏》校刊者加旁注爲“大疏六卷二十四左破”。因明立量是要講勝負的。第三問是：“主立賓破理有是非，豈容俱失而無勝負？”答：“前負後勝。”第四問是：“雖分勝負理未必然，多言顯宗，此説何據？”答：“論其勝負一如前辨，理之是非依現教斷。”又答：“此之二因無論前後，若聞現教，此即爲勝；若乖現教，即墮負門；若俱違順，依前後斷。”對二問之答無可指摘。一般而言，古因明斷勝負如殺遲棋“前負後勝”，是非之辨則以是否符合現量和聖言量斷，而不分先後。如雙方俱違現、教，則回到先後之分。

《莊嚴疏》的解答没有問題。再看《大疏》的解釋，強調了“二俱不定攝，故不應分别前後是非”，又引《理門論》“又於此中現、教力勝，故應於此思求決定”，還指出《入論》舉例勝論先聲論後，故“聲強勝論應負”，而《理門》則反是。窺基指出二論舉例差異，没有影響基疏與軌疏之同。總之，不應強調二者之異，即不應認爲軌疏爲基疏所破。

【今譯】 假如在聲論立量之時勝論不以“所作性”因成立“無常”宗，則“所聞性”因可以成立，然而立、敵各可得一因證成相違之宗，由於二宗不能共存，因此二因皆是猶豫不定之因。還主張對相違決定的雙方來説，以符合感覺經驗和世間現有至實可信之説者爲優勝，因此應當依照這樣的標准來思考從而判定勝負。

攝上頌言：
若法是不共　共決定相違
遍一切於彼　皆是疑因性[1]
邪證法、有法，自性或差别，
此成相違因，若無所違害。[2]
觀宗法審察，若所樂違害，
成躊躇、顛倒，異此無似因。[3]

【注釋】

這一段包括三個頌，是對不成因之外其餘似因的總結。

［1］第一個頌應讀成："若法是不共、共、決定相違，遍一切，於彼皆是疑因性。"

其中"法"指因法。"不共"指不共不定因。"共"即共不定因，包括九句因中的第一、三、七、九句，這四句都是同、異品或全有、或分有因。《入論》六不定中的"共"，單指九句因中的第一句同有、異有，與此不同。"決定相違"即相違決定。總計六種不定因。《述記》說："'遍一切'者，如此六種不定遍法界一切諸法也。'於彼皆是疑因性'者，於彼一切諸法，此六法是疑惑不定因。"（卷三頁十四右）無論對於什麼宗上之法來說，若用六不定因來成立，那麼這六種因都是猶豫不定的似因。

［2］這第二個頌是講四相違因。內容涉及四相違，其中除法自相相違外的其他三相違則是前面未說及的。九句因中的四、六兩句是講法自相相違因。有法自相相違因、有法差別相違因、法差別相違因，是前面還未論及的。

邪證：顛倒成立之意。法、有法：即組成宗的法和有法。

自性：即自相，與差別相對。這裡自性與差別的相對即言陳與意許的相對。言陳是語言表示出來的意思，意許是語言沒有表示出來的意義，即意中所許。用語言表示出來的叫自性。意中所許的是言外之意，叫差別。

此成相違因：有法有自相和差別的區分，法也有自相和差別的區分，這樣合成四種。因若與有法自相相違則成有法自相相違因，餘仿此，便有四相違因之說。對於四相違因，《入論》有專門論述。拙著《佛家邏輯通論》有詳細講解。

若無所違害：這一句不好理解，既成相違因，怎麼又說無所違害呢？西明寺的圓測和神泰各提供了一種解釋。

《新疏》說："'若無'一句，西明解云：'無違後宗，成相違因，三、四兩句顛倒置之，梵章有例。'"（卷二頁二十六左）圓測認爲，第二頌的三、四句應顛倒順序。"無違後宗"是說立方所採用的因對後宗即敵方的宗不相違，此因反而對前宗即自家所立的宗有法相違，因此成爲相違因。以有法自相相違過爲例，勝論立量爲：

有性非實，　宗
有一實故，　因
如同異性。　喻

勝論以爲此因三相具足，是正因，但是佛家從旁觀的立場看，“有一實故”不但可證成“有性非實”，還可證成“有性非有性”，所立法“非有性”正好與有法“有性”相矛盾，從這個意義上來説，此因便與有法自相相矛盾。

《述記》説：“若前因法，能邪倒證法自性、差别、有法自性、差别，然不違害宗，如宗五過故，或相違因非宗過也。”（卷三頁十四右）神泰認爲“若無所違害”一句是將相違因過與宗相違過區别開來。“然不違害宗，如宗五過故”似應讀作“然不如宗五過故違害宗”，意思是相違因不同於五種相違宗過直接妨礙了宗的成立。相違因並非宗過，而是因過。

以上二説各有道理，本書傾向於採用後説。

［3］這第三頌又回過來總結九句因中的不定和相違因。

觀宗法審察：“宗法”即因法，觀察立論者之因，對之進行審察。

若所樂違害：“所樂”即立者樂於成立的宗。因不能成立宗統稱違害。

成躊躇、顛倒：使敵者猶豫不定，叫“躊躇”，即爲不定因，“顛倒”即相違因。

異此無似因：除二、八正因外，似因也就是不定和相違兩種似因，不成因也是似因，但在此論域之外。這裡是討論九句因以及不定因中的相違決定因。九句因是討論宗法與同、異品關係。因首先必須是宗法。不成因非宗法，因此不在九句因論域内。

【今譯】　綜上所述，用三個頌來作結：

假如因法是不共不定，或共不定，或相違決定，無論用什麽法作爲宗上之法，以上六因都是不定似因。

假如因法顛倒成立有法自相，或顛倒成立有法差别，或顛倒成立法自相，或顛倒成立法差别，那麽此因便稱爲相違因，而此因對於宗作爲論題的建立並無妨礙（並非宗過，與五相違過直接影響宗的建立有别）。

觀察立論者之因對之進行審察，如果立者樂於成立的宗受到因的違害，那麽其因便成不定因或相違因。除了這兩類過失因外，别無似因。

如是已辨[1]因及似因。喻及似喻,今我當説。[2]

【注釋】

[1] 辨:《證文》及金陵刻經處本均作"辯",依《述記》改。

[2] 這一句承上啓下。喻是因明論式的第三支。本義爲見邊。見邊指凡聖見解一致的事例,是已知的物件,立喻的作用是以這個所見之邊去推宗這個未見之邊,即起到和合已知和未知的作用。古因明以例證爲喻,陳那在例證之外增加喻體。因支體現了因的第一相"遍是宗法性",因的第二、三相是由喻來彰顯的。《述記》説:"邊,梵本云達利瑟咤案多,此正解爲見邊。立因但遍是宗法義顯。同有、異無不彰,令解宗之見不至究竟。今以喻重顯同有、異無二相,令解宗之見至其喻極,故云見邊也。"(卷三頁十五右)《略抄注》也有一頌解釋説:"所説三相因,以善成宗法,次餘二種相,由喻能顯示。"(頁二十七右)也是説因支體現第一相,第二、三相由喻來顯示。

【今譯】 如上所述,已辨析完了正因及似因。下面我要闡述正確的喻和錯誤的喻。

第三節　喻與似喻

1. 同法喻與異法喻

説因宗所隨[1],宗無因不有[2],
此二名譬喻,餘皆此相似。[3]

【注釋】

這個頌是對喻和似喻的概括。

[1] 説因宗所隨:這是説同喻體的構成。同喻下文稱爲同法。《述記》説:"'説因宗所隨'者,即同法喻也。先説其因宗即隨逐,如言'法所作者皆是

無常’,但‘所作性’知處其‘無常性’必定隨知。猶如牛母去處犢子必隨。此意所作性者至瓶等上,其無常性亦必隨至瓶盆等上。故知‘所作性’因成至聲上,其‘無常性’亦來至聲上也。”(卷三頁十五右至十六左)這是說同喻體的組成方式是,先説因法有,再説宗上之法有。由瓶、盆上有所作性則必有無常性,推知聲上有所作性亦必有無常性。

［2］宗無因不有:這是説異喻體的構成。異喻下文稱爲異法。《述記》説:“‘宗無因不有’者即異法喻也。先説宗無後説因無,如言‘法常住者即非所作’。但是無有所立宗處謂虛空等,此所作因必不有此。猶如母牛不行之處犢子不行。此處無有無常宗如虛空等其所作因必定非有。故知音聲有所作因定是無常也。”(卷三頁十六左)異喻體的構成是,先説宗没有,再説因没有。由虛空等處没有無常性則必定没有所作性,推知聲上有所作性定是無常。

［3］此二名譬喻,餘皆此相似:除了這兩種喻之外,其餘都是似是而非的喻。

【今譯】 先説因法,宗上之法必定追隨,宗上之法没有則因法也一定没有,這兩種組成方式便成爲同喻和異喻,其餘所謂喻都是似是而非的。

喻有二種:同法、異法。同法者,謂立“聲無常,勤勇無間所發性故,以諸勤勇無間所發皆見無常,猶如瓶等”;異法者,謂“諸有常住,見非勤勇無間所發,如虛空等”。[1]

【注釋】

這一段舉例説明同法喻和異法喻。

［1］所舉的因是第八句,陳那列出了一個完整的論式:

聲是無常,	宗
勤勇無間所發性故,	因
諸勤勇無間所發皆見無常,猶如瓶等;	同喻
諸有常住見非勤勇無間所發,猶如虛空等。	異喻

同法喻由同喻體“諸勤勇無間所發皆見無常”和同喻依“瓶等”組成,異法

喻由異喻體“諸有常住見非勤勇無間所發”和異喻依“虛空等”組成。在例證之外增設喻體，這是陳那新因明對古因明的革新。

將《理門論》漢譯本與《入論》漢譯本相比較，同、異喻體中兩個“諸”字在《入論》中是兩個“若”字。其實，在玄奘的譯本中，用“諸”也好，不做全稱解；用“若”也好，不作“如果”解。唐疏把“若”和“諸”當一個詞用。湯銘鈞博士曾發現，“若”在梵本的原意是“如同”“像”，是舉例説明，没有假言的意思。我查《漢語大詞典》，“若”既可解作“如同”“像”，還可解作代詞“如此，這樣”，或“這個、這些”，而“諸”除了“全體”的意思外，還有“衆多”之意。在奘譯所用漢語詞“若”和“諸”有多種含義情況下，不能輕易斷定其爲“如果”或“全體”，也不能一見“若”和“諸”就輕易判定三支作法爲演繹論證，因爲其語言表達不等於邏輯形式。更重要的是看其邏輯規則能否保證其爲演繹論證。

唐疏代表作窺基的《因明大疏》不僅揭示同、異喻依（例證）必須除宗有法，更是進一步明言同、異喻體必須“除宗以外”。該疏在詮釋同法喻時説：“處謂處所，即是一切除宗以外有無法處。顯者，説也。若有無法，説與前陳，因相似品，便決定有宗法。”在詮釋異法喻時説：“處謂處所，除宗已外有無法處，謂若有體，若無體法，但説無前所立之宗，前能立因亦遍非有。”用今天的邏輯語言來説，就是“同、異喻體是除外命題”。

【今譯】　喻有二種：同法喻和異法喻。所謂同法喻，（舉例來説）如立“聲是無常”宗，“勤勇無間所發性故”爲因，以“勤勇無間所發皆見無常，猶如瓶等”爲同喻；所謂異法喻，以“諸有常住見非勤勇無間所發，如虛空等”爲異喻。

前是遮詮，後唯止濫；[1]由合及離比度義故[2]。

【注釋】

［1］前是遮詮，後唯止濫：這一句是解釋同、異喻。“前”指同喻，“後”指異喻。同喻是“遮、詮”，即亦遮亦詮，遮餘詮此。“遮”同遣，意爲遣除、排除。“詮”是詳細解釋、闡明事理的意思。異喻是遮而不詮，衹起到止濫的作用。

陳那量論的特點之一是概念的構成有其特殊的説法。概念是由“遮詮”的方法構成的。對於“前是遮詮，後唯止濫”一句，《述記》解釋説：“名言但詮共相，不能詮表諸法自相。以自相離言説故。詮共相要遣遮餘法方詮顯此法。如言青遮非黄等方能顯彼青之共相。若不遮黄等，唤青，黄即應來。故一切名言欲取其法要遮餘詮此，無有不遮而詮法也。然有名言但遮餘法更無别詮，如言無青更不别顯無青體也。”（卷三頁十八左）其中“如言青遮非黄等”中的“非”字恐爲誤排。概念（名言）分爲兩類。一類如“青”等，近似邏輯上説的正概念。另一類如“無青”，相當於邏輯上説的負概念。“青”概念的構成或闡述方法是通過“遮黄等”，即遮去黄、紅、白等非青來顯示此青。遮餘詮此，即通過否定一方來表示另一方。“無青”則不同，它所反映的物件不是青這種物件，“無青”除了顯示没有青之外，遮而不詮，别無所顯。可見，所謂“遮詮”，所謂“遮”，不是命題形式，而是屬於概念的範圍。

《述記》緊接上文説：“今同喻云，‘諸是勤勇無間所發’遮‘非勤勇無間所發’，顯‘勤勇無間所發’。‘皆是無常’遮‘是常住’詮顯‘無常生滅’之法。故云前是其遮後是詮也。其異法喻云，‘諸常住’者但遮‘無常’，故云‘常住’不欲更别詮‘常住’。即‘非所作’但欲遮其‘所作’不别詮顯‘非作’法體。此意但是‘無常’宗無之處皆‘無所作’，但是止濫而已，不欲詮顯法體，故言後爲止濫也。”（卷三頁十八左至十八後）這一段是用概念的遮詮理論來具體解釋同、異喻的組成方式。在同喻體“諸勤勇無間所發皆見無常”中，“勤勇無間所發”以及“無常”都和“青”一樣，是正概念，先遮而後詮；在異喻體“諸常住者見非勤勇無間所發”中（《述記》誤將《理門論》“非勤勇無間所發”改爲“非所作”，但不妨礙對異喻的解釋），“非勤勇無間所發”和“常住”與“無青”一樣，相當於邏輯的負概念，唯遮不詮。文軌《莊嚴疏》也有一段與之完全相同的解釋。“常住”概念雖然没有使用否定詞，但它在這裡所起的作用仍相當於一個負概念，它祇遮了無常，而未詮顯自己是什麼。同樣，“非勤勇無間所發”也是一個負概念，唯遮不詮。

［2］由合及離比度義故：這一句是説同、異喻證宗的不同方式。《述記》説：“由同喻合本宗、因而比度故，故是遮而得詮，以本宗、因是遮詮故。由異喻但欲離本宗、因而比度故，故唯止濫，不欲别有詮表也。”（卷三頁十八右）“合”指同喻先説因，宗後隨逐，因、宗雙合也即《入論》所説“隨同品言”。“離”指異喻先離宗後離因，先説宗無後説因無，用《入論》的話説是“遠離言”。異喻體先説宗異品，後説因異品。宗上之法没有的地方因法也不出現。“比度”是類推。

“義”指宗義。同喻和異喻分别是通過合、離來助因成立宗義的。

【今譯】　在喻支中先行陳述的同喻,其概念的組成是既遣除了矛盾概念,又解釋、闡明了自身,而在喻支中後面陳述的異喻,其概念的組成衹是遣除相應的矛盾概念,並未解釋、闡明自身。同喻是通過宗、因相合來助因證宗,異喻則是通過既遠離宗又遠離因來推論宗的。

由是雖對不立實有太虛空等,而得顯示無有宗處無因義成。[1]

【注釋】

這一句是説異喻依可以是無體概念,即可以是不真實或不存在的物件。

[1]　同喻依不能缺少,缺少了就不能滿足因第二相。異喻依衹是起止濫作用,允許缺無。因此,即使對於不承認虛空爲實有的小乘經量部來説,以虛空爲異喻依,仍能顯示異品遍無因。正如《述記》所説:“此顯立一切義對一切宗皆有異法喻也。由如上解異法喻意故,雖對經教等不許有彼太虛空性,然以虛空爲異喻,而得顯爾但無宗處亦如龜毛等無因義,成爲異法喻。不必要取有體爲異法喻。”(卷三頁十八右至十九左)龜毛、兔角是實際生活中没有的事物,即使以它們爲異喻依,也不妨礙異喻體的建立,異喻依不管是有體還是無體,即不論真實與否,不論共許還是不共許,都能起到止濫的作用,可以顯示宗無之處因不隨逐。

【今譯】　正是由於異喻衹能起到止濫的作用,因此即使是對不承認虛空實有的小乘經量部來説,也可以把虛空作爲異喻依,同樣能顯示宗無因不有的道理。

“復以何緣,第一説因宗所隨逐,第二説宗無因不有,不説因無宗不有耶?”

【今譯】　外人又問:“是什麽緣故,先説的同喻體是‘説因宗所隨’,後説的異喻體是‘宗無因不有’,而不説成‘因無宗不有’呢?”

"由如是説能顯示因同品定有、異品遍無,[1]非顛倒説[2]。"

【注釋】

這一句是陳那解答外人的疑問。爲什麽不能用"因無宗不有"來述説異喻體呢?

[1] 陳那的答語"由如是説"包括"説因宗所隨"和"宗無因不有"兩句,因爲單有異喻是不能顯示因的"同品定有性"的。舉得出正確的同喻依才真正是滿足"同品定有性"的標誌。

古今對"能顯示因同品定有、異品遍無"有兩種讀法。第一種讀法是把其中的"因"與"同品"分開,意思是能顯示因三相中的第二相同品定有和第三相異品遍無。第二種讀法是"因同品"三字連讀,意思是能顯示"因同品一定有宗同品"和"宗異品遍無因同品"。這兩種讀法的含義是有區别的。第二種讀法除了説"因同品一定有宗同品",而不是猶豫不定外,還有一層意思就是説"所有的因同品都是宗同品"。因此第二種讀法的含義不同於第一種讀法的含義。但是,此一讀法又多少有一些同語反復之嫌。第一種讀法則是説能顯示因的"同品定有性","同品定有性"是説宗同品定有因,至少有一個宗同品有因,具有邏輯特稱命題的含義。在主項存在的情况下,即舉得出正確的同喻依時,從"凡因同品都是宗同品"能推出"有宗同品是因同品",但不能從後者推出前者。

"説因宗所隨"即使能"顯示""同品定有性",也不能説"同品定有性"就等於同喻體。

文軌《莊嚴疏》對《入論》"若於是處顯因同品決定有性"一句的解釋,是將"因同品"三字連讀的。文軌説:"'處'謂有法,'顯'謂顯説,'因'者,謂即遍是宗法因,'同品'謂與此因相似,非謂宗同名同品也。'決定有性'者,謂決定有所立法性也。此謂隨有有法處,有與因法相似之法,復決定有所立法性,是同法喻。"(卷一頁二十二右)窺基《大疏》的解釋與此相同。文軌、窺基都主張同喻體的組成是先説因同品後説宗同品,即所有的因同品都決定有宗同品。《入論》這一句是解釋同喻體的組成,而《理門論》這一句是説這種組成方式能顯示後二相。二論兩句顯然不能等同。

吕澂和巫白慧將《入論》此句奘譯和梵文原本作了對比,認爲奘譯在此作了改動。再則,《入論》究竟不能完全代替《理門論》。由於《理門論》梵本不存,奘譯對於《理門論》這一句有無創造性的改動,不得而知,衹能存疑。

[2] 非顛倒説：同、異喻的組成不能顛倒過來説。如果把同喻體説成"諸無常者皆勤勇發",就有問題,因爲電是無常的同品,但是電卻没有勤勇發因。如果把異喻體説成是先因無後宗無,也有過失。依上例異喻爲"諸非勤勇所發即是常者",電等雖然是非勤勇所發,但不是常者,因此把異喻説成"諸非勤勇所發即是常者"不成立。

神泰的《述記》是唐疏中僅存的一本《理門論》疏記。神泰取第一種讀法："由如是二喻先後不同説故,便能顯示勤勇因同品上有、異品遍無,故非顛倒説。"(卷三頁十九右)此釋或許就是記述奘師的口義。本論後文中還有兩處論及同、異喻顯因第二、三相,可助此釋。

【今譯】 由於這樣説能顯示因相同品定有和異品遍無,而不能顛倒過來説。

又説頌言：
應以非作證其常,或以無常成所作,[1]
若爾應成非所説[2],不遍、非樂等合、離。[3]

【注釋】

陳那又以四句頌文來解釋同、異喻體如果不按"説因宗所隨,宗無因不有"會有什麼過失。

[1] 應以非作證其常,或以無常成所作：這是外人主張的同、異喻體的組成方式。異喻爲"諸非作者皆是常故",同喻爲"諸無常法皆是所作故"。

[2] 若爾應成非所説：如果照這樣來組成同、異喻體,那麼能立因、喻所能成立的就不是立者本來要成立的宗了。對於異喻體,《述記》説:"若如此者即應成立非汝根本所説'無常'之宗,自别成立'常住'爲宗,故云'應成非所説'。又'空常住'立、敵俱許,何須成立?若成立者即應'成非所説宗'。"(卷三頁二十左)對於同喻體,《述記》説:"若如此者即應成立非汝根本所説'無常'之宗,自别成立'所作'爲宗,故云'若爾應成非所説',又'瓶所作',立、敵俱許,何須

成立？若成立者即‘應成非所説宗’。”(卷三頁二十右)

［3］不遍、非樂等合、離：這一句是説以第八句因組成同、異喻體，如果顛倒順序，那麽也衹能成立非立方所樂之宗。先來解釋“等合離”。《述記》説：“‘合’即同喻，‘離’即異喻，‘等’即類也。若汝外人言以合彰離，先宗後因，以離彰合，先因後宗者，前之二句文答所作遍因，復有四字文答勤勇無間所發不遍因也。”(卷三頁二十左)按異喻的順序來組成同喻，按同喻的順序來組成異喻，叫“等合、離”。頌的前兩句講的是第二句因即“所作”因。第二句因是同品有、異品無，因此稱爲“所作遍因”。“復有四字”指“不遍、非樂”，這四個字是用來説以第八句因“勤勇無間所發”組成“等合、離”的同、異喻，也非立者所樂。爲什麽説此因爲不遍呢？第八句因是同品有非有並且異品非有，因此是不遍因。“以合彰離”是把合即同喻顯明爲離即異喻，“以離彰合”是説把異喻顯明爲同喻。

《述記》還説：“言‘不遍、非樂’者，此辨‘非勤勇無間所發性’因。言‘不遍’者，‘非勤勇所發’因寬，‘常住’宗狹，此宗不遍因，故言不遍。又‘無常’寬，‘勤發’應爲狹，宗不遍因，故云‘不遍’。若以離類合，先因後宗者，即應以‘非勤勇無間所發’證其‘常住’；若以合類離，先宗後因者，即應以‘無常’成‘是勤勇無間所發’。若如此爾‘應成非所説’也。”(卷三頁二十一左)“以離類合”是説按照同喻體來組織異喻體，“以合類離”是説按異喻體來組織同喻體，其結果是出現兩個問題。一是“不遍”，如電等是非勤勇無間所發，但電等不是常，同樣，電等是無常，但並非勤發。二是“非樂”。以“非勤勇”證“常”和以“無常”證“所作”，都是立方所不樂爲的。

【今譯】 又以頌文來概括(如果顛倒異喻和同喻的敘述順序)，便成爲以“非所作”來證“常住”，或者以“無常”來證“所作”，照這樣來組織喻體，那麽所成立的便不是原來所要成立的對象，以第八句不遍因來組成顛倒的同、異喻體也會證成非所樂的對象。

2. 似喻

如是已説二法合、離，順、反兩喻，餘此相似是似喻義。

【今譯】　如此已經述説同喻合作法和異喻離作法,同喻順成和異喻返成。除這兩種由合、離和順、返組織起來的同、異喻外,其餘相類似的都是有過失的喻。

何謂此餘?

【今譯】　其餘的指哪些?

謂於是處所立、能立及不同品,雖有合、離而顛倒説。[1] 或於是處不作合、離,唯現所立、能立俱有、異品俱無。[2] 如是二法或有隨一不成、不遣,或有二俱不成、不遣。[3] 如立"聲常,無觸對故"。同法喻言,"諸無觸對見彼皆常,如業,如極微,如瓶等"。[4] 異法喻言,"謂諸無常見有觸對,如極微,如業,如虚空等"。[5] 由此已説同法喻中有法不成,謂對不許常虚空等。[6]

【注釋】

這一段是陳那答外人問。列舉似喻的種數和名稱。似喻包括兩類:一是似同法喻,二是似異法喻。每一類各有五種,共有十種。似同法喻和似異法喻在喻體上各有兩種過失,在喻依上各有三種過失。

[1] 謂於是處所立、能立及不同品,雖有合、離而顛倒説:請注意,這裡的"不同品"即指宗、因異品。這一句是緊接前面所説"等合、離"的喻過。"是處"指有法,這裡的有法是泛指,非宗上有法,有法是體,體上有義稱爲法。這裡的有法是指同喻依瓶等和異喻依虚空等處。"所立"指所立法即宗上之法,"能立"指因法。"不同品"指異品,包括宗異品和因異品。本來在同喻依上既有所立法和能立法,由這兩種法組成同喻體必須先因後宗,先説能立法,後説所立法,但是如果不這樣説,而是顛倒過來就成爲似喻,《入論》稱爲"倒合"。異喻依上既無所立法又無能立法,即遠離所立法之處也沒有能立法,如果不是按照宗無因不有來組織異喻,也成爲有過失的喻,《入論》稱爲"倒離"。

[2] 或於是處不作合、離,唯現所立、能立俱有、異品俱無:在喻支中祇列出同喻依和異喻依,而不陳述同喻體和異喻體,《入論》稱前者爲"無合",稱後者爲"不離"。同法喻體的作用是表明除宗有法(如聲)以外,所有因同品(如所

作)都是宗同品(如無常)。説因,宗必隨逐,這雖然不是毫無例外的普遍原理,但陳那新因明論式中有了這個同喻體,卻大大提高了推理的可靠程度。無合這種喻過衹是在同喻依上顯現所立、能立俱有,即同喻依既是宗同品,又是因同品,如古因明師説瓶上有無常性,又有所作性,而没有把因同品與宗同品之間的關係表現出來。異法喻體的作用是表明除宗以外,没有所立法就不會有能立法。宗無因不有,是把宗異品與因同品分離開來,以表明有宗異品處一定没有因同品。不離這種喻過衹是在異喻依上顯現所立、能立俱無,即異喻依既是宗異品又是因異品,如古因明師説虛空上有常性和非所作性,使人衹看到常性和非所作性的聯合,而没有顯現常性和所作性的離絶。不離之所以被陳那視爲過失,是因爲異法喻體體現了因的第三相"異品遍無性",不離這一過失没有體現"異品遍無性"。倒合、倒離、無合、不離是出現在喻體上或者缺少喻體的過失。以下六種是喻依的過失。

[3] 如是二法或有隨一不成、不遣,或有二俱不成、不遣:這一句是述説同法喻和異法喻這兩種法各有三種過失。"隨一不成"是指同法喻中的同喻依或者缺所立法,或者缺能立法。隨一不成包括所立法不成和能立法不成兩種過失。"不遣"是"隨一不遣"的省略説法,包括所立不遣和能立不遣兩種過失。異法喻必須與宗、因相離,離不開所立法叫所立不遣,離不開能立法叫能立不遣。異喻依或者有所立法而無能立法就有所立不遣過,或者無所立法而有能立法就有能立不遣過。如果同喻依既無所立法又無能立法就稱爲"二俱不成",如果異喻依既有所立法又有能立法就稱爲"二俱不遣"。

[4] 如立"聲常,無觸對故"。同法喻言,"諸無觸對見彼皆常,如業,如極微,如瓶等":這一句是關於同喻依第三種過失的實例。對"聲常"宗和"無觸對"因來説,同喻依"業"有所立法不成。業指動作,動作有無觸對性,但非常住,不具有所立法。宗、因同前,若以"極微"爲同喻依,則極微没有無觸對性,而有常住性,故有能立法不成過。宗、因亦同前,若以"瓶"等爲同喻依,則瓶既無所立法常性,又無無觸對性,故爲俱不成過。

[5] 異法喻言,"謂諸無常見有觸對,如極微,如業,如虛空等":這一句是舉出異喻依上出現的三種過失的實例。極微是常住,未遣除所立法"常"。極微雖是極小的物質單位,仍有觸對,即能成立法"無觸對"無,故異喻依有所立不遣過。宗、因同前,若以"業"爲異喻依,業是無常,遣除了所立法"常",但業

無觸對，未遣除能立法，故有能立不遣過。宗、因亦同前，如以虛空爲異喻依，虛空既是常住，又無觸對，所立、能立都不相離，故有俱不遣過。

［6］由此已説同法喻中有法不成，謂對不許常虛空等：這一句是對上句以虛空爲異喻依有俱不遣過所作的補充説明。虛空既不遣常，又不遣無觸對，它既是常又是無觸對，實際上是同喻依。但是，把虛空作爲同喻依，如果對方又恰好是小乘經量部無空論者，他們不承認虛空實有，就會產生有法不極成的過失。這裡説的有法指與法即義相對的體。本論在前面講同法喻時没有提到以虛空爲同喻依的情況，"由此已説"，已説什麼呢？在前面講正確的異法喻時説到，當宗支爲"聲無常"，因支爲"勤勇無間所發性故"，即使對無空論者，虛空不極成，也可以拿來充當異喻依，也能起到説明"宗無因不有"的作用。

【今譯】 在有法（同、異喻依）上所體現的所立法（宗同品）、因法（因同品）以及宗異品、因異品，雖然由同喻體表現爲合，由異喻體表現爲離，但是顛倒了同喻體的先因法、後宗法的順序，顛倒了異喻體的先宗法無、後因法無的順序（就有倒合、倒離的過失）。或者在同、異喻處不陳述合作法的同喻體和離作法的異喻體，衹是通過同喻依顯示能立和所立都有，衹是通過異喻依顯示俱無所立、能立。在這兩種同、異二喻上，或者同喻依有隨一不成（要麼所立法不成，要麼能立法不成）過和異喻依有隨一不遣（要麼所立法不遣，要麼能立法不遣）過；或者同喻依有俱不成（既有所立法不成又有能立法不成）過和異喻依有俱不遣（既不離所立法又不離能立法）過。例如立量爲"聲常，無觸對故"。同法喻爲"諸無觸對見彼皆常，如業（所立法不成）；如極微（能立法不成）；如瓶（俱不成）"。異法喻爲"諸無常見有觸對，如極微（所立不遣）；如業（能立不遣）；如虛空（俱不遣）"。（對於虛空爲異喻依）此前已説明（即使對不承認虛空實有的無空論者立量，虛空無體也是合適的異喻依，能起到説明"宗無因不有"的作用），在同法喻中，對不許虛空爲實有的無空論者來説，以虛空爲同喻依便有有法不成之過。

3. 二喻與因三相

爲要具二譬喻言詞方成能立，爲如其因但隨説一？[1] 若就正理應具説二,由是具足顯示所立不離其因。[2] 以具顯示同品定有、異品遍無,能正對治相違、不定。[3]

【注釋】

這一段是説一個完整的論式應具有同、異二喻。

[1] 爲要具二譬喻言詞方成能立,爲如其因但説隨一:根據《大疏》的解釋,這是一句問話。兩個"爲"作"是"解。《大疏》説:"此問二喻,爲要具説二,方成能立,成所立宗,爲如所作、勤勇二因,但隨説一,即成能立,成所立宗?"(卷四頁十五右)這句問話是問,是要同、異二喻一併陳述才能充當能立呢,還是如同所作、勤勇二正因一樣,衹是隨不同情況而説其一?

[2] 若就正理應俱説二,由是具足顯示所立不離其因:這一句是陳那答問。"正理"指因明的論式。意思是説,就因明論式的完整性來説,應當同、異二喻雙陳,由此才能充分地顯示宗、因的不相離關係。衡於邏輯,一個正確的論式,同喻依不能是空類,因爲空類就不滿足"同品定有性",而異喻依可以是空類,因此,從異喻體推不出同喻體。同喻體説(除宗有法以外)凡因法都是同品,可以推出(除宗有法以外)凡異品都不是因法,可見同喻體可以推出異喻體。同喻斷定的内容比異喻斷定的内容更多。同喻必不可少。同喻不僅體現了因的第二相,而且體現了第三相。

[3] 以具顯示同品定有、異品遍無,能正對治相違、不定:陳那繼續答問。由於異喻體和"異品遍無性"的邏輯形式一致,因此在喻支上雙陳同、異二喻,就能全面地、明白地顯示因的第二相和第三相,就能正確地防治相違過和不定過。

可見,在邏輯論式方面,陳那因明與後起的法稱因明有根本不同。陳那衹承認一種正確的三支作法,其喻支由同、異喻組成,同、異喻都是組成真能立的必要成分。法稱因明主張論式有兩種:同法式和異法式。同喻可與宗、因組成同法式,異喻可與宗、因組成異法式。

兩種論式有差别顯而易見,這種差别是根本性的呢,還是無關緊要的?按照陳那的標准,單採用同喻或單採用異喻的論式是有過失的,屬於缺減過。陳那認爲,單用同喻與宗、因組成論式不全面,單用異喻與宗、因組成論式問題更大。他曾在破數論派的其他著作中充分闡明,數論的論式衹有異喻而無同喻是投機取巧的似能立。

陳那認爲,同喻順成、異喻返顯才是文義完善的論式,與數論衹説異喻來取巧立論從而别生决定解是不同的。他説在破數論的著作中自己已廣泛揭示其過失,因此在本論中就不再討論旁及的内容了。

陳那對三支論式的組成有嚴格的規定,不允許更改,否則便有過失。法稱在論式上將三支作法拆成同法式和異法式,嚴重違反了陳那的規定,用陳那因明的標準來衡量,便有缺減過和自教相違過。法稱在《正理滴論》中偏偏取消了陳那關於宗之五相違過中的自教相違過。可見,他立同、異二法式是明知故犯,無異於宣佈他自己的學説有違自教。可以説,法稱因明創建了全新的因明體系,從根本上改造了陳那因明。

【今譯】 "同、異二喻是要一併陳述才有證宗的功能呢,還是如同所作、勤勇二因衹要説出其中之一就可以成爲能立?""如果從論式的完整性來説應當同、異二喻雙陳,由此才能充分顯示宗、因的不相離關係,從而全面地、明白地顯示因的第二相和第三相,就能方便地檢查並糾正相違過和不定過。"

若有於此一分已成,隨説一分亦成能立。[1]若如其聲兩義同許,俱不須説,或由義准一能顯二。[2]

【注釋】

前面陳那解釋了作爲論式本身有同、異二喻才算完整,這一段是説立量之際根據不同的情况可以有所省略。

[1] 若有於此一分已成,隨説一分亦能成立:這是説敵、證等已經理解了同喻一分,則衹要説異喻一分即可,或者敵、證等已經理解了異喻一分,則衹要陳述同喻一分即可。《大疏》説:"謂於二喻,有已解同,應但説異,有已解異,應但説同,不具説二亦能成立。"(卷四頁十六左)

[2] 若如其聲兩義同許,俱不須説,或由義准一能顯二:這一句説的是省略同、異喻的另外兩種情况。《大疏》解釋説:"'聲'謂有法,'所作性'因,依此'聲'有,若敵、證等聞此宗、因,如其'聲'上兩義同許,即解因上二喻之義,同、

異二喻俱不須説,或立論者已説一喻,義准顯二。敵、證生解,但爲説一。此上意説二俱不説,或隨説一,或二具説,隨對時機,一切皆得。”(卷四頁十六左)《後記》:“‘若如其聲兩義同許’者,此中意説立、敵相對祇舉總聲,聲上有無常義、所作義名爲兩義,立、敵俱許聲有無常及以所作,更不煩舉同、異二喻。”(卷中第0030頁)又説:“‘或由義唯(准)一能顯二’意者,聲上俱舉有所作性因即義准解同、異二喻也。”當立方一舉出爲敵、證所共許的“所作性”因,敵、證根據“所作性”因就領悟到了“聲是無常”的真實性。既然宗、因二義已爲立、敵雙方共許,説明二喻之義已明瞭,這樣,同、異二喻就可省略不説了。針對不同的情況,在立量時,同、異喻都不説,或者祇説其一,或者二喻雙陳都是可以的。

【今譯】 如果敵、證對於同、異二喻已經了悟其中之一,則祇要説另一種也可稱爲能立。如果敵、證聽到“聲是無常”宗和“聲是所作”因義,便接受了“聲是無常”宗義,那麽同、異二喻就可不必説了,或者説立方説出因義一分便能順推出同、異二喻。

又比量中唯見此理[1]:若所比處此相審定[2],於餘同類念此定有[3],於彼無處念此遍無[4]。是故由此生決定解[5]。

【注釋】

這一段講正因的三條規則即因三相及其作用。特别值得注意的是,在第二相的陳述中,有一個“餘”字,表明第二相“同品定有性”和第三相“異品遍無性”都是除宗有法的。

[1] 又比量中唯見此理:這裡的比量,不僅指八門中的自悟門比量,還應包括悟他門中的能立和能破。在一個正確的比量中,祇有因三相是正確的規則。

[2] 若所比處此相審定:《大疏》對此作注説:“‘遍是宗法性’也。”(卷四頁十八右)“所比”即宗有法。“此相”指宗法因相。“審定”二字在有的本子中作“定遍”(引自《瑞源記》注釋,卷四頁三左),《新疏》就是作“定遍”(卷二頁三十八)。陳那在《集量論》中説:“如是於顯宗法性義中説因言。”(《略抄注》,頁二十九右)明確解釋因支就體現了第一相。此“宗法性”即宗上有法之法性。

吕澂在譯文中加注説:“因是宗有法中一分義,爲宗法性。”可見,有的研習者單單根據“宗法性”三字就輕率斷言第一相的邏輯形式相當於同喻體(黄志强《佛家邏輯比較研究》,香港:新風出版社2002年版,第85頁),是完全違背文獻的誤解。這一誤解牽一髮而動全身,把陳那整個因明體系全搞亂。

[3] 於餘同類念此定有:“於餘”是宗有法之餘。“同類”即同品,指與宗上之法即所立法相同性質的對象。《大疏》對本句作注説:“‘同品定有性’也。”(卷四頁十八右)陳那明確闡述“同品定有性”中的同品是除宗有法的。智周《後記》解釋了爲什麼第二、三相有一“念”字,而第一相不説“念”,這是因爲衹滿足第一相,敵方還不能接受宗,等到説出二喻令敵憶念起證宗的理由,敵方才生起正智,因此第一相不説“念”字(卷中第30頁)。

在梵、漢、藏、英文本對勘研究中,湯銘鈞博士曾發現意大利著名學者杜齊用英語將《理門論》轉譯時,就漏譯了因的第二相“於餘同類,念此定有”中那個關鍵詞“餘”。這位享譽世界的因明大家稍有不慎就與“同、異品除宗有法”擦肩而過。又如,前文提到,湯博士發現吕澂先生把同、異喻體上的“若”解作假言的“如果”是一誤釋。

《集量論》因循《理門論》的習慣,在給同、異品定義下定義時仍未明言同、異品除宗有法。

二論有一共同點,在討論因後二相與同、異喻體的關係時完整表述的因三相都强調同、異品須除宗有法。《集量論》説:“於所比事,定取此因已,次念餘法彼同類有,無則非有,引生定解。”

“次念餘法彼同類有”,這是表述第二相,也特别加了“餘”字。就是强調同品爲所比即有法之餘。“於彼無處念此遍無”“無則非有”是説第三相,二句於異品上均未加“餘”字,但皆隨順同品除宗有法。這也符合佛教論書寫作的慣例。

[4] 於彼無處念此遍無:《大疏》解釋説:“‘異品遍無性’也。”(卷四頁十八右)“彼”指所立法。“彼無處”即異品,意即除宗有法以外無所立法的一切對象。這第二、三兩相的表述都表明同、異品是除宗有法的。可見,有的著作批評陳那關於同、異品不除宗有法與《理門論》體系矛盾是攻其一點不及其餘,是没有根據的。

有人認爲,陳那因三相没説異品也要除宗有法,批評我們對因的第三相解釋過多。爲此,湯銘鈞博士根據《集量論》藏譯(金鎧譯本)對應文句作了漢譯:

“而且在比量中,有如下規則被觀察到:當這個推理標記在所比(有法)上被確知,而且在別處,我們還回想到(這個推理標記)在與彼(所比)同類的事物中存在,以及在(所立法)無的事物中不存在,由此就産生了對於這個(所比有法)的確知。”湯博士解釋説,兩個藏譯本都將“别處”(gźan du/gźan la,anyatra)即“餘”作爲一個獨立的狀語放在句首,以表明無論對“彼同類有”還是“彼無處無”的憶念,都發生在除宗以外“别處”的範圍内。藏譯力求字字對應;奘譯則文約而義豐,以“同類”(同品)於宗有法之“餘”來影顯“彼無處”(異品)亦於餘。兩者以不同的語言風格都再現了陳那原文對同、異品都應除宗有法的明確交代。(詳見湯銘鈞、鄭偉宏《同、異品除宗有法的再探討——答沈海燕〈論除外説〉與鄭偉宏教授商榷》,《復旦學報》2016 年第 1 期)窺基《大疏》就説過,佛經向有“互舉一名相影發故,欲令文約而義繁故”之慣例。

[5] 是故由此生決定解:“是故”與“唯見此理”呼應,以上三條是正因的條件,遵守這三條規則便能産生確定的解悟。“生決定解”被有的著作判定爲演繹論證的同義語。這是將自己的主觀臆想加到陳那頭上。不錯,陳那當然是認爲,遵守了因三相規則,其因便成爲正因,其因便定能自悟或悟他。在陳那看來,一個因祇要滿足了這三條,便可以約定俗成,便能確定宗能成立。但是陳那本人並没有説因三相就是證宗的充分條件,他頭腦中還没有演繹推理的概念,也不可能説這就是演繹論證。退一步説,即使陳那本人説這就是演繹論證,我們也不能人云亦云,而必須用邏輯的格加以衡量。值得指出的是,就在陳那的因明體系内,相違決定的兩個因,雖然都三相具足,但是都不能生決定解,都是不定因。其次,第五句因衡於邏輯,作爲等詞推理本來有演繹性質,由於同、異品除宗有法,變成了不共不定因。再次,一種特殊的詭辯反倒成了滿足因三相的正確的三支作法。例如:

水銀是固體,
金屬故,
凡金屬是固體,如銅;
凡非固體是非金屬,如水。

金屬類中有一特例,祇有水銀不是固體,由於同、異品除宗有法,上述比量“證”成了顯然錯誤的宗。這三條都與陳那因明非演繹密切相關。

統觀《理門論》全文,衹有這一處直接講到同、異品除宗有法。湯博士指出,《理門論》的英譯者杜齊(G. Tucci)没有注意到這一點,在翻譯此句時漏掉了"於餘"二字。其因二、三相的翻譯爲:

> ... and we remember that that same characteristic is certainly present in all the notions analogous to that to be inferred, but absolutely absent wherever that is absent(而且,我們念及這同一個推理標記[按:即因]在與所立相類的所有概念上一定存在,而在這些概念不存在的地方絶對不存在). (*The Nyāyamukha of Dignāga*, p. 44)

根據這樣的英譯,顯然無法對陳那因明體系做出正確的評價。還有很多論著在討論同、異品和九句因時都承認同、異品除宗有法,但在表述第二、第三相的邏輯含義時,都没有把同、異品除宗有法(於餘)反映出來,這不能不是一個嚴重的失誤。

印度學者維提布薩那(S. C. Vidyabhusana)以及蘇聯學者舍爾巴茨基(F. Th. Stcherbatsky)都用法稱的因三相來代替陳那的因三相,這有違陳那本意。陳那晚期的集大成之作《集量論》也明確規定了第二、三相要除宗有法(法尊《集量論略解》,第 100 頁)。維提布薩那的因三相英文表述爲:

> (1) 小詞的全體都要與中詞相聯繫(The whole of the minor term must be connected with the middle term);
>
> (2) 中詞所表示的事物的全體都要是大詞所表示的事物的同類(All things denoted by the middle term must be homogeneous with things denoted by the major term);
>
> (3) 没有任何一個是大詞的異類的事物可以是中詞所表示的事物(None of the things heterogeneous from the major term must be a thing denoted by the middle term)。——*History of the Medieval School of Indian Logic*(《印度中世紀邏輯學派史》, p. 91)

經湯博士的查對,虞愚先生 1936 年出版的《因明學》一書的因三相英文表述即是引自維氏的《印度中世紀邏輯學派史》(見虞愚《因明學》第 12 頁,及其第 114 頁的參考書目)。

【今譯】 在自悟門的推理(爲自比量)和悟他門的論證(爲他比量包括能立與能破)中,衹有因三相是正確的規則:在那所有宗有法上都有因法(第一相"遍是宗法性");在宗有法之外,與所立法同類的物件定有因("同品定有性");在宗有法之外,凡無所立法的物件都没有因("異品遍無性")。根據以上三條因的規則便能産生正確的解悟。

故本頌[1]言:

如自決定已　悕他決定生[2]

説宗法相應　所立餘遠離[3]

【注釋】

這四句頌文是對新因明三支的總結性概括。

[1] 本頌:根本頌。《瑞源記》(卷四頁三右)有注解説,慧沼門人道邑在《義範》中認爲這是陳那引用足目所造之頌,慧沼門人智周在《前記》中也説這是足目所造根本之頌,日人音石明詮則認爲此頌出自世親《論軌》。以上説法不足爲訓。據智周在《後記》中所説,他本人連足目是外道還是内道也都没搞清楚。足目采用的是五分作法,而此頌衹説三支,這是陳那新因明不同於古因明的一大特點,因此本頌應爲新因明的代表作《理門論》的根本頌。

[2] 如自決定已,悕他決定生:這兩句分别説爲自比量和爲他比量。《大疏》説:"此説二比:一自,二他。"(卷四頁十八右)接著又説:"自比處在弟子之位。此復有二:一相比量,如見火相煙,知下必有火;二言比量,聞師所説,比度而知。於此二量,自生決定。他比處在師主之位,與弟子等其比量,悕他解生。"爲自比量是立論者的求知過程,因此説"處在弟子之位"。自己解悟之後轉教他人,也可稱爲老師,因此爲他比量"處在師主之位"。"悕"本作悲傷解,引申爲憐憫他人。《略抄注》作"欲他決定生"(頁二十九右)。"悕"相對於"欲",因此可作希望解。

[3] 這兩句應標點爲"説宗法、相應、所立,餘遠離",是説一個論式包括因、喻和宗三支,此外没有其餘支分。"説宗法"指因支,因法是宗上有法之法,"相應"指同、異喻,"所立"爲宗。"餘遠離",指其餘的不在論式之列。這是新

因明三分與古因明的五分的不同之處。

【今譯】　因此根本頌説：如果通過爲自比量達到自悟，便想用爲他比量使敵、證解悟，衹要根據因和喻去證成宗義即可，除此三分以外便無其餘支分。

爲於所比顯宗法性，故説因言；[1]爲顯於此不相離性，故説喻言；[2]爲顯所比，故説宗言。[3]於所比中除此更無其餘支分[4]，由是遮遣餘審察等及與合、結[5]。

【注釋】

這一段仍是對頌文後二句作解釋，説明宗、因、喻三支是一個論式的必要成分。

[1]　爲於所比顯宗法性，故説因言：爲了顯示因是所比即宗有法之法性，因此説因支。因支就是第一相的體現。

[2]　爲顯於此不相離性，故説喻言：此句在《略抄注》中作"顯於所比不相離性義中説喻言"，吕澂加注説："所比有法及法爲宗。"（頁二十九右）可見"此"即"所比"，但此所比非宗有法，而是宗之法（謂項）。全句意爲，爲了顯示因與宗法的不相離性，因此要説喻支。

[3]　爲顯所比，故説宗言：在這一段中，所比是個多義詞，既指宗有法，又指宗後陳法，又指有法與法共同組成的宗體。這一句中的"所比"即指宗體。爲了顯示論證的對象，因此要説宗支。

[4]　於所比中除此更無其餘支分：在《略抄注》中相應的一句作"唯此（宗、因、喻）諸分能（成）比（量），更無其餘"（頁二十九右）。全句意爲，爲了論證宗義，除宗、因、喻三支外不需其他支分。

[5]　由是遮遣餘審察等及與合、結"：外道、小乘及古因明師在立破之前要加審察支，對所立之宗先行審定，即確定論題和論據。這些審察支作爲論辯的准備工作是必要的，但不是比量論式的必要成分，因此陳那認爲要將審察支等以及古正理、古因明五分作法中的合支和結支都遣除。在嵩岳定賓的疏文中有審察支的實例。嵩岳疏云："外道、小乘及古師等於立破前加審察支，審察支審定宗徒。且如審彼聲論師云：'汝立聲爲常耶？'……聲論答云：'如是'。佛法

反定他宗云:‘汝何所欲? 汝豈不見聲是無常,所作性故,如瓶等耶?’聲論答云:‘不爾。聲是常住,無解(觸)對故,譬如虛空。’如是審定方乃觀察定不定過。佛法自知比量因定,復知聲論因中不定,從此方得説彼因中不定過失。如是審察立之爲支,陳那所造《集量論》中破此繁立云:‘由汝父母生汝身故,方能立義,或由證義及牀座等方得立論,豈並立支耶?’”(引自《瑞源記》卷四頁四左)窺基《大疏》又補充説:“立者智生,望他宗智,皆疏遠故,尚非能立,况餘法耶?”(卷四頁十九左至十九右)在陳那看來,審察不過是論辯的准備工作,如果也要歸入比量論式中的話,那麼你立論者本人先要父母生出來,才能立義,豈不也要立爲比量之一支嗎? 辯論要有證人參與,證人還要有牀座等坐,是否也要列爲支分呢? 陳那在《集量論》中采用了歸繆反駁。

“餘審察等”中的“等”指什麼呢?《大疏》説:“古師所立八、四、三等爲能立支,皆非親勝,所以不説,故説等言。”(卷四頁十九右)古因明師有八能立、四能立和三能立的不同説法,陳那認爲支分雖多,但勝、劣兼具,並非唯親唯勝,屬於多餘成分,所以略而不陳。《大疏》卷一解釋能立門時對古因明作了介紹。在《瑜伽》《顯揚》中持八能立説:一立宗、二辨因、三引喻、四同類、五異類、六現量、七比量、八聖教量。古師又有説四能立:謂宗及因、同喻、異喻。世親《論軌》等説能立有三:一宗、二因、三喻。世親的論式雖爲三支,而且其論式中有了喻體,但由於不是以九句因爲基礎,因三相也不同於陳那的因三相,因此也屬“不説”之列。

“合、結”:古因明五分作法的合支和結支也屬遮遣之列。吕澂在《因明綱要》中説到五分的實例時作了説明:“五分仿自《正理經》,其源無考,古師諸論列式不一。今勘陳那所破,世親《佛性論》所見,似以正理疏家之式最爲可信,特依據之。”(頁五左)其例爲:

聲是無常,	(宗)
所作性故,	(因)
(下用同喻式)	
猶如瓶等,於瓶見是所作與無常,	(同喻)
聲亦如是,是所作性,	(合)
故聲無常。	(結)
(或用異喻式)	

猶如空等,於空見是常住與非所作,(異喻)
聲不如是,是所作性,　　　　　　　(合)
故聲無常。　　　　　　　　　　　　(結)

從上例來看,合支與因支没有實質性的不同,而結支也就是宗支的重述,把它們删去是很合理的。

【今譯】 爲了顯示宗有法遍有因法,因此要説因支;爲了顯示因法與宗法的不相離關係,因此要説喻支;爲了要顯示立論的物件,因此要説宗支。爲了論證宗義,除宗、因、喻三支外不需要其他支分。由於這樣,便要遣除其餘審察支等以及五分作法中的合支和結支。

4. 古因明的弊病

若爾,喻言應非異分,顯因義故。[1]

【注釋】

這是古師對陳那的問難。

[1] 古師認爲因和喻是獨立的兩支。陳那有"二喻即因"(《大疏》語,卷四頁七右)的觀點,同、異喻並陳"以具顯示同品定有、異品遍無"。在古師看來,既然你認爲二喻即因,那麼喻言就不應當作不同於因的一分,也可以對待合、結那樣略而不説。

【今譯】 如果這樣,喻支就應該不是因支之外獨立的一分,因爲同、異喻顯示了因的後二相。

事雖實爾,然此因言唯爲顯了是宗法性,非爲顯了同品、異品有性、無性,故須别説同、異喻言。

【今譯】 事情雖然實際是這麼回事,然而這因支衹是爲了顯示"遍是宗法性",並没有顯示出"同品定有性"和"異品遍無性",因此必須另説同、異喻。

若唯因言所詮表義説名爲因,斯有何失?[1]

【注釋】

這一句是古師的詰問。

[1]《大疏》説:"此難意説,如所作言所詮表義唯名爲因,瓶同、空異名喻非因,斯有何失?"(卷四頁四右)

【今譯】 如果衹將因支所表示的意義稱爲因,這又有什麼不對?

復有何得?

【注釋】

這是陳那的反問。

【今譯】 這又有什麼好處呢?

別説喻分,是名爲得!

【注釋】

這一句是古師的回答。

【今譯】 把因與喻區別開來作爲各自獨立的一支,這就是好!

應如世間所説方便,與其因義都不相應。

【注釋】

這一句是陳那再難古師。

《大疏》説:"此難意云,如世間外道亦説因外別有二喻,汝於因外説喻亦爾。遍宗法性既是正因,所説二喻非是正因,但爲方便助成因義。此喻方便既與因別,則與因義都不相應。"(卷四頁四右至頁五左)《後記》解釋此世間外道爲勝論。

“方便”作權宜解。“不相應”是指不能體現“同品定有性”和“異品遍無性”。

【今譯】　就會同勝論外道説因外别有二喻一樣,不能體現因的第二、第三相。

若爾何失?

【注釋】

古師再問。縱使與外道相同又有什麽過失呢? 例如,外道有眼識、耳識、鼻識、舌識和身識等五根識,佛法也有此五根識,就不是過失。

【今譯】　與外道因外别有二喻的觀點相同又有什麽過失呢?

此説但應類所立義,無有功能非能立義。[1] 由彼但説“所作性故”所類同法,不説能立所成立義。[2] 又因、喻别,此有所立同法、異法,終不能顯因與所立不相離性,是故但有類所立義,然無功能。[3]

【注釋】

這一段是陳那答難。

[1] 此説但應類所立義,無有功能非能立義: 在與外道共許極成的道理方面同於外道當然不爲過,但我説的是在不極成義方面同於外道就有過失。《大疏》解釋説:“此中難意,我亦不説同於外道説極成義名之爲失,由同彼説不極成義有過失故。謂諸古師同外道説‘聲無常宗,所作性因,同喻如瓶,異喻如空’不極成義。陳那難意,若説瓶體、空體爲喻,但應以瓶類於所立無常之義,既喻不言‘諸所作者皆是無常’,舉瓶證聲無有功能,其喻便非能立之義。”(卷四頁五左至五右)在上述諸古師與外道相同的比量中,以瓶、空爲同、異喻體,衹是以瓶有無常之義,類同於所立法無常之義,這在陳那看來,没有證宗的功能,這樣的喻算不上能立。

[2] 由彼但説“所作性故”所類同法,不説能立所成立義: 這一句是舉例解釋前一句。古因明衹説“所作性故”因,就舉瓶類聲無常,不説能立“諸所作

者皆是所立無常”。

［3］又因、喻别，此有所立同法、異法，終不能顯因與所立不相離性：因、喻既分家，喻體瓶、空儘管各有類同的所立法和無類同的所立法，終究不能顯示因與所立法的不相離性。

【今譯】 這種推論方式衹是表明喻體有類似的所立法，而没有證宗的功能，不是正確的能立的意義。由於這種論式衹説“所作性故”因，舉瓶類聲同有所立法無常，而没有説能立“諸所作者皆是所成立無常”之義。又把喻從因義中區别出來，雖然同喻瓶有所立法無常並且異喻空無所立法無常，終究不能顯示因與所立法的不相離性，因此衹是有類似的所立法，然而没有證宗的作用。

何故無能？

【注釋】

古師再問。

【今譯】 爲什麽不能成立宗義呢？

以同喻中不必宗法、宗義相類[1]，此復餘譬所成立故，應成無窮。[2]又不必定有諸品類[3]，非異品中不顯無性有所簡别能爲譬喻[4]。

【注釋】

這一段爲陳那答古師問。

［1］以同喻中不必宗法、宗義相類：此句復述古師觀點，意思是以瓶爲同喻體，不必以所作因（宗法）及無常（宗義）相類，即不言“所作者皆是無常”。

［2］此復餘譬所成立故，應成無窮”：陳那認爲以瓶爲同喻體，會帶來無窮類比的弊病。陳那在《集量論》中説：“瓶是無常（不言一切所作皆無常），復當説所類（如燈）故，則成無窮，或聲成爲無喻（於所見邊不決定故）。”（括號内文字爲吕澂所加，引自《略抄注》頁三十一左至三十一右）爲什麽“聲成爲無喻”？雖然古師舉瓶證聲是喻，但是有名無實。喻爲見邊，所謂見邊是凡聖見解一致

的事例。古師雖有瓶喻，但“於所見邊不決定故”，此喻仍爲有疑問之喻。《大疏》說：“他若有問：‘瓶復如何無常？’復言：‘如燈。’如是展轉應成無窮，是無能義。我若喻言‘諸所作者皆是無常，譬如瓶等’，既以宗法、宗義相類，總遍一切瓶、燈等盡，不須更問，故非無窮成有能也。”（卷四頁六左至頁六右）

［3］又不必定有諸品類：以瓶爲喻體，由於瓶上有各種屬性，如無常、可燒、可見等，就會引起瓶與聲所有屬性都類比的弊病，而說“諸所作者皆是無常”就限制了瓶無常以外的其他諸品類，從而避免了瓶、聲全面類比的毛病。《大疏》說：“又若以瓶即爲喻體，瓶即四塵，可燒、可見，聲亦應爾。若我如說‘所作性者皆是無常，譬如瓶等所作’，既爲宗正同法，無常隨之亦決定轉，舉瓶喻依以顯其事，便無一切皆相類失。汝既不然，故有前過。”（卷四頁五右）古師以瓶類聲，没有限定比較的範圍，就會出現在“諸品類”即各個方面一一類比的情況。如果瓶有所作性而瓶無常，聲也有所作，可推“聲亦無常”，那麽瓶有可燒、可見的屬性，也可推“聲亦可燒、可見”，豈不荒謬？由此反證古因明類推不可靠。新因明說了“諸所作者皆是無常”就限定了瓶與聲相比較的範圍，而不是越出所立無常義在可燒、可見“諸品類”全面類比。

［4］非異品中不顯無性有所簡别能爲譬喻：對這一句，《大疏》有“長讀文勢，義道亦遠”（卷四頁十二左）的說法，意思是説古師的異喻非“能爲譬喻”。這個句子的邏輯形式是負命題，“非”是對後面“異品中不顯無性有所簡别能爲譬喻”的否定。古師以空爲異喻體，空雖爲“無常”的異品，有常性，也是“所作”的異品，有非所作性，但未顯示“異品遍無性”。“無性”是“異品遍無性”的簡略說法。這樣的異喻止濫不盡，空上雖有簡别即遮遣了宗“無常”法和因“所作”法，但未顯示全體異品無因，因此不能返顯同喻“説因宗所隨”。因此這種不顯“異品遍無性”的簡别不能成爲正當的譬喻。《大疏》說：“謂於‘無常’異品，應言‘謂若是常，見非所作，如虚空等’，正以‘常’爲異品，兼‘非所作’，空爲喻依。要此簡别，顯異品無。返顯有‘所作’因，‘無常’宗必隨逐。汝但云‘如空’者，今返難云，非於異品不顯無宗及無因性，即有簡别，故能爲異喻。長讀文勢，義道亦遠。”（卷四頁十一右至十二左）簡而言之，也就是説古師把不顯“異品遍無性”的那種所謂簡别稱爲異喻是不能成立的。

【今譯】　在同喻中不設立反映因法與宗後陳法不相離關係的命題，祇以例證爲喻體,就得回答這些例證得以成立的原因,最終陷入無窮類比。假如説了"諸所作者皆見無常",揭示了因法與宗法的不相離性,就必定不會有在瓶與聲的一切屬性上全面類比的弊病,而在異品中不顯示"異品遍無性"來遮遣異品的情況也就不會被當作正確的異喻。

故説頌言:
若因唯所立[1],或差別相類,
譬喻應無窮,[2]及遮遣異品[3]。

【注釋】

這是陳那用頌來概述古師因外别立二喻的弊病。

[1] 若因唯所立:這是概述古師的觀點,即前所説"若唯因言所詮表義説名爲因"。古師認爲因義僅限於因支所表達的意義。因言所表達的衹是第一相"遍是宗法性"。陳那因明在因支之外另設同、異喻言,以顯示因的第二、三相。"所立",指宗有法。

[2] 或差別相類,譬喻應無窮:這兩句是説古師以瓶爲喻體,衹是以瓶無常類同於宗的差别法即無常法,他人若問,瓶爲何無常?又得以燈爲喻體,以致無窮類推。

[3] 乃遮遣異品:這一句是説古師的異喻不成爲喻。不顯示"異品遍無性"的異喻空雖然遮遣了"所作"和"無常",但止濫不盡,不是正確的異喻。

【今譯】 因此可用下面這個頌來概括古因明的觀點:這因衹限於因言所表達的"遍是宗法性",或者同喻"如瓶"衹是類同了所立法"無常",導致了無窮類比的錯誤,或者在異喻"空"上雖有遮遣而止濫不盡不能算異喻。

世間但顯宗、因異品同處有性爲異法喻,非宗無處因不有性,故定無能。

【注釋】

這一句是陳那進一步揭示古師"乃遮遣異品"與異法喻"宗無因不有"的差

别，正因爲有此差别，所以古因明之喻不是正確的能立。

請注意“宗、因異品”四個字，這又一次説明陳那已使用“因同、異品”這兩個概念。它們並非唐疏新創。外道以空爲異喻，空上既有宗異品“常性”，又有因異品“非所作性”，空上同時有宗、因異品，叫同處有性。瓶上既有“所作”因法，又有“無常”宗法，宗、因雙同，叫同法；空上既無因同品，又無宗同品，稱異法。宗同品單同於宗法，因同品單同於因法，宗異品單異於宗法，因異品單異於因法。這是同法與同品，異法與異品之間的區别。古師以空爲喻，儘管是宗、因皆無的異法喻，但没有顯示“異品遍無因”，因此起不到能立的作用。

【今譯】　世間外道衹是在喻體空上同時顯示有宗異品和因異品的性質，而稱爲異法喻，這與我説的顯示宗無因不有的異法喻是不相同的，因此一定没有證宗的功能。

若唯宗法是因性者，其有不定應亦成因。

【注釋】

這一句是陳那繼續揭示古師“因唯所立”的弊病。

【今譯】　如果唯有遍是宗法才是因義（而不是將同品定有、異品遍無也當作因義），則違反第二、三相的不定因也要被稱爲正因了。

云何具有所立、能立及異品法，二種譬喻而有此失？

【注釋】

這一句是古師反問。

【今譯】　爲什麼同喻同時具有所立法和能立因法並且異喻同時具有宗、因異品，同、異二喻還有不定因的過失？

若於爾時所立異品非一種類[1]，便有此失，如初、後三各最後喻[2]。

【注釋】

這是陳那答問。

[1] 非一種類：異品遍有和異品遍無都屬於同一種類。異品有非有稱爲非一種類。

[2] 如初、後三各最後喻：九句因中的前三句爲初三句，第七、八、九這後面三句爲後三句。這兩個三句各自的最後一句稱爲“各最後喻”，即第三句同品有、異品有非有和第九句同品有非有、異品有非有。這是兩句不定因。

在九句因中不定因共有五句，其中第一句同品有、異品有和第七句同品有非有、異品有也是不定因。陳那答古師問，衹列初、後三各最後喻是不全面的。若是一時疏忽，那麼爲什麼又要强調“所立異品非一種類”？同一種類的異品有不也是不定因嗎？此處陳那的答問令人難以理解。可能是强調異品衹要有非有因便成不定，若異品遍有因就更是不定了。

【今譯】 假如古師立量時衹要出現異品有非有的情況，便有不定因的過失，例如九句因中的第三和第九句。

故定三相唯爲顯因[1]。由是道理，雖一切分皆能爲因顯了所立[2]，然唯一分且說爲因[3]。

【注釋】

陳那在這一段裡解釋因、喻二支即二言與因義三相之間的關係。

[1] 故定三相唯爲顯因：確定因的三相衹是爲了顯示因的全面的性質。

[2] 雖一切分皆能爲因顯了所立：能立由宗、因、喻三分組成，《入論》有“唯此三分，說名能立”的說法。這“一切分”是指宗、因、喻三分中的因、喻二分呢，還是指一因、二喻三分呢？“一切”有多的意思，二言或二分不爲多，因此，“一切分”指一因、二喻這三分更合適。其實二喻衹能算言三支中的一支即一分，而不能算二支或二分。一切分顯示因三相，因此都是因，共同證成了宗。

[3] 然唯一分且說爲因：儘管二喻實質上也是因，但僅僅以顯示其中一相的因支稱爲因。《大疏》說：“二喻即因，雖俱是因顯了宗義，於三相中遍宗法

性,唯此一分且説爲因,餘二名喻,據勝偏明,非盡理説,故名爲且。”(卷四頁七右)因與喻,名稱雖然不同,實質是一樣的,表達了因義的不同方面,而且三相不可缺一,因此姑且以其中一分稱爲因,並非在道理上有實質性的不同。陳那新因明由古因明發展而來,雖然是創建新的因三相理論,還不能不保留古因明中喻支的名稱。這大概也是以第二支“且説爲因”的一個原因。

【今譯】 綜上所述,因此確定因三相衹是爲了全面顯示因的性質。正由於此,雖然二喻這二分與因這一分一樣,都是因,共同證成了宗,然而姑且衹以其中顯示“遍是宗法性”的一支稱爲因。

第四節　能立、似能立唯悟他

如是略説宗等及似,即此多言説名能立及似能立。隨其所應,爲開悟他説此能立及似能立。

【注釋】

這是對八門中能立門和似能立門解説完畢的結束語。

【今譯】 以上所説已經簡略地論述了正確的宗、因、喻三支以及有過失的三支,這正確的與錯誤的宗、因、喻三支作爲多言就被稱爲能立以及似能立。針對敵論的不同情况,爲了開啓敵論的正智而闡發正確的能立和揭示錯誤的能立。

第五節　立具:現量與比量

1. 現量與比量唯自悟

爲自開悟唯有現量及與比量[1]。彼聲、喻等攝在此中,故唯二量。[2]由此能了自、共相故[3]，非離此二別有所量，爲了知彼更立餘量。[4]

【注釋】

從這一段起講述現量和比量二門。

[1] 爲自開悟唯有現量與比量：自悟門包括真、似現量和真、似比量。祇有真現量和真比量能起到啓發自己正智的作用。陳那認爲真量祇有現量和比量兩種。

[2] 彼聲、喻等攝在此中，故唯二量：佛家自陳那起，始有系統的量論學説。古因明及正理論等，分量約爲六類：現量、比量、聖教量（聲量）、比喻量、義准量、無體量。現量是感性認識，比量是推理所得。聖教量是各派各自信仰的聖教，對聖教不必再親自推理。它又稱爲聖言量，由於通過語言表達出來，又稱爲聲量。喻量即譬喻量。古因明常舉的例子是"如不識野牛，言似家牛"，當後來見到類似家牛的動物而知是野牛。從實例來看，還够不上推理，仍停留在譬喻階段。其實釋迦牟尼説法的深妙論法之一就是譬喻。釋迦牟尼所用的譬喻中有很多是比喻推理，比的是事理，而不僅僅是形象。作爲修辭手法的比喻與作爲推理的比喻，共同之點是"以彼物比此物"。比喻推理也有修辭作用，但是比喻推理與比喻又有種種不同。比喻推理中被比喻的對象不是一個具體的事物，如芭蕉，而是比較抽象的事理，如芭蕉結果導致自身毁滅；用以比喻的不祇是一個對象，如芭蕉，而是一組具有内在聯繫的對象，如"芭蕉結果，導致自己毁滅"；比喻推理的語言表述不是詞或詞組，而是一個複合句。比喻推理的作用主要不是加深印象，而是説理。義准量是説，舉一個而准知另一個。例如"謂若法無我，准知必無常，無常之法必無我故"。無體量是從反面來類推。如"入此室中，見主不在，知所往處"。陳那認爲聲量和喻量等都可以爲比量所包攝，因此祇有現、比二量。

[3] 由此能了自、共相故：通過現、比二量就能了知自相境和共相境。

[4] 非離此二別有所量，爲了知彼更立餘量：陳那認爲，作爲認識的對象祇有自相境和共相境。認識的對象即所量的種類決定了能量的種類。如果自、共相之外別有所量，則爲認識這別有所量，而要立相應的量。既然二種所量之

外没有别的認識對量,也就没有必要在二量之外另立别的量。

【今譯】 爲了使自己開悟的知識衹有感覺知識和推理知識。古因明和正理派等贊同的聖教量和譬喻量等都包括在這二量之中,因此自悟的知識衹有現量(感覺知識)和比量(推理知識)兩種。由現量可了知自相,由比量可了知共相,並非在自、共二相之外還有别的認識物件因而要立别的量來認識它們。

2. 現量

故本頌言:
現量除[1]分别,餘[2]所説因生。

【注釋】

陳那在這個根本頌中對現量和比量作區别。

[1] "除"爲離。現量是離開了分别的。吕澂在《印度佛學源流略講》裡解釋説:"用離分别這一條件來限定現量的性質,原是陳那的創見。在他以前,佛家舊説和他宗異説,都是從現量的表面即各種感官和它們對象接觸的關係上找解釋,但陳那著眼於思維的階段,而以没有達到分别的程度爲現量的界限。一超過這個界限,便不是真正現量,或者竟成爲比量了。什麽是分别呢? 這是思維從可以用名言(概念)解釋的角度去瞭解對象,换句話説,也就是在思維上構成適用名言(概念)表白的心象。這樣的心象並非單純從感覺而來,乃是和别種經驗的記憶發生聯想、加了判斷而後構成的。概括地説,這時思維活動已經是到達了概念的範圍了。"(第325—326頁)

[2] 餘:指現量之外的比量。比量是借助因的三相所産生的認識。

【今譯】 因此根本頌説,現量是離開了分别的認識,而比量則是從因三相中推導出的認識。

此中"現量除分别"者[1],謂若有智於色等境[2],遠離一切種類名言假立無異、諸門分别[3],由不共緣現現别轉[4],故名現量。

【注釋】

這一段解釋什麽是現量。

［1］ 此中“現量除分別”者：在上述本頌中簡去“餘所説因生”，持取“現量除分别”。

［2］ 謂若有智於色等境：其中“智”在《入論》奘譯本中作“正智”，吕澂説梵、藏本《入論》則無此“正”字。（《〈因明入正理論〉講解》第52頁）智指認識的主體，即能了知自相境的能知心。正智是無迷亂的認識主體。“色等境”主要指色、聲、香、味、觸五種外境。

［3］ 遠離一切種類名言假立無異、諸門分别：對這一句慧沼有詳細解釋，但頗費解：“名言，即目短爲長等，皆非稱實，名爲假立。”（《大疏》卷八頁十八左）智周在《前記》中解釋慧沼語：“名言者，謂即一切目短爲長、呼青爲黑等，但由名言假有詮名以爲共相，非稱實，名爲假立。依共相轉名爲無異。”（卷下第九七三頁）佛家認爲，諸法各無體，借他故有，名爲假。借諸蘊有衆生，借棟梁有家屋，故假者虚妄不實之義也。佛家又認爲，諸法本無名，假與立名，故謂名言爲假立。慧沼衹説到以短爲長、呼青爲黑這類與實不相符的名言是假立。倘外人問，照你這麽説，目長爲長，呼青爲青的名言豈不是符合實際了？道邑在《義範》中作了解答：“名言，即短爲長者。問：‘設詮色爲色、目長爲長，豈稱實耶？’答：‘詮色爲色，既是假詮，亦非現量。然有遮表，少稱實故，不同以短爲長全非稱實，故偏舉之。’”（轉引自《瑞源記》卷八頁十左）熊十力先生對慧沼釋文不滿意，作了删易後再加注釋，作爲他自己對《理門論》原文的理解還是很值得參考的。今照引如下，括號中的文字爲熊注：“或名言者，謂一切名言（不止目短爲長等，即通一切名、句、文皆是）。依此名言，假立一法，貫通諸法，名爲種類（如立色之一法，貫通一切青、黄、赤、白）。種類同故，名爲無異（如青、黄、赤、白，同是色故，故不異）。種類差别故，復言諸門（如色與聲等，種類不一）。或復世間（即攝外道）所有横計安立諸法，名爲諸門（計者計度，不稱境故，名爲横計），計非一故（世間種種横計，故有諸門）。故須離此所有分别，方爲現量（名種等者，本應通取一切非量及比量心所有言詮爲解。疏中列舉勝論等外道説，未免徵於曲而遺其全）。”（《删注》頁九十四右）

［4］ 由不共緣現現别轉：眼、耳、鼻、舌、身五根各取色、聲、香、味、觸五境，

五根所緣的對象不同就叫“不共緣”。“現現別轉”又叫根根別轉，指五根緣五境時，各不相通。例如眼根緣色時，耳等其餘四根並不參與，各根之間没有聯繫。如果有聯繫就成爲知覺。五根與五境發生作用時，也有與前五識同時而起的五俱意參與。它雖然不是全部第六意識，但是如果不隨各識而起，五根也就不起緣五境的作用。

【今譯】 上述本頌中“現量除分别”這一句是説，假若能知之心去緣色、聲、香、味、觸等外境時，遠離了一切種類的名詞或概念，不論其是反映同種類的還是不同種類的名詞或概念。由五識緣五境是各别進行、互不參與的，這樣得到的感覺知識就稱爲現量。

故説頌言[1]：
有法非一相[2]，根非一切行[3]，
唯内證離言，是色根境界。[4]

【注釋】

這一頌對現量作進一步闡述。

[1] 此頌非陳那所造，《大疏》和《莊嚴疏》都説明是陳那所引頌。《集量論》中有相應一頌：“若法有多事，非根悉分别，各自所觸證，離名言、根境。”（吕澂譯注《略抄注》頁四左）

[2] 有法非一相：這裡的“有法”與法相對，非定指宗的主詞。有法是體，法是義，相當於邏輯所説事物與屬性。在“松樹是樹”中，“松樹”爲有法，“樹”爲法；在“樹是綠色植物”中，“樹”又成了有法。熊十力説：“有法，謂色等是有體法。色等之上有所作、無常等義。義即共相。其義非一，云非一相。”（《删注》頁九十五左）其言甚當。

[3] 根非一切行：“根”指五根，五根祇在色等有法的自相中行，不行於色等有法的共相所作、無常等上，故説“非一切行”。祇有意識才緣共相。

[4] 唯内證離言，是色根境界：這是唯有内證而離名言之自相，是色根所行。熊十力《删注》解釋説：“‘内證離言’者，能緣親得所緣法體，能、所不分，冥會而證，名爲内證。此雖明證，然不起言詮，故説離言。《莊嚴》云：‘五識緣境，

與根必同，故約色根境界，以顯五識内證。'"（頁九十五左）

【今譯】 因此引用頌文來説明現量的意義，一個事物可以有多種屬性，感官衹能感知自相而不能感知共相，能知之心親得所緣境界，能、所不分稱爲内證。這種内證是遠離名言的。衹有這種内證而離名言之自相，才是色根所行的。

意地亦有離諸分别，唯證行轉。[1]又於貪等諸自證分[2]，諸修定者離教分别[3]，皆是現量。

【注釋】

現量有四種：五識身、五俱意、諸自證、修定者。前面已説五識現量，這段則舉後三種現量。

[1] 意地亦有離諸分别，唯證行轉：這一句是説五俱意現量。"意地"又名心地，即第六識意識。佛教認爲意識是支配一身之所和發生萬事之處，因此稱爲意地。現量是純粹的感覺，主要是前五識的活動，但根與境發生作用時，也有一部分第六識與前五識同時而起，這部分意識叫俱意。如無俱意，根就無法起作用。五俱意識也是離諸分别的。五識與外界接觸，留影像在第六識上。《證文》解"證行"説，"按《集量》，證是證受"，"行是行相"。"唯證行轉"是説五俱意衹是證知心内影像。《前記》認爲，第八識也與第六意識一樣，於所緣境，皆唯證自相行解而轉。（卷下第九七四頁）

[2] 又於貪等諸自證分："貪等"指貪、瞋、痴三種心法。"自證分"爲陳那三分説之一。三分説爲陳那所首創。一切心識上已經包含了認識的對象和主體，稱爲相分和見分，還有一個作爲心識自體的自證分。自證分是見分和相分所依的自體。自證分起到維繫見、相二分的作用，在見分緣相分的過程中，瞭解并證實見分對相分的把握。在見分與相分的關係中，見分是能緣，相分是所緣。從見分與自證分的關係來説，見分又成了所緣，自證分又成爲能緣。熊十力《删注》説："如意識相應貪等心所，其見緣相，即是非量，以分别此相是外境，而起愛染等故。至自證緣見，唯是現量，以不於見分之上起妄分别，但冥證故。"（頁九十五右）意思是説，雖然見分緣貪、瞋、痴等相分而起分别心，即是非量，

但是自證分仍是緣見分之自相，因此還是現量。

［3］諸修定者離教分別：這一句説第四種定心現量，或稱定中現量。“修定者”指修習禪定之人在禪定中所緣慮的是自相，這種定中所生智慧是離開了聞慧和思慧對教義的分別。

【今譯】 第六識中與五識同起的五俱意識也是離開一切名言分别的，這種離分别的五俱意衹是證知心内影像。此外有各種自證分，儘管見分緣貪、瞋、癡三種相分有所分别，但自證分仍以見分的自相爲所緣而離分别。還有禪定中所生智慧，也是離開了聞、思之慧對教義的分别。這三種量與前述五根所得之量都是現量。

又於此中無别量果[1]，以即此體，似義生故，似有用故，假説爲量。[2]

【注釋】

這一段解釋量果。

［1］又於此中無别量果：這句是説在現、比二量中没有别的量果。所謂量果，是用能量（根等）量（丈量、衡量）所量（色等）而得的結果。“如尺、秤等爲能量，絹、布等爲所量，記數之智爲量果。”（《大疏》卷八頁二十二右）這是説“智”本身就是量果。《入論》説：“於二量中即智名果。”也是説量果就在量智之中。“於此二量，即智名果。即者，不離之義。即用此量智，還爲能量果。”（《大疏》卷八頁二十三左）量的過程有結果，對這結果，智能够把握，因此量果就顯現在智中。《入論》説：“是證相故。”意思是説現、比二量都以證爲相，就是在心上呈現行相。在心上呈現行相也就成爲量果。《莊嚴疏》釋“是證相故”：“謂現、比證諸法自相、證諸法共相。自、共二相是所量，二量之體爲能量，即此能量證二相智自照明白爲量果。”（卷三頁二十二右）

陳那關於量果的看法遭到許多派别包括小乘有部的反對，本段是陳那對各種問難的答覆。慧沼爲窺基續疏時介紹了各種問難。有人問道：“汝此二量火、無常等爲所量，現、比量智爲能量，何者爲量果？”（《大疏》卷八頁二十二右，窺基對《入論》全文的疏解没有做完，由門人慧沼續疏，《大疏》才有足本。以下

慧沼的疏解仍歸入《大疏》)

小乘有部也提出問難:“我以境爲所量,根爲能量,彼以根見等,不許識見,故根爲能量。依根所起心及心所而爲量果,汝大乘中即智爲能量,復何爲量果?”(《大疏》卷八頁二十二右)這是以根爲能見等,不許識見,因此根爲能量,依根所起的心王(精神主體)及心所(精神現象)爲量果。

諸外道則詰難説:“境爲所量,諸識爲能量,神我爲量果。……汝佛法中既不立我,何爲量果?智即能量故。”(《大疏》卷八頁二十三左)這是主張在能量之外,還有神我對所量産生瞭解,所以是神我得量果。

以上三種問難都不贊成即智爲果。

[2] 以即此體,似義生故,似有用故,假説爲量:這一句是説相分、見分和自證分都可以假説爲量。以即此體:因爲所量和能量都不離自證分。即,不離。此體,意爲自體分,即自證分。

似義生故:此句説所量,相分(所緣境)能令見分(能緣識)變起影像,相似有故,境不離識。此句《入論》作“而顯現故”。

似有用故:《入論》對應的一句爲“如有作用”。大乘認爲諸法作用非真實有,但相似有,好像有。“似有用故”一句説能量。見分緣境,好像有取境功能,因此説它好像有作用。

假説爲量:《莊嚴疏》解釋説:“此二量體無實作用,但所量境相於能量心上顯現,假名爲量,譬如衆色於鏡上現,假説鏡照。即是心之一分如有能量之用,故言‘如有作用’,心之一分如有所量顯現,故云‘而顯現故’。既於證相一心之上有此能量、所量之義,故此證相量果亦名爲量也。”(卷三頁二十二右至二十三左)“二量體”指能量。“證相”指自證分。自證分起相分和見分,三分俱時顯現,這是衆緣和合的結果,故稱爲假現,不可説爲實物。《大疏》説“是和緣假”(卷八頁二十三右)就是這個意思。

清淨出版於1934年的《〈因明入正理論〉釋》對上面這幾句解釋更爲明白,引述如下:“依大乘義,諸法作用,非真實有,但相似有,是故説‘如’。以彼諸法,才生即滅,無暫住義,無容有用故。又諸境相,皆不離識。唯由自識,變起影像相似有故,故云‘顯現’。今此言智,理亦如是。即此智體,如有作用,名爲能量。影像顯現,名爲所量。此能量、所量亦依智體而得其名。故論説言:‘亦名爲量。’前解名果,謂即智體。今解名量,亦即智體,故説‘亦’言。能證之智,有此證了心、境二相之行相，説爲'證相'。以是證相，説智名果，即是見分。見分緣境，似有取境功能，假名作用。非有實作用，如尺量布等。'而顯現故'者：約所量説，即是相分。此所量境，於能量智上，似鏡顯現，如諸色境，於眼識中，有似彼色顯現，名爲所量。非如正量部謂如日舒光，如鉗鉗物，親取於境，名所量也。'如有作用'，指見分説；'而顯現故'，指相分説。見相是智，此智名果；亦名爲量。"（頁八十五右至八十六右）

【今譯】 量果不在現量和比量之外，就在二量的自證分中，因爲能量和所量都不離自證分。所量境於能量智上假現影像，能量智緣境，似有取境功能，假名作用。自證分一心之上既有此能量、所量之義，因此自證分量果亦可假稱爲量。

若於貪等諸自證分亦是現量，何故此中除分別智？[1]

【注釋】

這一句是古師或外道所問。陳那在前面祇列舉現量的種類，而未對自證分現量加以解釋，因而有此一問。

[1]《集量論》中有相同的一句："貪等自證是現量者，豈分別識亦現量耶？實無是義，但是自證性，非境分別故。"（吕澂《略抄注》頁四右）説緣貪、瞋、癡三毒的自證分是現量，豈不是説分別識也是現量？陳那認爲，自證分所緣是見分的自相，不是指見分分別貪、瞋、癡三境。

【今譯】 假若你説緣貪、瞋、癡三毒的諸自證分是現量的話，那麼思維分别豈不是也成了現量，爲什麼又説現量是離開思維分别活動呢？

不遮[1]此中[2]自證現量，無分別故。

【注釋】

[1] 遮：遣除，排除。

[2] 此中：貪、瞋、痴中。

【今譯】 雖然見分緣相分陷貪等之中而有分別並非現量，但是並不排除自證分爲現量，因爲它總是無分別的。

3. 似現量

但於此中[1]了餘境分[2]，不名現量。

【注釋】

［1］此中：指所緣境之自相中。

［2］了餘境分：了別彼爲共相境。《入論》作"於義異轉"，意爲對自相境不能如實親證，而有虛妄分别，即於所緣境中作共相境之解稱爲異轉。

【今譯】 祇有對自相境不能如實親證而有分別，即舍自相而緣共相的，才不稱爲現量。

由此即說憶念[1]、比度[2]、悕求[3]、疑智[4]、惑亂智[5]等，於鹿愛等皆非現量，隨先所受分別轉故[6]。

【注釋】

這一句列舉五種似現量和實例以及産生原因。

［1］憶念：慧沼解釋爲"散心緣過去"（《大疏》卷八頁二十四左），意爲散亂之心追憶往事。

［2］比度：慧沼釋爲"獨頭意識緣現在"（《大疏》卷八頁二十四左至右），《瑞源記》對慧沼這一句有注云："簡五俱意緣現在通現量故。"（卷八頁十七右）獨頭意識是五俱意之後續起的意識，不能親緣色等，是有分別，故非現量。這裡的"比度"不等於比量，它是比較抽象的意思，還未到達由此及彼的推論階段。但是吕澂先生的《略抄注》和法尊法師的《集量論略解》均把比量及比量所生當作似現量，見（後文釋"世俗有"時引用）恐爲誤譯和誤釋。對此，吕澂先生20世紀60年代所講而於80年代出版的《〈因明入正理論〉講解》特别强调：

“似現量並不是比量。比量緣共相,似現量却緣自相而生分别。如對瓶、衣等的認識。瓶、衣等皆由四塵(色、香、味、觸)而成。現量認識事物的特點是‘根根别轉’,就是説,眼識緣色,耳識緣聲,乃至身藏緣觸,各識皆不緣餘分。瓶、衣等皆由四塵而成,真現量智就不可産生瓶、衣等認識。如果有了瓶、衣等認識(‘諸有智了瓶、衣等分别而生’),就是‘不以自相(四塵)爲境界’,而是於此共相瓶、衣假法上轉。這就違反了現量無分别的定義,不是根根别轉,而是與概念相聯繫的了。”(第55—56頁)吕澂解釋得很明白,似現量與現量的區别在於有無分别,似現量衹是與概念相聯繫,它還不是比量,還没有達到比量這一以共相爲對象的認識階段。

玄奘在《理門論》中譯的是“比度”,而不是比量,這兩個用詞其含義有聯繫但不等同。

吕澂在解釋“不稱實境,别妄生解”一句時説:“在認識外境時,有了‘紅’的認識,這就是有分别的認識,是没有離開概念的認識。因爲‘紅’是概念,是由比較、抽象而得到的認識。這樣的認識不是在自相的、無分别的範圍内轉,而是在分别的範圍内轉了。”(第55頁)我們完全可以把這段話看作是對“比度”一詞的解釋。

沈劍英的《佛家邏輯》把“比度”解釋爲比量(第399頁),因循了《略抄注》和《略解》的解釋。

[3] 悕求:慧沼釋爲“散意緣未來”(《大疏》卷八頁二十四右),散亂之心追求未來。文備認爲,憶念和悕求的意識不是獨頭意識,而是五俱意識。“緣過、未是五俱意,若緣現在,五俱意識通現量,故簡之。”(《瑞源記》卷八頁十八左)

[4] 疑智:慧沼釋爲“於三世諸不決智”(《大疏》卷八頁二十四右),對於過去、現在、未來三世都不能決定的智。

[5] 惑亂智:慧沼解釋説:“西域共呼陽焰爲‘鹿愛’,以鹿熱渴謂之爲水而生愛故。此境言等,等彼見杌謂之爲人,病眼(見)空華、毛輪、(第)二月,瓶、衣等故。”(《大疏》卷八頁二十四右)慧沼把視陽焰爲水,誤以小凳子爲人,眼疾引起的錯覺,以及對瓶、衣等的認識列爲五種似現量的實例。

慧沼説:“准《理門》言,有五種智,皆名似現。”(《大疏》卷八頁二十四左)他没有把《理門》下文中的“世俗有”當作第六種似現量。

［6］隨先所受分别轉故：以上五種似現量都是由於對先前所領受的境義起分别心而產生的。

【今譯】 根據上述理由，可知似現量有以下五種：追憶過去，比較現在，希求未來，對過去、現在、未來之事皆猶豫不決以及迷亂心。例如，鹿渴時視陽焰誤以爲水等等，是似現量的實例。這種似現量都是由於對先前所領受的境義起分别心而產生的。

如是[1]一切世俗有[2]中瓶等、數等、舉等、有性、瓶性等智[3]皆似現量，於實有中作餘行相[4]，假合餘義分别轉故[5]。

【注釋】

對本段的注譯，《直解》初版有因循前人誤釋之處。此依《〈成唯識論〉直解》（復旦大學版）作者林國良教授的見解訂正。

［1］如是：指與上述似現量同樣的情況，即除了上述似現量外，還有以下情況也屬似現量。

［2］世俗有：林國良認爲："有一種相當普遍的誤解，認爲'世俗有'是似現量。實際上，在根、境、識中，'世俗有'衹是境，包括青、黄、赤、白等實法和瓶、衣等假法，即一切世人認爲存在的東西，是'有法'，與龜毛、兔角等'無法'相對。而真正的似現量是緣'世俗有'之智，即世俗智。如上所説，智就是慧心所。實際上，第六識的分别作用，並非第六識本身就能實現，而須借助於思、慧、尋伺等心所共同實現。"（引自《第三届玄奘國際學術研討會論文集》第228頁）

林國良認爲，《理門論》中的"世俗有"即指唯識學中的假法，而"實物有"即指實法。例如，《瑜伽師地論》卷55："問：是諸善法，幾世俗有，幾實物有？答：三世俗有。謂不放逸、舍、及不害。所以者何？不放逸、舍，是無貪、無瞋、無癡、精進分故。"（《大正藏》第30册第602頁）此段意謂，不放逸、行舍、及不害三種善法，是世俗有（即假法）；無貪、無瞋、無癡、精進是實物有（即實法），前三種假法是在後四種實法基礎上建立的。

唯識學將一切有爲法分爲實法、假法和非實非假法。實法指基本的物質現象和精神現象，如八識、心所中的最基本的心所（如五遍行心所、五别境心所，還有上述無貪、無瞋、無癡等心所)，和色法中的最基本的物質現象(如色中的青、黄、赤、白)。假法包括由實法和合而成的現象(此稱聚集假)，如瓶、衣等世間物品；還有依實法而假立的現象(此稱分位假)，如上述不放逸、行舍、及不害等心所；還有連續生起的現象(此稱相續假)，因爲一切現象實際是刹那生滅的，故連續也是一種假象。而非實非假法，指現實中不存在的現象，如佛典中常舉的龜毛、兔角、幻現的第二月亮等例子。

在吕澂和釋印滄的《證文》中，“世俗有”三字下未加線作分辨，故不視爲專名。但是在《略抄注》中有頌文：“錯亂、俗有智，比量及所生，念、欲似現量，謂於陽焰等。”釋文爲：“且錯亂智者，如於陽焰等分别爲水等故，是似現量。俗有者，增益餘意而分别彼體故，亦似現量。比量及彼果智，皆分别先前所受故，亦非現量。”(成都佛學社 1934 年版，頁五左)這裡似乎把“世俗有”等同於“俗有智”，還把比量及比量所生誤當作似現量(《理門》爲“比度”非“比量”)。吕澂在《〈因明入正理論〉講解》中作了部分訂正。他説：“似現量並不是比量。”(第55 頁)

在法尊所譯編的《〈集量論〉略解》中有頌文爲：“迷亂世俗智，比與比所生，憶念及希求，似現有膜翳。”(第 5 頁)法尊解釋頌文中“比與比所生”爲“比量與比量後所起心”(第 6 頁)，與吕澂譯文“比量及所生”相同。二者的共同點是把比量及其所生當作了似現量。

林國良指出，據《吕澂佛學論著選集》，其頌文爲：“錯亂俗有智，此量及所生，念欲似現量，謂於陽焰等。”(齊魯書社 1991 年版，第 185 頁)林國良認爲，雖然版本演變情況一時無從搞清，但是其中義理還是能夠闡述明白的。“此量”不是指比量，而是指“俗有智”，“所生”指“憶念”和“悕求”。全頌的意思是説：俗有智及其所生的念、欲，是似現量，就像錯亂智的陽焰是似現量一樣。(參見《第三届玄奘國際學術研討會論文集》第 226 頁)林先生做了詳細的討論，我以爲他對頌文前後句的理解言之有理，故引述如上。

吕師和法尊的譯本都是據藏譯本轉譯的，爲了搞清藏譯本的原意，我請我的研究生寶僧法師查閱了《集量論》的藏譯本。他認爲肯定不能翻譯爲“此量及所生”，那個藏文字不是“此”，的確是“比”。“比”究竟指比量呢，還是指比度？他傾向於譯爲“比度”更穩妥一些。比度可以是俗有智。這與林先生的解釋合拍。

［3］瓶等、數等、舉等、有性、瓶性等智：這是舉勝論的學説爲例。勝論有“六句義”，包括實（實體）、德（實體的性質）、業（實體的運動）、大有（存在性）、同異（事物的共性與特性）、和合（指上述五句義相互和合而不相離）。句中的“瓶等”五者，分别對應前五句義，句中的“等”，指第六“和合”句義。勝論認爲“六句義”是實法，即實有，但唯識學認爲是假法，即假有、世俗有。

［4］於實有中作餘行相：“行相”指認識活動或認識作用。此句意爲，在對實法的認識活動中產生了對實法之外的認識活動。例如，瓶等大多數世間物品是由色、香、味、觸四境和合而成，人在認識瓶等時，眼識緣（認識）色境，鼻識緣香境（氣味），舌識緣味境，身識（如手）緣觸境（實際過程往往衹是眼緣色，這樣的分析是一種理論上的全面分析），這是四種識各緣四境之自相；但同時，人的智（實際是第六意識）又在四境之外，產生了對四境和合相之認識，即緣瓶之和合相，此和合相即“餘行相”。

［5］假合餘義分别轉故：“假合”指和合而成的假象；“義”，指境；“餘義”即在自相境之外的其餘境即共相境，因爲第六識緣和合相時總要用名言表達，而名言即緣共相境；“轉”，即生起。此句意爲，在和合而成的假象，即事物的共相上，生起分别。换句話説，上述緣世俗有之智，就是緣共相境而生起。

【今譯】 同樣地，緣一切世俗有之智，包括緣世俗有中瓶等、數等、舉等、有性、瓶性等之智，都是似現量，因爲此類智是在實有法中產生了（認識自相之外的）其他的認識活動，即在和合而成的假象也就是共相境上產生分别而生起的。

4. 比量

已説現量，當説比量。“餘所説因生”[1]者，謂智是前智餘[2]，從如所説能立因[3]生，是緣彼義[4]。

【注釋】

這一段是解説比量。

［1］餘所説因生：前頌中的一句，比量的定義。

［2］謂智是前智餘："智"指比量智，"前智"即現量智。比量智是在現量智基礎上產生的，故爲"前智餘"。

［3］能立因：滿足三相的正因。

［4］緣彼義：觀見所欲比度之義。

【今譯】 已經解説了現量（和似現量），隨後應該解説比量了。前頌中"餘所説因生"這一句，是説比量智是在現量智的基礎上產生的，比量智遵從如上所説的滿足三相的正因而生，觀見所欲比度之義。

此有二種[1]：謂於所比審觀察智[2]，從現量生或比量生[3]；及憶此因與所立宗不相離念[4]。由是成前舉所説力[5]，念因同品定有等故[6]。是近及遠比度因故，俱名比量。[7]此依作具、作者而説[8]。

【注釋】

這一段論述比量智的來源。

［1］此有二種："此"指比量智。"二種"指下文述説的遠因和近因。

［2］謂於所比審觀察智：《證文》説："'謂於所比'二句，按前文'若所比處，此相審定'句，應是宗法智。""所比"指宗有法，"若所比處，此相審定"即第一相"遍是宗法性"。因法是宗上有法之法，因此"審觀察智"爲宗法智。

［3］從現量生或比量生：正因有兩個來源。"智爲了因，火、無常等，是所了果。以其因有現、比不同，果亦兩種，火、無常别。了火從煙，現量因起；了無常等，從所作等，比量因生。"（《大疏》卷八頁二十一左）《入論》舉出兩種不同類型的比量的實例。其一爲：

宗　　此山有火，

因　　有煙故，

同喻　如灶。

"有煙"就是《理門論》所説"從現量生"之因。知道"此山有火"，是因爲直接看到了"此山有煙"，以看到有煙作爲理由來推知有火，因此稱爲現量因。其二爲：

宗　　聲是無常，
因　　所作性故，
同喻　如瓶。

"所作性"就是《理門論》所謂從"比量生"之因。知道"無常"，是根據"所作性"推論出來的，這種推論，眼不可見，稱爲比量因。陳那没有對現量生和比量生的區别作出解釋。祇强調了它們的共性，都是遠因。

［4］及憶此因與所立宗不相離念：這一句説近因。《證文》説："憶不離念則後二相智也。""因與所立宗不相離"是因的第二相和第三相。"念"是記憶，是引生比量智的近因，這"念"能回憶起因法與宗法不相離的關係。

［5］由是成前舉所説力：《集量論·爲自比量品》中"作能知力故"與此句略同。"作"，起也。"能知"即智。釋文曰："此謂三相因作能知（智）增上力故。"（《略抄注》頁九右）三相因起到增强能知力度的作用，成就了前面所舉的宗義。《前記》認爲，敵者念力能令立者所立宗成，舉宗所説有力。此説似不妥。比量是自悟門，不涉及敵者，它還停留在未用語言表達出來的思維之中。悟他比量才涉及敵者。

［6］念因同品定有等故："因同品定有"有兩種理解，一是因的"同品定有性"，指第二相；二是"因同品"三字連讀，指同喻體。慧沼作第二解："此二望智，俱爲遠因。藉此二因，緣因之念爲智近因。憶本先知所有煙處必定有火，憶瓶所作而是無常，故能生智，了彼二果。"（《大疏》卷八頁二十一左）此解爲正。通過因言（現、比量所生）所回憶起來的顯示因第二、三相的同喻和異喻起到了增强能知力度的作用。慧沼認爲僅有宗法智還不能生比量智果。

［7］是近及遠比度因故，俱名比量：這近因（念因）和遠因（從現、比二量生因）都是通過比度（比較）而成爲比量智之因的。慧沼説："因從果名。"（《大疏》卷八頁二十一右）因此遠因（現量因、比量因）和近因（念因）都稱爲比量。

［8］此依作具、作者而説：慧沼解釋説："如似伐樹，斧等爲作具，人爲作者。彼樹得倒，人爲近因，斧爲遠因。"（《大疏》卷八頁二十一右）"此"指遠因

和近因。“作具”指工具,“作者”指使用工具的人。另有一説以人爲遠因,斧親斷樹爲近因。總之,遠因與近因是根據它們各自與比量智的親疏關係來分別的。

【今譯】　比量智的産生分兩種情況,其一,顯示宗法智的因或者從感覺量生,或者從推論所生,它們都是遠因;記憶起因法與宗上之法間不相離關係(同品定有、異品遍無)的念則是近因。此念能增强遠因所生之智的力度,因爲此念所回憶的是顯示因後二相的同、異喻。這近因和遠因都是通過比較而成爲因的,(因從果名)都可稱爲比量。遠因與近因的不同是依照工具和使用工具的人與物件之間的親疏關係來分别的。

如是應知悟他比量亦不離此得成能立。

【注釋】

這一句説悟他比量亦同此理。

【今譯】　如上所述應知旨在悟他的比量也不能離開這遠因和近因顯示的因三相而成爲正能立。

故説頌言:
一事有多法,相非一切行,[1]
唯由簡别餘,表定能隨逐;[2]
如是能相者,亦有衆多法。[3]
唯不越所相,能表示非餘。[4]

【注釋】

[1] 一事有多法,相非一切行:“一事”有兩種解釋。吕澂《略抄注》譯爲“一義”(頁十二右),指宗之法,所立法,即宗的謂項。宗法有各種差别義。法尊《略解》則將“一事”解爲宗有法,有法之上有各種差别法。後解爲正。有法與法相對,有法之上有各種差别法。《新疏》亦説:“事謂有法,法謂義法,即宗

中法,苦、空、無常,衆多非一相。謂能相即衆相,因能表名,相雖表無常,非得表苦,名非一切,相行所相,謂表所相,謂成立宗。”(卷三頁十九右)相:“藏譯爲因,……行謂行相,能照了故。”(《斠疏》卷五頁四左)

《集量論》中有相同内容的兩句頌:“因於多法義,非了達一切。”法尊譯編的釋文説:“以彼極成之有法,有多種法義。其因非能成立彼一切差别義皆能了知。……不了達何等? 曰:如以煙比知有火時,不能比知火之燃燒情況及熱度等諸差别義,於彼有錯亂故。”(《略解》第37頁)

這兩句頌是説有法之上有各種法即屬性,因法不能比知各種屬性。

[2] 唯由簡别餘,表定能隨逐:《略解》説:“若爾,能比知何義? 曰:‘決知所系屬,能得離餘法。’謂除所系屬者外,餘則非火。”(第37頁)意思是因法衹有簡除餘法,即簡除宗異品,而説因則所立法必有系屬,即説因宗所隨。

《新疏》解釋説:“餘謂‘常’法,其言‘所作必是無常’,是簡别‘常’,如是簡别,表有‘無常’隨逐不離。指前説言。”(卷三頁十九右,以下同)這是以比量因爲例,“所作”因簡别“非無常”,即簡别了“常”,就能表達“無常”與“所作”的隨逐不離關係。

[3] 如是能相者,亦有衆多法:這一句是説因也有衆多差别法。“能相”指因。《新疏》説:“如是能相,所量、所知、所作、勤勇,亦是衆多。”這裡列舉了“所量”等四種因。

[4] 唯不越所相,能表示非餘:這是説寬因不能成立狹宗,而狹因能成立寬宗。《新疏》説:“不越所相,能得立宗。‘所量’‘所知’,越‘無常’品,寬遍‘常’品,不能表宗。”這是説“所量”因和“所知”因都越出了“無常”品的範圍,外延寬得遍及“常”品,成爲九句因中的第一句同品有、異品有,是不定因,不能證宗。又總結説:“前頌簡法,分别能相;後頌簡别能相自體。二頌説因,意欲顯智。”(卷三頁十九右至二十左)前四句爲前頌,是説正因能把宗異品簡别開來,而顯示自己的證宗功能,後四句爲後頌,簡别寬宗。

【今譯】 因此用頌言來述説,一種有法有多種差别法,一種因法不能與所有差别法系屬不離。衹能通過簡除宗異品來表達所立法對因法的隨逐不離;相類同的是,因法也可以各種各樣,衹有不超出所立法的範圍,才能表示因不於宗異品上有。

何故此中[1]與前現量別異建立[2]?

【注釋】

這一句是外人提問。

[1] 此中:指比量。

[2] 別異建立:陳那對比量和現量的論述有所不同,現量但明果(不説因),比量但明因(不説果)。

【今譯】 爲什麼對比量與前述現量的論述(在因、果方面)有所不同?

爲現二門[1],此處亦應於其比果説爲比量,彼處亦應於其現因説爲現量,[2]俱不遮止[3]。

【注釋】

這一句是陳那答問。

[1] 爲現二門:《前記》:"'二'者,爲現、比量差別不同,故言二門。"(卷下第九七七頁)

[2] 此處亦應於其比果説爲比量,彼處亦應於其現因説爲現量":《前記》:"現量但明果,比量但明因。比量明因,顯定有果;現量顯果,定知有因。"(卷下第九七七頁)論述比量時雖然衹涉及三相説名爲因,但是比量也有量果,可以稱爲比量;論述現量時雖然衹證自相説名爲果,但是現量之果也由因所產生,現量之因也可稱爲現量。

[3] 俱不遮止:因與果互不排斥。

【今譯】 爲了顯現比量與現量二門的差别,關於比量的論述雖然衹涉及其因而未涉及其果,仍應根據量果稱爲比量;關於現量的論述雖然衹涉及其果而未涉及其因,也仍應根據其產生原因稱爲現量,原因與量果互不排斥。

已説能立及似能立,當説能破及似能破。

【注釋】

這一句表明《理門論》立論重點在悟他門。悟他門包括能立、似能立、能破、似能破。悟他門與自悟門(現、比二量及似)關係密切,悟他的前提是自悟。自悟門的比量停留於思維階段,用語言表達出來的爲自比量就是能立。現、比二量是能立必具的基礎,稱爲立具。"已説能立及似能立"是爲了突出重點,其内容包括了自悟門。在陳那後期著作《集量論》中則以量論爲中心,重新組織了體系。

【今譯】 已經述説了正確的論證和錯誤的論證,接著要述説正確的反駁和錯誤的反駁。

第三章　能破與似能破

第一節　頌説能破與似能破

能破闕等[1]言，似破謂諸類。

【注釋】

兩句頌文概述能破、似破。

［1］闕等：支缺和支失。宗、因、喻三支不全稱爲支缺；三支全而有過失稱爲支失。

【今譯】　正確的反駁是指出敵論的支缺或支失，錯誤的反駁是指（後文要述説的同法相似等）各種過類。

第二節　能　破

此中"能破闕等言"者，謂前所説闕等言詞諸分過失[1]，彼一一言皆名能破[2]，由彼一一能顯前宗非善説故[3]。

【注釋】

這一段具體解釋什麼是能破。

［1］謂前所説闕等言詞諸分過失：指《理門論》開篇關於能立的論述中説到宗、因、喻三支的缺失以及後來述説的過失宗、過失因和過失喻。對此，《入論》列舉如下："謂初能立缺減過性，立宗過性，不成因性，不定因性，相違因性，及喻過性。"《述記》和《大疏》都説，陳那以一因二喻爲能立，不講三支，以是否具足因三相爲是否缺失的標准，似欠妥，因爲不能反映宗過，而且支缺與支失也是有區别的。《入論》將"闕等言詞"分爲支缺和支失兩大類是全面的。

［2］彼一一言皆名能破：《證文》説："彼一一言句，按《入論》番本意謂諸能立過言……是能破也。"把能立的各種過失一一用言詞指示出來，就都可以稱爲能破。

［3］由彼一一能顯前宗非善説故：由於這些過失能一一顯示前敵所立宗並非正能立。

【今譯】 頌文中第一句"能破闕等言"，是説前面提到的支缺和支失等各種過失，被一一揭示出來，都稱爲能破，這是由於這些過失每一種都能顯示敵論並非正能立。

第三節　似能破概述

所言"似破謂諸類"者[1]：諸同法等相似過類名似能破[2]，由彼多分於善比量爲迷惑他而施設故[3]，不能顯示前宗不善[4]，由彼非理而破斥故，及能破處而施設故。是彼類故，説名過類；[5]若於非理立比量中如是施設[6]，或不了知比量過失，或即爲顯彼過失門，[7]不名過類[8]。

【注釋】

這一段總論似能破。似能破是錯誤的反駁，不能顯示立方論式的錯誤。下面先論述的似破其物件爲真能立，對方無過而加以破斥，故本身爲似破。共列出十四種，稱爲十四過類。十四過類基本因襲古因明的傳統，《正理經》開具二十四種,《如實論》列爲二十二種,《方便心論》列爲二十種,商羯羅主的《入論》全部刪除,衹講似能立。十四過類之外,另有一類似破,是指所破對象有過,但破錯了地方。

［1］所言"似破謂諸類"者:指前頌第二句。

［2］諸同法等相似過類名似能破:指下面要論述的"同法相似"等十四種過類都稱爲似能破。

［3］由彼多分於善比量爲迷惑他而施設故:十四過類與其他似能破相比較爲常見,數量多故説"多分"。"善比量"即真能立。"他"包括對方和證人等。"施設"意爲破斥。十四過類作爲似能破,其破斥的對象爲真能立,妄加破斥者是爲了迷惑對方和公證人等而故意建立的。

［4］不能顯示前宗不善:"前宗"指對方所立之宗。十四過類不可能顯示被破斥物件的錯謬。

［5］由彼非理而破斥故,及能破處而施設故。是彼類故,説名過類:這兩句説十四過類的形成的共同原因。非理:非正當的理由。及能破處:"及"即和,引申爲同,同於能破處,使自已處於能被破斥的境地。破真能立,自墮破處。是彼類故:這樣就和真能破的對象似能立成爲同類。説名過類:這十四種都是破的真能立被稱爲過類。

［6］若於非理立比量中如是施設:"非理立比量"指有過失的能立,即似能立。這一句是説如果對有過失的能立加以破斥。會出現什麽情況呢?下面兩句回答有兩種似破情況出現。

［7］或不了知比量過失,或即爲顯彼過失門:前一句説不能真正了知所破之量的過失所在。後一句文字費解。《新疏》説:"此有二種:一不了知彼過性相,舉無理難;二不了知能破方便,故爲顯過,舉難無理。"(卷四頁三左)《斠疏》也把"或即爲顯彼過失門"解爲"言乏方便"。對第二句,兩種解釋都是説不知如何才能方便破斥。

［8］不名過類:雖爲似破,但不稱爲過類,與前述破真能立的十四過類相區别。

【今譯】 頌中所説"似破謂諸類"者包括下面兩種類型:第一種指同法相似等過類稱爲似能破,這種較爲多見的過類是針對正確的比量爲迷惑立論者和證人等而建立起來的,它們不可能顯示被破斥物件有什麼錯謬,因爲用來破斥的是非正當的理由,使自己陷於被破斥的境地。這樣就與真能破的物件(似能立)成爲同類,被稱爲過類;第二種似破類型是針對似比量加以破斥,如果那樣,或者出現不能真正了知其過失之所在,或者不知如何才能方便破斥,這兩種情況雖爲似破,但不稱爲“過類”。

1. 頌説同法相似等七類

示現異品故[1], 由同法異立,
同法相似;[2]餘 由異法[3]。分別
差別名分別[4]。 應一成無異[5]。
顯所立餘因, 名可得相似。[6]
難義别疑因, 故説名猶豫。[7]
説異品義故, 非愛,名義准。[8]

【注釋】

此頌標點參照陳那本論後面之釋文。本頌列舉十四過類中的前七種,概述其特徵和指示名稱。

[1] 示現異品故:這一句是對同法相似和異法相似兩種似破的概括。《證文》説:“‘示現異品’句,《集量》竇本文句同此,總貫下文同法、異法二種相似,意謂由顯示所立法之異類云云,非同、異品之異品也。”

[2] 由同法異立,同法相似:這兩句説同法相似。

[3] 餘由異法:這一句説異法相似。

[4] 分別差別名分別:這一句説分別相似。

[5] 應一成無異:這一句説無異相似。

[6] 顯所立餘因,名可得相似:這兩句説可得相似。

[7] 難義別疑因,故説名猶豫:這兩句指猶豫相似。

[8] 説異品義故,非愛,名義准:這兩句指義准相似。

以上七種相似的詳細解釋,《理門》在釋文中相繼作出,請看後文。

【今譯】 同法相似和異法相似的共同點是顛倒使用了不同的喻依:以異法喻依來代替同法喻依從而成立相違之宗,這種似破稱爲同法相似。

而以同法喻依來代替異法喻依從而成立相違之宗,這種似破稱爲異法相似。

由分別同法喻依的差别義(不同屬性)作爲因從而顛倒成立相違之宗,這種似破叫分别相似。

以同法喻依與宗有法在所有屬性上都相同而成無異來難破,這種宗、喻無異和宗、因無異以及二宗無異統稱爲無異相似。

以立論之因非唯一正因,即還有其他正因來難破,稱爲可得相似。

或者增加宗法中的含義使因成爲不定因,或者對因法中的含義特別加以選取而形成的似能破稱爲猶豫相似。

以倒離的方式來難破爲立者所不樂,就稱爲義准相似。

2. 第一過——同法相似

此中示現異品故[1],由"同法異立,同法相似"者,顛倒成立故名異立。[2]此依作具、作者而説。[3]同法即是相似[4],故名"同法相似"。一切攝立中相似過類故[5]。言相似者是不男聲,能破相應故,或隨結頌故。[6]

【注釋】

[1] 示現異品故:同法相似和異法相似都是在喻依上顛倒使用。

[2] 由"同法異立,同法相似"者,顛倒成立,故名異立":這是以異喻依爲同法喻依並且改换因法從而顛倒成立相違之宗,因此稱爲異立。

《理門》在後面舉了實例。爲便於理解,我們先來解釋實例。立方提出"聲是無常"宗,"勤勇無間所發性故"因,異法喻依爲"虚空",同法喻依爲"瓶"。"勤發"因三相具足,是正能立。但是敵方卻以"虚空"爲同法喻依,而以"無質礙故”爲因,企圖成立相違之宗“聲是常”。這“無質礙”因於“常”的異品中有,如“樂”是無常,“樂”是“無質礙”,違反了“異品遍無性”,因此敵方所立之量爲似能立。敵方的過失是由於將異法喻依“虛空”代替同法喻依“瓶”引起的,即同法異立,因此稱爲同法相似。

［3］此依作具、作者而說:《斠疏》解釋說:“此依(彼現、比)爲作具,(及憶此因、宗不相離之念爲)作者而說。”(卷五頁十左)《集量論》將“依作具、作者而說”改爲“此依(彼無觸性)能作因說”(《略抄注》頁三十七左)。《斠疏》將《集量論》此句解釋爲“此依(彼無觸等)能作因説(聲常宗)”。(卷五頁十左)

［4］同法即是相似:同法(異立)即是相似,以異法喻依代替同法喻依即是相似。

［5］一切攝立中相似過類故:此句費解。《新疏》說:“相似過類於能立設,故云立中。”(卷四頁五右)沈劍英《佛家邏輯》解釋爲:“此謂同法相似等一切過類皆從難破者横加給立論者論式的過失得名。”(第419頁)

［6］言相似者是不男聲,能破相應故,或隨結頌故:這一句涉及“相似”的梵文文法解釋,與邏輯論證無關。《證文》有詳細注解:“‘是不男聲’三句:‘不男’,《集量》作 ma-nin 謂不能男,即中性聲也。此處‘相似’立名從有財釋,全作形容詞用,其尾轉聲即應與所形容之字相同,如下所舉‘同法相似能破’云云,與能破相屬,即形容彼。能破,梵文 dusana 是中性字,故此相似亦應作中性聲爲 samam 也。結頌者,此‘相似’末聲當頌中第五韻,應爲短韻,不能用他聲字也。”

【今譯】 頌中“示現異品故:由同法異立,同法相似”是說同法相似是在喻依的使用上產生了錯誤,同法相似是以異法喻依代替同法喻依,從而顛倒成立相違之宗,因此稱爲“異立”。這是依照現量、比量因爲作具以及憶此因、宗不相離之念爲作者而進行難破的。用異法喻依來代替同法喻依就是相似,因此稱同法相似。同法相似等這一切稱爲相似的過類都是從對正能立的破斥中產生的。相似這個梵文字是中性聲,因爲要與作爲梵文中性字的能破相應,或者與“結頌”的短韻相應。

云何同法相似能破?

【今譯】 外人問:“什麼是同法相似能破呢?”

於所作中説能作故[1],轉生起故,作如是説,後隨所應亦如是説。[2]

【注釋】

陳那答問。同法相似作爲過失,反而成爲能破的對象。

[1] 同法相似能生起能破,同法相似爲所作,能破即是能作,這是“於所作中説能作故”的意思。

[2] “轉生起”句:前後輾轉相應而生起,因此有“同法相似能破”的説法。後面的各種相似過類也可以這樣説,如異法相似能破。

【今譯】 從同法相似過類這所作中産生了能作即能破,此能破是輾轉相應而生起的,因此有“同法相似能破”的説法。後面各種相似過類也可有相應的名稱。

今於此中由同法喻顛倒成立,是故説名“同法相似”。如有成立“聲是無常,勤勇無間所發性故”,此以“虚空”爲異法喻。有顯“虚空”爲同法喻,“無質等故”立“聲爲常”,如是即此所説因中“瓶”應爲同法,而異品“虚空”説爲同法,由是説爲“同法相似”。

【注釋】

這一段是舉例説明同法相似過類。關於實例的解説我們在前面已經作出,此不贅言。《莊嚴疏》卷四對此實例有詳盡講解,恐繁不引。

【今譯】 前述過類是由異法喻依替换同法喻依,顛倒成立相違之宗,因此稱其爲同法相似。例如立論者成立“聲是無常”宗,以“勤勇無間所發性故”爲因,在這一正能立之中以“虚空”爲異法喻,作爲破斥的一方卻故意以“虚空”爲同法喻,並且另以“無質礙等故”爲因,試圖證成“聲是常”宗。如上所述,按照立方的“勤勇無間所發性故”因來組織論式,則“瓶”應爲同法喻依,而在敵方爲破斥而建立的論式中卻以異品(應譯爲異法喻依)“虚空”代替同法喻依“瓶”,正由於此,把這一相似過類稱爲“同法相似”。

3. 第二過——異法相似

“餘由異法”者，謂異法相似是前同法相似之餘。[1]示現異品，由異法喻顛倒而立。[2]二種喻中如前安立瓶爲異法[3]，是故説爲“異法相似”。

【注釋】

這一段論述第二種過類異法相似。

[1]“餘由異法”者，謂異法相似是前同法相似之餘：前頌第一句“示現異品故”包括兩種情況，以異法喻依代替同法喻依和以同法喻依代替異法喻依。講完了第一種情況，“餘”下來的就是第二種情況異法相似。

[2]示現異品，由異法喻顛倒而立：由同法喻依代替異法喻依，（並用别的因）顛倒成立相違之宗。

[3]二種喻中如前安立瓶爲異法：舉例説明。如前面所舉實例中“瓶”本爲同法喻依，“虚空”爲異法喻依，與同法相似過類相反，破者是用同法喻依“瓶”去置换異法喻依“虚空”。異法相似爲什麽成爲過失？《理門》没有作出解釋。

《莊嚴疏》有解如下：“第二異法相似過類者，内、外比量並如同法相似中舉，然外人以瓶同法爲異法喻，名異法相似，與前異也。内曰：‘空是其常即非勤發，聲既勤發定是無常。’内又曰：‘瓶從勤發既是無常，聲亦勤發何容常住？’外曰：‘虚空是常非勤發，聲是勤發即無常；瓶是無常有質礙，聲既無礙應是常。’外又曰：‘聲同瓶等是勤發，即同瓶等説無常；聲不同瓶是有礙，應不同瓶是無常。’内曰：‘但是常者非勤發，故得勤發證無常；無常有礙、有無礙，何得無礙證其常？’”（卷四頁五右）

“内”即佛家，“外”即外道。文軌的解答不夠簡明扼要。一上來文軌不講“勤發”因與“無常”宗法的不相離性，而是將“聲”與同喻依“瓶”以及異喻依“空”作類比，停留在古因明的水准，因此遭到外道的反駁。文軌的再次反駁才是有力的，先是闡明因、宗不相離性，然後指出“無質礙”的不一定是“常住”，才把敵方“將”住。

內、外二種論式如前，佛家以“聲是無常”爲宗，“勤發”爲因，同喻“如瓶”，異喻“如空”；外道以“聲是常”爲宗，“無質礙”爲因，以“瓶”代替異喻“空”。瓶雖然是有質礙的，也是非常住的，可以作爲異喻依，但整個論式卻不是正能破。因爲破者的同喻體是“諸無質礙皆見其常”，異喻體是“諸無常者皆有質礙”。但是樂是無質礙的，樂又是無常的，因此外道的同、異喻體都不能成立。

【今譯】 頌中“餘由異法”的意思是，講完了“示現異品”的第一種情況同法相似，餘下來的就是第二種情況異法相似。由同法喻依代替異法喻依，（並用别的因）顛倒成立相違之宗。在立、敵雙方二種不同的喻中，如同前述同法相似的實例一樣，破者以立論者的同法喻依“瓶”作爲自己論式的異法喻依從而取代“空”，因此把這種過失稱爲異法相似。

4. 第三過——分别相似

“分别差别名分别”者，前説“示現”等故，今説“分别差别”故，[1]應知分别同法差别[2]。謂如前説，瓶爲同法，於彼同法有可燒等差别義故，是則瓶應無常；[3]非聲，聲應是常，不可燒等有差别故。[4]由此分别顛倒所立，是故説名“分别相似”。[5]

【注釋】

這段是解説分别相似過類。

［1］“分别差别名分别”者，前説“示現”等故，今説“分别差别”故：解説頌文。説明分别相似與同法相似、異法相似的不同。前面説的是通過示現異品來破難，即以異法喻依代替同法喻依，或以同法喻依代替異法喻依，故爲似破，現在説的這種過類則是通過分别差别義（其他不同屬性）來破難，因而成爲似破。

［2］應知分别同法差别：是通過分别同法喻依中的差别義來破斥的。

［3］謂如前説，瓶爲同法。於彼同法有可燒等差别義故，是則瓶應無常：在同法相似過類中，立方以瓶爲同法喻依。在瓶上除有勤發性外，還有可燒、可見等不同於勤發性的屬性，因此瓶應是無常的。

［4］ 非聲，聲應是常，不可燒等有差别故：《證文》根據《集量》解作“聲則非是”。聲没有可燒、可見的屬性，所以聲應是常，因爲聲有不可燒、不可見的差别。

［5］ 由此分别顛倒所立，是故説名“分别相似”：根據這種分别同法差别即把同法差别作爲因，從而顛倒成立相違之宗，所立之量非正能破，因此稱爲分别相似。

爲什麼分别相似是似破？《莊嚴疏》有詳細解釋：“第三分别相似過類者，内曰：‘聲無常，勤勇無間所發性故，譬如瓶等。’外曰：‘聲常，不可燒故，或不見故，如虚空等。’外意云，汝以聲同瓶勤發即同瓶無常者，然瓶是可燒、可見，聲即不可燒、不可見。可燒、可見可無常，無燒、見者應是常。此於同法喻中分别可燒、不可燒，可見、不可見等之宗義異，名分别相似。前異法相似直望以一同法爲異法，不分别差别之義，故不同也。此外人不燒等因通同、異品，有不定過。謂此聲爲如空等不可燒或不可見故即是常，爲如樂等不可燒或不可見故即無常？此名以不定破定，故是似破也。内曰：‘瓶從勤發既也(然)無常，聲從勤發何容常住？’外破曰：‘聲從勤發同瓶等，即同瓶等説無常；瓶是可燒、聲不燒，瓶自無常、聲應常。’内曰：‘勤發唯在無常中，故得獨證無常義；不燒通常、無常内，何得偏成常住宗？’”(卷四頁五右至六右)

文軌的這一大段解説可分幾層意思；一、通過交代立、破雙方的論式説明本過之由來。二、説明分别相似與異法相似的差别。三、説明外道所用的“不可燒”或“不可見”之因是不定因，既同“常”，又通“無常”。立者是定量，破者是不定量，以不定破定，因此是似破。四、答難。佛家以瓶類聲，不説喻體遭到外道反駁，佛家再闡明因、宗不相離性，定因能證成“無常”宗義，而外道所用“不燒”“不見”因通“常”“無常”，是不定因，不能單單證成“常住”宗。

【今譯】 頌中“分别差别名分别”的意思是，前面所説兩種似破是通過示現異品(以異代同或以同代異)來進行難破，現在説的“分别差别”過所分别的應是同法喻依之上其他不同屬性。如同前面所舉實例，瓶仍爲同法喻依。破者認爲，在那同法喻依瓶上有可燒、可見等屬性，因此瓶應是無常的；聲音則不同，聲音應是常住的，因爲聲音有不可燒等其他不同的屬性。正是通過這樣分别出來的差别作爲因，顛倒成立相違之宗，因此把它稱爲分别相似。

5. 第四過——無異相似

所言“應一成無異”者,示現同法前已説故,由此與彼應成一故。[1]彼者是誰? 以更不聞異方便故,相鄰近故,應知是宗。[2]成無異者,成無異過。[3]即由此言義可知故,不説其名是誰與誰共成無異。[4]不別説故,即此一切與彼一切。[5]

【注釋】

這一段解説無異相似。

[1] 所言“應一成無異”者,示現同法前已説故,由此與彼應成一故:這一句解釋頌文。這裡説的同法與前面所舉實例相同。“此”爲同法喻依瓶,“彼”爲宗有法聲。敵論者破斥説,聲與瓶在一切屬性上都應相同,因而瓶與聲應成一體,即瓶與聲應是完全相同的東西。

[2] 彼者是誰? 以更不聞異方便故,相鄰近故,應知是宗:解釋前一句與“此”相對的“彼”。按照破斥者的説法,聲衹要與瓶在“勤發”這一屬性上相同,則應在一切屬性上相同。准此,則一切事物都有相同點,一切事物就在一切屬性上都完全相同了,這樣也就不可能有什麽異品和異法喻依需要遮止了。宗有法聲與瓶都有勤發性,在這一屬性上相鄰近,可見“彼”指的是宗有法。

[3] 成無異者,成無異過:敵論者説聲與瓶應在一切屬性上相同而成一體,即聲與瓶無異,宗與喻既然無異,也就成了宗、喻無別異之過,稱爲無異相似。

[4] 即由此言義可知故,不説其名是誰與誰共成無異:根據宗與喻成一體即二者無異之言,可知二者在一切義即一切屬性上相同,用不著説誰的什麽屬性與誰的什麽屬性無異。

[5] 不別説故,即此一切與彼一切:用不著分開來説,衹須籠統説瓶的一切與聲的一切無異即可。

《集量論》對無異相似作如下解釋:“言無別者,謂應無差別。何法與何法無差別? 由無差別故與一切無別。喻如由顯示同法喻瓶故,與諸餘法亦皆無

别。故瓶上所有一切諸法,聲上亦皆應得。由是一切諸法互爲同法故,皆應成一性。”(《略解》第142頁)

【今譯】 頌文所説“應一成無異”的意思是,敵論者仍以“聲無常,勤發故”爲破斥對象,同法喻依爲瓶,同前例所説。由瓶上的一切屬性與“彼”上一切屬性應完全相同,由此兩者成一體而無異。“彼”指什麼呢? 由於已經聽不到有什麼異法喻依需要遮止,而瓶與宗有法聲相似,因此可知“彼”指宗有法聲。同法喻依與宗有法聲在所有屬性上都相同而成無異就成爲無異相似過。就根據這無異之言可以知瓶與聲上的一切義即一切屬性都應相同,不必具體説明是什麼與什麼相同合成了無異。由於不用别説,所以總説此一切與彼一切相同。

如有説言,若見瓶等有同法故,[1]即令餘法亦無别異,一切瓶法聲應皆有,是則一切更互法同應成一性。[2]此中抑成無别異過[3],亦爲顯示瓶、聲差别,不甚異前分别相似,故應别説。[4]

【注釋】

這一段舉例解説無異相似。《理門論》把無異相似過類分爲三種。前一段和本段説的是宗、喻無異。

[1] 如有説言,若見瓶等有同法故:如果立者説,瓶與聲都有同法,瓶有勤發性和無常性,聲亦有勤發性從而推出聲亦有無常性。“同法”指宗、因雙同,宗、因單同爲同品。

[2] 即令餘法亦無别異,一切瓶法聲應皆有,是則一切更互法同應成一性:敵論者便破斥説,在其他一切法上也没有别異,瓶上的其他一切法如可燒、可見、非可聞等,聲都應具有。“更互法同”是説,反過來聲的一切法如不可燒、見,是所聞等瓶亦應有。總之,聲與瓶不應有差别,成同一體性,即體無異。

[3] 此中抑成無别異過:在上例中,敵論者抑制正能立,故意説勤發因會造成宗與喻一切屬性相同,宗與喻成爲一體,令有此無别異過,因爲宗與喻成爲一體是無論哪一方都不能接受的。

［4］ 亦爲顯示瓶、聲差別，不甚異前分別相似，故應別説：敵論者用無異來抑制立論者的正能立，實際上也是爲了顯示瓶與聲在可燒、可見、可聞等等方面的差別，這樣一來，就與前面的分別相似過類稍有區別。由於無異相似與分別相似是從不同的角度來破斥立方的，因此應當另立。

爲什麼説敵論是似能破呢？本來立方的論式是正能立，“聲是無常，勤發故，如瓶”。敵論者故意説勤發因不光使得聲與瓶同有無常性，還使得聲有瓶的可燒、可見、非可聞性，等等。敵論據此破斥説，聲與瓶本來不是同一個事物，現在成了完全相同的東西，因此立方的論式是錯誤的。其實從立論者的因裡，是推不出瓶、聲一切相同的結果的。敵論者據以破斥的理由是：兩個事物祇要有一個屬性相同，則一切屬性都相同。這個理由顯而易見是不能成立的。因此敵論是似能破。

《莊嚴疏》對無異相似的第一種情形宗、喻無異有詳細例解，所不同的是用“所作”因代替了“勤發”因。《莊嚴疏》説：“第四無異相似過類者，有三師釋。一言，内曰：‘聲無常，所作性故，猶如瓶等。’外曰：‘若言聲、瓶同有所作性故，即令聲是無常與瓶無異者，聲、瓶同有所作性，故其聲亦應可燒、見，亦可非所聞性，與瓶無異。立量云：‘聲應可燒、可見、非所聞性宗，所作性故因，如瓶等喻。’若許聲得同瓶等可燒、可見、非所聞性者，亦應瓶得同聲不可燒、見，是所聞性，此則聲、瓶一切法同，應成一性，無有聲、瓶兩物之異。’陳那釋此無異意云，外人抑令成無異者，意欲返顯瓶、聲差別，以無異宗違自所許及違世間，不可立故。但返顯云，若瓶與聲雖同所作，瓶自可燒、可見、非所聞；聲自不可燒、不可見、是所聞，不成一者，故知瓶自無常，以可燒，可見，非所聞故；聲自是常，以不可燒、不可見、所聞性故。陳那解云，若約抑成無異難邊，少異第三分別相似，然外人意恐違世間、自所許故，不敢強抑立無異宗；若約返顯聲、瓶差別，與第三分別相似理合不殊，不應別説無異相似。”（卷四頁六右至七右）

文軌的這段話詳細解釋了敵論者是怎麼破斥對方的。陳那認爲，敵論者從立論者之量推出無異的結論，並非敵論者的最終目的，最終目的是爲了返顯瓶與聲的差別。推導出聲、瓶無異而成一體，對敵論者來説這有違自家觀點，也有違世間常識，是明顯的錯誤。外人亦“不敢強抑立無異宗”，似乎也忌諱把顯然荒謬的觀點強加給對方。但是通過“無異”不能成立來返顯聲、瓶之差別，又回到分別相似這一過類，因此文軌認爲“不應別説無異相似”。

在陳那以前,衹以瓶、空爲同、異喻,不設同、異喻體,没有顯示因與宗後陳法不相離性,因此不可避免遭到外道來自兩方面的反駁,即分别相似和無異相似,陳那創建九句因,改造因三相,在喻支增設同、異喻體,就有力地破斥了差别相似過類和避免了聲、瓶處處類比的過失。

《莊嚴疏》引述了《如實論》中"與此少異"的無異相似過類:"瓶、聲同有所作性,聲、瓶同無常。萬物同有所知性,萬物應無異;若所知遍萬物,萬物自體各不同。所作遍聲、瓶,常與無常亦應異。立量云:'萬物之體應無異宗,有同法故因,如瓶、聲無常喻。'又云:'聲、瓶之法決定有異宗,有同法故因,如萬物喻。'"(卷四頁八右)文軌認爲外道的這兩種反駁都是似能破。正、似能破的區分在於是否滿足因三相。文軌説:"我所作因雖有同法之相,異品無故亦有别相,具三相故得成正因。汝所知因唯有同法之相,異品有故無有别相,無三相故,故是似因。良爲萬物相望有同有别,若唯就别,外人立又無同喻。若唯就通無所簡别。故我折中兼其通、别,具三相者立爲正因,不具三相皆似因攝。"(卷四頁八右至九左)"所作"因同品有、異品無,把同、異品區分開來了(亦有别相),是三相具足的正因;"所知"因同品有、異品也有,没有把同、異品區分開來(無有别相),因此是不滿足三相的似因。萬物有共性,也有差異性。衹看到差異性,外人所立之量缺少同喻;衹看到共性,又不能把聲、瓶不相關的屬性簡别開來,從而陷入全面類比以至無異。用三相作爲標准來衡量一個因,就能判明其正、似。文軌的解釋合乎陳那的本意。

至此,要回過頭來簡述陳那舉例説明無異相似的原文。

【今譯】 例如有人説,如果看到聲與瓶同有勤發性和無常性,這就會使得瓶的無常以外的其他屬性也没有差别,瓶的一切屬性聲都應當具備,如此便造成聲與瓶一切屬性相同或瓶與聲一切屬性相同,聲與瓶成一體。這種似能破表現爲抑止正能立使其宗、喻無差别的過失,實際上還是爲了顯示瓶與聲的差别。這與前面所述分别相似過類稍有不同,儘管没有太大的差别,但表現方式畢竟不同,還是應當别立過類。

若以"勤勇無間所發"成立"無常"[1],欲顯俱是非畢竟性,則成宗、因無别異過。[2]抑此令成無别異性,是故説名"無異相似"。[3]

【注釋】

這一段説無異相似的第二種情形,即宗、因相似。

［1］若以"勤勇無間所發"成立"無常":立方以"聲無常"爲宗,以"勤發"爲因。

［2］欲顯俱是非畢竟性,則成宗、因無别異過:敵論者認爲,立方想顯示"勤發"因與"無常"宗法都不具有至極的常住性,就會造成宗法與因法完全相同的過失。"宗、因無别異過"即宗義一分爲因,本來"勤發"因三相具足,但破斥者硬説因與宗無異,"聲是勤發"等同於"聲是無常",宗是立、敵不共許的,這樣一來,"聲是勤發"這第一相也變成不共許了,正因成了似因。立方説"凡勤發者皆有無常性",並没有説勤發者完全等同於無常者,敵論者根據立方所説"勤發"因與"無常"宗法有相同點,便説勤發完全等同於無常,這是不能成立的。

［3］抑此令成無别異性,是故説名"無異相似":破斥者抑止正能立而使之陷於宗、因没有差别的過失之中,正因如此稱爲無異相似。

對於外道關於宗、因無異的批評,《莊嚴疏》作了恰當的回答:"内曰:'勤發與無常總雖非畢竟,别據生滅異宗、因義自分。'此解意云,宗言無常意取其滅,因言勤發意取其生。生既共了正是因義,滅非共許理即是宗。今言不成故是似破。此謂於成就因不成就因言也。"(卷四頁十二右至十三左)"勤發"取生義,"無常"取滅義,"勤發"與"無常"雖相通,但不完全相同。

【今譯】　敵論者認爲,立方如果以"勤勇無間所發性故"因來成立"聲是無常"宗,想要顯示"勤勇"因法與"無常"宗法都不具有至極的常住性,那麼就會導致因法與宗法没有差别的過失。敵論者抑止正能立使其陷入宗與因無别異的過失,敵論的這一似破因此而被稱爲無異相似。

有説此因如能成立所成立法[1],亦能成立此相違法[2],由無别異,是故説名"無異相似"。

【注釋】

這一段講第三種無異相似,即等成二宗。

［1］有説：指有人説“聲無常，勤發性故，如瓶”。所成立法：指宗法“無常”。

［2］相違法：與宗法相矛盾的法，指“常住”。《新疏》説：“勤發雖同，瓶是可燒，聲不可燒。雖勤發同，瓶是無常，聲自常住。乃勤發因，瓶成無常，聲成常住，等成二宗，而無别異。”（卷四頁十四左）此釋與《集量論》合。《莊嚴疏》釋外宗爲“聲應可燒”。（卷四頁十三左）“可燒”非“無常”之相違法，似不妥。

立方之量本來是正能立，“勤發”因爲正因。敵論者的反駁是：瓶是勤發、可燒，所以是無常，聲是勤發且不可燒，所以聲是常，同一個勤發因證成了兩個相矛盾的宗，因此立方之量不成立。

反駁的根據並不是僅僅從“勤發”因出發而是引入了聲與瓶的差别法可燒與不可燒。從“聲不可燒”推不出“聲是常”，所以是似能破。這一似破實際上就是差别相似過。

【今譯】 敵論者認爲，如有人説“聲無常，勤發性故，如瓶”，此“勤發”因能成立“無常”宗法，則此因亦能成立與“無常”相矛盾的“常”法。同一個因能同等程度地成立兩個矛盾之宗而無差别，由此造成的過失被稱爲無異相似。

6. 第五過——可得相似

“顯所立餘因，名可得相似”者，謂若顯示所立宗法[1]，餘因可得[2]，是則説名“可得相似”。

【注釋】

這一段説可得相似。

［1］所立宗法：指所立法，即宗上之法。

［2］餘因可得：立論者使用的因之外的其他因也可證成宗法。立者若以“勤發”因來成立“無常”宗法，敵論者便破斥説，如果還有其他因可證得“無常”宗法，那麼立者之因便不正確。這種反駁是錯誤的，是似破。其錯誤在於限定一個宗衹能由一個因證成，而不能有兩個或兩個以上的正因。實際上一個

宗往往可以通過不同的因來證成。

【今譯】 頌文中“顯所立餘因,名可得相似”這兩句是説,敵論者破斥説,如果立論者所立之宗也可以由其他因法來證得,那麽立論者原來使用的因便不正確。這種似能破便稱爲可得相似。

謂有説言,如前成立“聲是無常”,此非正因,[1]於電、光等由“現見”等餘因可得“無常”成故[2]。以若離此而得有彼,此非彼因。[3]

【注釋】

可得相似有兩種。本段舉例解説第一種。

[1] 如前成立“聲是無常”,此非正因:如同前述以“勤發”因證“聲是無常”宗,敵論者便破斥説,這“勤發”因不是正因。

[2] 於電、光等由“現見”等餘因可得“無常”成故:“電、光等”都是具有無常性的現象;“現見”由現量所得,即眼根能親見;“餘因”,指“勤發”因之外的因。

[3] 以若離此而得有彼,此非彼因:敵論者認爲電、光等現象離開了“勤發”因(電、光等自然現象非意志的不斷顯現)而有“無常性”,因此“勤發”因既非唯一的定因,便是似因。

《莊嚴疏》有如下詳細解釋:“内曰:‘義本如前。’外曰:‘電、風本非勤勇發,以可見故是無常,是則立聲是無常不因勤勇所發性。’此難意云,電、風等上無‘勤勇發’因,外以‘可見’等因證‘無常’義,既離汝因,餘因可得,明知‘勤發’非是正因;若此‘勤發’是正因者,無勤勇處應無無常,譬如見煙知有火,不見煙不知火。内曰:‘勤發定是無常因,未見勤發是常者,無常不是勤發因,故見電等非勤發。’此解意云,我不言:‘勤發能顯一切無常,餘因不能顯’。故電等無常雖非勤發,自以可見等因顯其無常,亦順我意,謂是正因。如欲知有火即須見煙,雖不見煙,見光亦知有火,同證有火謂得成因。又若以勤勇不遍電等非聲因者,汝‘可見’因亦不遍聲應非電因,相望皆有餘因可得義故。又‘勤發’因若在異品可成能破,既唯在同品但似破也。”(卷四頁十四左至右)

《莊嚴疏》的解釋清楚明白。有以下幾層意思:第一,准確地介紹了作爲敵論者的外道的觀點,“勤發”因之外有“可見”因等能證“無常”,由此斷定“勤發”非正因;若“勤發”爲正因,則無之必不然,但無“勤發”因卻有“無常”,故非正因。第二,闡述了佛家對“勤發”因的看法,“勤發”因祇通同品“無常”,不通異品“常”者,不排斥其他因能顯“無常”。這個講法合乎邏輯,勤發因是無常的充分條件,有之必然,無之未必不然,而不是外道所説無之必不然。第三,以子之矛攻子之盾。你説“勤發”不遍及電等,則“勤發”非聲之正因,同樣,“可見”因不遍及聲,則“可見”因非電等之正因。各自都有餘因可得義。第四,“勤發”因若通異品則成似能立,敵論爲正能破;“勤發”因唯通同品,敵論爲似能破。

總之,敵論者以“有餘因可證宗法”來作爲“立者之因爲似因”的理由是不能成立的。該反駁是錯誤的,是似能破,稱爲可得相似。

【今譯】 有人説如同前面以“勤發”因來成立“聲是無常”宗,那麼敵論者認爲此“勤發”因非正因,因爲電、光等自然現象是無常的,可由“現在眼可見”等因來證得。如果離開了“勤發”而“無常”的現象仍能出現,這就説明“勤發”因不是“聲是無常”的正因。

有餘於此别作方便[1],謂此非彼“無常”正因,由不遍故,[2]如説“叢林皆有思慮,有睡眠故”。[3]

【注釋】

這一段講第二可得相似。

[1] 有餘於此别作方便:有的敵論者在餘因之外,對“勤發”因從别的角度再作難破。《新疏》説:“第二師示相不順頌文,稱爲‘有餘’,非顯餘因可得義故。”(卷四頁十五左)

[2] 謂此非彼“無常”正因,由不遍故:敵論者認爲“勤發”因並非“聲是無常”宗的正因,因爲此因未遍及宗有法,未滿足第一相“遍是宗法性”,有不成因過。這一反駁是錯誤的。實際上,當立方用“勤發”因而不是用“所作”因來證宗時,所證之宗就是“内聲無常”,《大疏》解九句因實例時作了説明。宗有法不包括外聲如風等。外聲如風非“勤發”。“勤發”因遍及“内聲”,無不成因過。假如宗有法包括内、外聲,則有不成因過。《理門論》在講完七種相似過類,回

過頭來評點時,對此作了説明。可參見後文。

［3］如説“叢林皆有思慮,有睡眠故”:破斥者舉例説明前述反駁。《莊嚴疏》解釋説:“如尼乾子等立‘一切草木悉有神識,以有眠故,猶如人等’,此‘有眠’因唯在屍利沙樹,餘樹即無,以不遍故有不成過也。又内曰:‘勤發’雖不遍‘無常’,然遍所立‘聲’宗上;縱使‘電’等無‘勤發’,何妨‘勤發’證‘無常’,其尼乾子立‘一切草木’爲宗,‘有眠’之因不遍‘草木’,故因有過,何得爲例?”(卷四頁十五左)

文軌認爲敵論者所舉實例不算數,起不到例證的作用。佛家的“勤發”因遍及“内聲”,無不成因過。巫壽康《研究》對本過的解釋有誤解。(第85頁)

【今譯】 第二可得相似説,敵論者在用餘因之外又從另外的角度來破斥“勤發”因,指出立者之“勤發”因非彼“無常”宗的正因,因爲“勤發”因没有遍及宗有法“聲”,有不成因過。如同説“一切草木皆有思慮,有睡眠故”。其實,當立方用“勤發”因來證宗時,立、敵對諍的是“内聲無常”,故“勤發”因遍及“内聲”,無不成因過。

7. 第六過——猶豫相似

“難義别疑因,故説名猶豫”[1]者,過類相應,故女聲説。[2]此中分别宗義别異,因成不定,是故説名“猶豫相似”。[3]或復分别因義别異,故名“猶豫相似過類”。[4]

【注釋】

這一段解説第六種過類猶豫相似。

［1］難義别疑因,故説名猶豫:這是頌文中的兩句。“難義别”是敵論者對立方的宗義和因義作不同解釋,使立方之因成爲疑因,這種似破就稱爲猶豫相似。

［2］過類相應,故女聲説:《證文》説:“‘過類相應’句,指猶豫相似立名格例而言,如下舉猶豫相似過類,即此相似應與過類相連,從有財釋之例,所連過

類 jati 是女聲字，此相似亦應用女聲 sama 也。”

［3］此中分別宗義別異，因成不定，是故説名“猶豫相似”：“此中”即前例立論者之比量。破斥者認爲，“無常”宗法的含義可分爲隱顯無常和生滅無常，宗義無論取哪一種，都會使因成爲不定因。陳那認爲這一反駁是錯誤的，因此稱這一似破爲“猶豫相似”。

［4］或復分別因義別異，故名“猶豫相似過類”：敵論者在對所立宗義作分別之後，又進一步對立方之因義進行分別，敵論者認爲，由於因義有生與顯之不同，因也成爲猶豫不定因。陳那認爲敵論者通過對因義的分別來反駁也是錯誤的，因此稱這一似破爲“猶豫相似過類”。

【今譯】 頌文“難義別疑因，故説名猶豫”這兩句是説猶豫相似過類。此“相似”與“過類”二者應在梵文語法上相應，“過類”jati 是女聲字，此“相似”亦應作女聲 sama 説。在猶豫相似中，或者增加宗法中所包含的意義，從而將因説成不定因，正由於此該反駁是似能破，稱爲猶豫相似；或者再對因義作分別，因此稱其爲猶豫相似過類。

謂有説言，如前成立“聲是無常，勤勇無間所發性故”，[1]現見“勤勇無間所發”或顯、或生，故成猶豫，[2]今所成立爲顯、爲生？是故不應以如是因證“無常”義。[3]

【注釋】

這一段是舉例説明猶豫相似。

［1］謂有説言，如前成立“聲是無常，勤勇無間所發性故”：佛家所立與前例相同。

［2］現見“勤勇無間所發”或顯、或生，故成猶豫：敵論者認爲，此“勤發”因有顯發和生成兩種不同的含義。以“勤發”因證宗，究竟是如瓶那樣爲“勤勇”所生呢，還是如井水那樣爲“勤勇”所顯呢？立論者没有明確作出分別，因此是猶豫因。

［3］今所成立爲顯、爲生？是故不應以如是因證“無常”義：敵論者認爲，猶豫因如以“勤勇所顯”的井水爲同法喻依（水本來有，經過意志的不斷努力即

開發才顯露爲井水),則證成了“隱顯無常”宗;如以“勤勇所生”的瓶爲同法喻依,則證成了“生滅無常”宗。因猶豫不定,則宗亦猶豫不定,因此不應以這種猶豫因來證“無常”宗義。

這個反駁是錯誤的。首先,立方之宗是確定的。“聲是無常”之“無常”衹是表達滅壞的意思,它是由生導致滅壞還是由顯導致滅壞,這不是宗的内容。“聲是無常”宗不要求回答這一問題。因此《莊嚴疏》説:“内曰:我言無常但據滅壞,汝於宗外妄益其生,生尚非宗,何容立顯?故此分别,但是妄施。”(卷四頁十六左)

再從因上來看,這個反駁也是錯誤的。“勤發”因不管是生、是顯,都同樣要導致滅壞,因此不是不定因。《莊嚴疏》説:“故《理門論》云:若生、若顯,悉皆滅壞,非不定因。”(卷四頁十六右)《理門論》這段話見於後面對七種過類的評判之中,末句爲“非不定故”。

【今譯】 有人破斥説:“如同前述所立的‘聲是無常,勤勇無間所發性故’,可以發現,‘勤勇無間所發’因有顯發和生成的不同含義,因此是猶豫不定之因,這就使得‘聲是無常’不能確定究竟是隱、顯無常還是生、滅無常,因此不應當以這種因來證成‘無常’宗義。”

8. 第七過——義准相似

“説異品義故,非愛,名義准”者[1],謂有説言,若以“勤勇無間所發”説“無常”者,義准則應若“非勤勇無間所發諸電、光等皆應是常”。[2]如是名爲“義准相似”[3]。

【注釋】

這一段講第七種相似過類,叫義准相似。

[1]“説異品義故,非愛,名義准”者:這是頌文中的兩句。“異品義”:有倒離錯誤的異喻。正確的異喻表達方式是“宗無因不有”,破斥者卻説成“因無宗不有”。“非愛”:敵論者通過倒離所成立的相違之宗非立者所樂,故稱非

愛。義准："准"有允許、依照、比照等義。這裡是引申、推導的意思,但這種引申、推導在立方看來是錯誤的,即喻過中的倒離。衡以邏輯,義准相似相當於充分條件假言推理的否定前件式,是錯誤的推理。

［2］謂有説言,若以"勤勇無間所發"説"無常"者,義准則應若"非勤勇無間所發諸電、光等皆應是常"：敵論者説,如果立方以"勤發"因證"無常"宗,那麼按照"諸勤勇所發皆見無常",也可以説"諸非勤勇所發皆見其常","電、光等"是"非勤勇所發",因此"電、光等"是"常"。敵論者故意顛倒了異喻的順序,將"宗無因不有"改成了"因無宗不有"。

［3］如是名爲"義准相似"：敵論者的反駁是錯誤的,這種似能破稱爲義准相似。

針對義准相似,《莊嚴疏》破斥説:"内曰：我言勤發者皆無常,未有勤發非無常;不言非勤發者皆是常,故有電等是無常。若言勤勇發者是無常,非勤勇發者定是常,亦可由見煙故知有火,不見煙故知無火。雖復不見煙,未必即無火;雖非勤勇發,何必即有常?……又解勤勇所發具三相,故得爲彼無常因;非勤勇因異品有,何得爲彼常之因?……此則以不定因破我定因,是似破也。"(卷四頁十七左至十七右)文軌對義准相似過失之所在解釋得清楚明確。

【今譯】 頌文中"説異品義故,非愛,名義准"這兩句是説,敵論者破斥説：如果立論者以"勤發"因來證"無常"宗,那麼按此推導,就可以説如果是"非勤發者如電、光等就都應該是常性的"。這種似能破就稱爲"義准相似"。

應知此中略去後句[1],是故但名"猶豫""義准"。

【注釋】

這一句是對猶豫相似和義准相似頌文的説明。

［1］後句：《證文》説:"指'相似'二字言。"頌文中除同法相似和可得相似有"後句"專門列出過名外,其餘五種都省略了。

【今譯】 應當注意關於猶豫相似和義准相似的頌文中都省略了"相似"二字,因此祇稱爲"猶豫"和"義准"。

9. 七過總評

復由何義此同法等相似過類異因明師所説次第[1],似破同[2]故?

【注釋】

由本句開始對七種過類進行評説。

[1] 異因明師所説次第:七種相似過類的順序與古因明師所説不同。

[2] 似破同:指過類的名稱與《正理經》《如實論》相同。

【今譯】 又有人問:爲什麽同法相似等七種過類的順序與古因明師所説的有所不同,而過類的名稱與古師所説又相同呢?

由此同法等,多疑故似彼。

【注釋】

這是陳那用頌文來回答前面的疑問。

《新疏》説:"難疑名疑,非彼真疑,但是似疑,故破亦似。"(卷四頁十八右)

【今譯】 由於同法相似等七種過類大多是屬於其因疑惑不定的過失,因此歸爲似破一類。

"多"言爲顯或有異難[1],及爲顯似不成因過[2]。

【注釋】

[1] "多"言爲顯或有異難:指前四過類。(參見《斠疏》卷六頁一右)

[2] 及爲顯似不成因過:並且顯示這些似破不成爲正因的過失。

【今譯】 七種過類中多數顯示了有異義的難破,並且顯示這些難破之因不是正因,因而這些難破是似能破。

此中前四與我所説譬喻方便都不相應[1],且隨世間譬喻方便[2],雖不顯因是決定性,然攝其體,[3]故作是説[4]。

【注釋】

這一段指出前四過類是敵論者針對古因明論式來破斥而形成的。

[1] 此中前四與我所説譬喻方便都不相應:七種相似過類中的前四種,指同法相似、異法相似、分別相似和無異相似。這四種過類所破斥的對象是古因明五支作法。古師立量,但舉喻依,不以喻體貫通宗、因,例如在同法相似過類中,立論者祇舉喻依,祇依照一種相類的屬性來成立宗,敵遂義准亦以一種相同屬性成立相違之宗,遂生多難。因此,這四種過類中所破斥的古師論式與我陳那所説的論式有所不同。

[2] 且隨世間譬喻方便:而且等同於世間外道如勝論等,祇以喻依爲喻而不設喻體。

[3] 雖不顯因是決定性,然攝其體:古師的論式雖然没有顯示因的"同品定有性"和"異品遍無性",然而舉出了正確的喻依,反映了因、宗之間的一定聯繫。

[4] 故作是説:因此説敵論者爲難古師而成似能破。

【今譯】 七種相似過類中的前四種,敵方所破斥的物件爲古因明師的五支作法,與我所創三支作法中的喻支有很大不同。古因明師的論式是依照世間外道的論式建立起來,雖然没有顯示因的"同品定有性""異品遍無性"的證宗作用,然而舉出了正確的喻依,仍反映了因、宗之間的一定聯繫。敵論者對其進行難破,因此成爲似破。

由用不定同法等因成立自宗[1],方便説他亦有此法[2],由是便成似共不定[3];或復成似相違決定[4]。

【注釋】

這一段批評同法相似和異法相似。

[1] 由用不定同法等因成立自宗:意思是説由敵論者用原異法喻依"空"

來代替同法喻依“瓶”,或者以原同法喻依“瓶”來代替異法喻依“空”,並用不定因“無質礙故”來代替立論者的正因“勤發”故,以便成立自己的“聲常”宗。所謂“不定同法”,是指“諸無質礙者皆見其常”不能成立,例如“樂”等“無質礙”但“樂”等是“無常”,説“無質礙”因,“常”宗不一定相隨。同樣有不定異法,“諸無常者皆有質礙”也不能成立,例如“樂”等“無常”且“非有質礙”。

［2］ 方便説他亦有此法：當立論者説敵論者以“無質礙”因來成立“聲常”宗有不定因過時,敵論者反過來説對方亦有不定因過。例如,有人説敵論者的反駁是“以空有無質礙及常,聲有無質礙亦應爲常,故有不定因過”。敵論者則很方便地説,“他”即對方以“瓶”類“聲”亦有此不定因過。

［3］ 由是便成似共不定：“共不定”是指九句因中除正因、相違因和不共不定因之外的四不定因。陳那著有關於九句因的小品《因輪論》,原本不存,有藏文譯本。其中一頌説:“上下二正因,兩邊二相違,四隅共不定,中央乃不共。”(引自《内學》第四輯)共不定因的特點是因既通同品,又通異品。立論者認爲敵論者之“無質礙”因有共不定因過,敵論者便説你立論者之“勤發”因同樣有共不定因過。這種反駁是不能成立的。因爲“勤發”因滿足因三相,不是共不定因,因此稱敵之反駁爲似共不定。

在《理門論》中,疑因共六種,這就是九句因中除二正因和二相違因外,其餘五種以及九句因外的相違決定因。九句因中的五種不定因是共不定四種和不共不定一種。因此“似共不定”中的“共不定”另有一解,指立、敵雙方同有不定因過。

前一種解釋共不定中不包括不共不定,後一種解釋立、敵雙方共有不定因過,則未明確排除不共不定,故以前一解釋更合乎敵論之本意。

［4］ 或復成似相違決定：在敵論者看來,如果你立論者用“勤發”因能證成“無常”宗,那麼我也“方便”地用“無質礙”因證成了“聲常”宗。既然這兩個論式各自都能成立,“勤發”因與“無質礙”因便有相違決定因過。

這一反駁是錯誤的。因爲“勤發”因三相具足,能證成“聲無常”宗,但是“無質礙”因卻是不定因,不能證成“聲常”宗。因此敵論者所謂的相違決定不是真正的相違決定,而是似相違決定,即錯誤的或假的相違決定。

【今譯】 敵論者以不定因“無質礙”並顛倒舉出同法喻依“空”和異法喻

依“瓶”來成立自己的“聲常”宗。當立論者説敵論者以“無質礙”因來成立“聲常”宗有不定因過時,敵論者便倒過來説立論者以“瓶”類“聲”也有這種不定因過。但是,這種反駁是錯誤的,因此立論者之因並非真的共不定因;或者敵論者説,立、敵雙方各自的因證成了各自的宗,因此雙方的因都有相違決定過。這一反駁也是錯誤的,因爲立方之因三相具足,而敵論者之因是不定因,因此敵論者所謂的相違決定因並非是真正的相違決定因。

若言[1]唯爲成立自宗,云何不定得名“能破”?

【注釋】

這一句是有人提問。

[1] 若言:敵者作相違決定之言。

【今譯】 假如有人問,敵者作相違決定量衹是爲了成立自宗,而不是爲了破斥對方,爲什麼這種有不定過的論式還能稱爲能破呢?

非即説此以爲能破[1]。難不定言,説名不定,[2]於能詮中説所詮故[3],無有此過[4],餘處亦應如是安立[5]。若所立量有不定過,或復決定同法等因有所成立,即名能破。[6]

【注釋】

這一段爲陳那答問。

[1] 非即説此以爲能破:並非即以此似相違決定爲能破。

[2] 難不定言,説名不定:敵論者難我亦有共不定,其實是敵論本身有不定過。因此將其難破稱爲不定。

[3] 於能詮中説所詮故:能詮指敵論的因、喻,所詮指敵論之因、喻所闡述之義有不定過。

[4] 無有此過:前一句説衹從能詮因、喻中説其有不定因,是似能破。這一句意謂,不能説其還有相違決定的似能破。

[5] 餘此亦應如是安立:這一句是説衹從敵論之能詮因、喻中顯示出來的

過失而設立過名，也適用於其他似能破。《集量論》説，敵論者對立論者妄加缺減、不成等過，則立論者可通過其能詮因、喻説其爲似缺減過破、似不成過破。

[6] 若所立量有不定過，或復决定同等因有所成立，即名能破：當立論者之量確實有不定過，而在有的情況下敵論者之同法喻依或異法喻依以及因没有過失，能證成自宗，這樣的難破可稱爲真能破。

【今譯】 不是説敵論者的相違决定就是真能破。敵論者破斥立論者，説立論有不定過，其實敵論者自有不定過而被稱爲不定。稱其爲不定是從其因、喻所表達的含義來作出的。衹能説敵論者有不定因因而是似能破，而没有所謂相違决定的似能破。在其他似能破的立名上，也應按照這種方式，即從敵論之過失因、過失喻中作出。如果立論者的論式確實有不定過，而在有的情況下敵論者的因、喻没有過失，因而能證成自宗，這樣的難破就稱爲真能破。

是等難故[1]，若現見力，比量不能遮遣其性。[2]如有成立"聲非所聞，猶如瓶等"，以現見聲是所聞故。[3]

【注釋】

這一段以第一種無異相似爲例概括前四種相似的共同點是違反現量。

[1] 是等難故：《證文》説："按《集量》是概括同、異法至無異相似而言。"

[2] 若現見力，比量不能遮遣其性：現見力指現量即感覺量的力量勝於比量，比量指敵論者的破量。敵論者的破量不能否定現量的量果。

[3] 如有成立"聲非所聞，猶如瓶等"，以現見聲是所聞故：敵論者以"聲非所聞，猶如瓶等"故意强加於立論者，敵論者犯有無異相似之過。從立論者的"聲是無常，勤發故"本來是推不出瓶、聲處處相同，即瓶非所聞、聲亦非所聞的結論的。"聲非所聞"爲立、敵共所不許，因爲違反了現量。敵論者也不是真的要成立"聲非所聞"，衹是爲了陷立論者於荒謬境地。立論者也不是要成立"聲是所聞"，因爲有相符極成過。

《莊嚴疏》解釋説："此明抑成無異成似所以。聲之所聞，現量所得，外人雖以瓶爲比量遮聲所聞，然比量力劣於現量，不能遮遣聲之所聞現量境也，故此無異之難違現量故成似破也。"（卷四頁七右）文軌的這段話解釋了敵論者抑止立方的正能立使之成爲所謂的有過之量，敵論的反駁依據便是"聲非所聞，猶如瓶等"。以瓶類聲，證聲爲非所聞是錯誤的推論，其比量力自然劣於現量所得，因此無異相似的難破是似能破。

【今譯】 由於同法相似、異法相似、分別相似和無異相似都是難破立論者之"聲是無常"宗，當現量知十分有力地產生時，敵論者用"聲非所聞，猶如瓶等"來難破立論者之"聲是無常，勤發性故"，企圖將聲、瓶一切屬性都相同的觀點加在立論者頭上，這種反駁方式是錯誤的，因爲聲音能聽見是感覺得到的。

不應以其是所聞性遮遣無常[1]，非唯不見能遮遣故[2]。若不爾者，亦應遣常。[3]

【注釋】

這一段評説分別相似。

[1] 不應以其是所聞性遮遣無常：敵論者以聲、瓶之間的差别即瓶無所聞性而聲有所聞性，因此説瓶是無常而聲自是常。敵論者以瓶、聲之間的差别來反駁"聲是無常"是錯誤的。前面説過，異喻有倒離的過失。衡於邏輯，則成爲充分條件假言推理否定前件式，是錯誤的推理。

[2] 非唯不見能遮遣故《斠疏》解釋説："非唯瓶上不見能遮所聞性，瓶有所遮之無常，亦於空上不見能遮所聞性，空有所遮之常。既所聞性雖不於彼瓶、空上有，知瓶自無常，空自是常，故知所聞性因，於無常非是能遮。"（卷六頁五左）：非唯：並非衹是；能遮遣：指敵方用來遮遣"無常"的"所聞性"。

[3] 若不爾者，亦應遣常：《斠疏》解釋説："若以瓶無能遮無常之所聞，瓶即有無常，返顯聲有能遮無常之所聞，聲即無無常者。亦可空無能遮常住之所聞，空即有其常，返顯聲有能遮常住之所聞，聲即有無常，故云亦應遣常也。"（卷六頁五左）如果不是按照我那樣看問題，照你分别相似的反駁，也應否定聲音是常。

【今譯】 不應該以聲音有所聞性而瓶無所聞性來否定"聲是無常"。因爲並非衹是"瓶"上不見有遮遣無常的所聞性，在敵論者所用來證成"聲是常"的同法喻依"空"上也不見有所聞性，所以不能根據瓶無所聞性來否定聲是無常。

如果不是這樣看,而是以分別相似來爲難立論者,那麽也應該否定以虛空的常性來證聲音的常性。

第二無異相似是似不成因過[1],彼以“本無而生”增益所立,爲作宗、因成一過故,[2]此以“本無而生”極成因法證“滅後無”[3]。若即立彼,可成能破。[4]

【注釋】

這一段評論無異相似過類的第二種情形。

[1] 第二無異相似是似不成因過:第二種無異相似過類是指敵論者將立方的正因説成所謂的不成因所産生的過失,這一過失就稱爲似不成因過。

[2] 彼以“本無而生”增益所立,爲作宗、因成一過故:作爲立方的佛家的論式是:“聲是無常,勤發故,如瓶。”因法“勤發”與宗法“無常”是因果關係。“勤發”意指本無而生,“無常”意指生而後滅。雖然“勤發”因與“無常”宗法都有無常的共性,但畢竟不完全相同,前爲生,後爲滅,是兩個概念。敵論者故意爲宗法“無常”增加“本無而生”的屬性,使得“生”因和“滅”果完全没有區别,宗、因合一,就有宗義一分爲因的過失。本來“無常”宗法爲立、敵不共許,敵論者使因等同於宗法後,正因成了不成因,不爲聲有法所有。

[3] 此以“本無而生”極成因法證“滅後無”:立論者以“本無而生”又爲雙方共許的“勤發”因來證成“滅後無”的無常宗法,以共許因證不共許法,所以没有過失。

[4] 若即立彼,可成能破:假如真的如敵論者所説的那樣,因與宗法無異,當然可以成爲能破的對象。

【今譯】　第二種無異相似是有似不成因過的似能破。由於敵論者將“本無而生”這一爲“勤發”因所有而爲“無常”宗法所不具有的屬性,硬加到“無常”宗法之上,使得“無常”宗法與“勤發”因完全一致而有過失。實際上立論者是以“本無而生”這一爲立、敵雙方共許的因法來證成“滅後無常”。假如立論者真的是如同敵論者所説以“無常”證“無常”,那麽敵論就是真能破。

第三無異相似成立違害所立[1],難故成似[2],由"可燒"等不決定故[3]。若是決定,可成相違。[4]

【注釋】

這一段評論無異相似的第三種情形。

[1] 成立違害所立:敵論者認爲用同一個"勤發"因證成了相矛盾的兩個宗。

[2] 難故成似:敵論認爲立方之因有相違決定之過。本來,造成相違決定的兩個因都是三相具足的決定因。敵論者故意説一因等成了二宗,其實是引進了瓶與聲可燒、不可燒的差别。這樣,敵論者用不決定因來成立相違之宗並以此爲難立論者,就成爲似破。

[3] 由"可燒"等不決定故:瓶、聲皆勤發,瓶是無常,則聲亦無常。敵論者認爲,瓶可燒制而聲不可燒制,瓶是無常而聲自是常,但是,"不可燒"並非"聲常住"的決定之因,而是不決定因,因爲不可燒的還有樂等無常。

[4] 若是決定,可成相違:假如敵論者用來難破的因是決定因,那麽可使立論者之因犯相違決定過。

【今譯】 無異相似的第三種情形是説,敵論者認爲立論者之因也可成立相矛盾的宗。這一難破使用了不決定因,因而是似能破,這是由於敵論者引入瓶"可燒"而聲"不可燒",並非決定因。假如敵論者使用了決定因,那麽可以陷立論於相違決定因過,敵方的難破就是真能破。

可得相似所立不定[1],故成其似[2]。若所立因於"常"亦有,可成能破。

【注釋】

这一段评说第一可得相似。

[1] 所立不定:"所立"指宗法,"勤發"因在瓶等無常上有,在電等無常上無。"勤發"因在宗法上有、無不定並不妨礙其爲正因。因的第二相衹要求同品定有因,而不要求同品遍有因。

[2] 故成其似:敵論者以"勤發"因之外的其他因亦可成"無常"宗來難破

立方,並不能證明立方之因爲似因,相反,敵論成爲似能破。

【今譯】 第一可得相似是説,敵論者以"勤發"因在"瓶"等無常上有,在"電"等無常上無,即以"勤發"因在宗法上有、無不定來難破立方之因是不定因。這一反駁是錯誤的,因此是似能破。假如立論者之因通於異品"常"上,則敵論者之難破可成爲真能破。

第二可得雖是不遍,餘類無故,似不成過。[1]若所立無,可名能破。[2]非於此中欲立"一切皆是無常"[3]。

【注釋】

這一段指出第二可得相似有似不成因過。

[1] 第二可得雖是不遍,餘類無故,似不成過":敵論者雖然以立方之"勤發"因没有遍及宗上有法來難破立論者,其根據是外聲風等非勤發。由於立、敵對諍的是"内聲無常"宗,"勤發"因遍及"内聲",滿足"遍是宗法性",並非有不成因過,因此第二可得相似是似能破,有似不成因過。

[2] 若所立無,可名能破:假如宗有法"内聲"不爲因法"勤發"所遍及,敵論者的難破可稱爲真能破。

[3] 非於此中欲立"一切皆是無常":立論的宗是"内聲無常",而非"一切聲皆是無常"。佛家另以"所作"因證"一切聲皆是無常"。

【今譯】 第二可得相似雖然是説立方之因不遍及有法,因爲外聲非勤發,但由於立方以"勤發"因證"内聲無常"宗,並無不成因過,因此第二可得相似有似不成因過。假如因不遍於宗有法,敵方之難破則爲真能破。立方並非要以"勤發"因去證成"一切聲皆是無常"宗。

猶豫相似謂以"勤勇無間發"得成立"滅壞"[1],若以生起增益所立作不定過,此似不定。[2]若於所立不起分别,但簡别因生起爲難,此似不成。[3]由於此中不欲唯生成立滅壞,若生、若顯悉皆滅壞,非不定故。[4]

【注釋】

這一段評説猶豫相似。

［1］謂以“勤勇無間發”得成立“滅壞”：這句是説立論者以“勤發”因證“聲是無常”宗，此“無常”是“滅壞”無常。

［2］若以生起增益所立作不定過，此似不定：本來“無常”宗義衹有滅壞之義，而無生起之義，敵論者卻把生起之義加在“無常”之上，使“無常”之上有生起和滅壞二種差別。敵論者便據此難破立論者，“勤發”因是成立“生起無常”，還是“滅壞無常”？妄圖陷立論於猶豫不定因過之中。但是這種不定因過是不成立的，因此敵論有似不定因過。

［3］若於所立不起分別，但簡別因生起爲難，此似不成：猶豫相似的另一種表現是不對“無常”宗義進行分別，衹是在因上作簡別。“勤發”因成立“內聲無常”，對聲顯論立。立方所用“勤發”因本來不問其爲顯發義還是生起義，但敵論者卻簡別出生起義來難破，妄圖陷立論於不成因過之中。然而，立論無不成因過，因此敵論爲似能破，爲似不成因過破。

［4］由於此中不欲唯生成立滅壞，若生、若顯悉皆滅壞，非不定故：“此中”指“勤發”因中。立論者並不希望在“勤發”因上衹取生起之義來成立滅壞無常。無論“勤發”因的生起之義還是顯發之義都導致“滅壞無常”，而不會導致“常”，因此有決定義。

【今譯】　所謂猶豫相似，是説立論者以“勤勇無間所發性故”因來成立“聲是滅壞無常”，而敵論者以生起之義加在“無常”宗法之上，以此反駁“勤發”因有猶豫不定過，但是立論者之“勤發”因並無不定過，因此敵論者有似不定因過破。敵論者如果不在“無常”宗法上分别出生起之義，而衹是在“勤發”因中選取生起之義來難破，則聲、瓶等上成，井水上不成，這一反駁是錯誤的，因此是似不成因過破。由於立方之“勤發”因並非衹是以生起之義來成立滅壞無常，無論是生起還是顯發都能證成“滅壞無常”，因此没有不定的過失。

義准相似謂以顛倒不定爲難，故似不定。[1]若非勤勇無間所發立常、無常[2]，或唯勤勇無間所發無常非餘[3]，可成能破[4]。

【注釋】

這一段評説義准相似。

［1］義准相似謂以顛倒不定爲難，故似不定：敵論者認爲，以"勤發"因證"聲是無常"宗，義准非勤發的電、光等就應説是常。但事實上非勤發的電、光等是無常的，敵論者有倒離的過失，立方並無不定因過，因此敵論者有似不定因過破。

［2］若非勤勇無間所發立常、無常：這是假設立方以"非勤發"爲因來成立"常"宗或"無常"宗。

［3］或唯勤勇無間所發無常非餘：或者假設立方認爲唯有"勤發"因才能證"無常"，其餘因不能證"無常"。

［4］可成能破：在以上兩種假設的情況下，敵論者的難破可成真能破。

【今譯】　義准相似是説，敵論者用倒離的方式爲理由來難破立方之因爲不定因，因此是似不定因過破。假如立論者是以"非勤發"爲因來成立"聲是常"或"聲是無常"宗，或者假如立方以"勤發"因是唯一能證成"無常"宗的正因，則敵論者之反駁爲真能破。

10. 頌説至非至和無因相似

若因至不至、　　三時[1]，非愛言[2]，
至非至、無因[3]，是名似因闕。

【注釋】

本頌概説至非至相似和無因相似兩種過類。

［1］若因至不至、三時："至"指因與所立法相通，"不至"指因與所立法不相通，因與宗無關。"三時"指因的提出在立宗之前，或立宗之後，或與宗同時。敵論者認爲立論者之因無論至不至都有過失，三時無因也是過失。

［2］非愛言：以上兩種難破爲立論者所不樂接受。

［3］ 至非至、無因：這兩種似能破的名稱就是"至非至相似"和"無因相似"。

【今譯】 敵論者如果認爲立方之因無論與所立法相通還是不相通，立方之因無論在宗之前或之後，或者與宗同時成立都有過失。這樣的難破爲立方所不樂，前者稱爲"至非至相似"，後者稱爲"無因相似"。這兩種相似過類都屬於似缺因過破。

11. 第八過——至非至相似

"若因至不至、三時，非愛言，至非至、無因"者，[1]於至非至作非愛言[2]，若能立因至所立宗而成立者，無差别故應非所立，如池、海水相合無異；[3]又若不成應非相至，所立若成，此是誰因?[4]若能立因不至所立，不至、非因無差别故，應不成因。[5]是名爲"至非至相似"[6]。

【注釋】

［1］"若因至不至、三時，非愛言，至非至、無因"者：解釋頌文中前三句。

［2］於至非至作非愛言：先解釋至非至相似。敵論者以因至、非至宗都有過而使立論者不樂來難破。

［3］若能立因至所立宗而成立者，無差别故應非所立，如池、海水相合無異：敵論者認爲如果立者之因能與宗的謂項即所立法相通，例如"勤發"因與"無常"相通而使"聲是無常"宗成立，那麼能立因"聲是勤發"便與所立宗"聲是無常"没有什麼差别了。能立因既然與所立宗相同，此因便不成爲能立，如同池水流入海中，池水與海水混同後便没有差别。《證文》説"無差别故應非所立"中："所立，疑是能立之誤，此處本難因也。"

［4］又若不成應非相至，所立若成，此是誰因：這一句講不相至。"又若不成"中的"不成"指因法與宗上之法不是相合無異。《證文》説："'又若不成'依《集量》是不成相合無異也，與下'若成'之指成所立者有異。"這就稱爲不相至。敵論者難破説，既然不相至，而所立宗如果又能成立既非此因之力，此因也就没什麼用了。

［5］若能立因不至所立，不至、非因無差别故，應不成因：敵論者認爲，如果能立因法不與宗之法相通，則這“不至”與“非因”便没有差别，因此，這不至因便不成其爲正因。

［6］是名爲“至非至相似”：敵論者認爲無論立方之因至、不至宗之法，都不成其爲正因，這種反駁是錯誤的，因此稱爲至非至相似。

敵論者對立論者的反駁使用了一個二難推理：

因或者至所立法，或者不至所立法；
如果因至所立法，則因與所立法無差别，因不成爲因；
如果因不至所立法，因也不成爲因；
所以，因不能成立。

這個二難推理形式没有問題，問題出在第一個假言前提“如果因至所立法，則因與所立法無差别，因不成爲因”上。立方提出能至所立法之因，是要滿足因與宗所立法的不相離性，即“説因宗所隨”，其中第二句因“所作性故”與所立法“無常”外延重合，而第八句因“勤發性故”則真包含於“無常”，外延不重合。因此，從因至所立法不能斷定因與所立法没有差别。再則，“所作”與“無常”儘管外延相同，但“所作”著眼於生，是了因，“無常”著眼於滅，是果，這就是差别。

敵論者的難破由於交代不清楚，令人費解。首先，“至”與“不至”的邏輯含義是什麽，不明確。其次，“至所立宗”“不至所立”是指至、不至宗有法，或者指至、不至宗的後陳法即所立法呢？也無明確交代。第三，敵論認爲至則有宗、因無差别的過失，由於至、不至及所立不明確，這宗、因無差别的涵義是什麽也就難於理解。

今人對宗、因無差别有不同的理解。《佛家邏輯》解作“勤發”因與有法“聲”無差别。（第 458 頁）《研究》解作因與所立法無差别，例如“勤發”因與“無常”無差别。（第 86 頁）孰是孰非，試作探討。因支的完整表述是“聲是勤發”，如因概念與宗有法聲無差别，因支就等於説“聲是聲”，同義反復，而且與立、敵不共許“聲是無常”宗毫無關係，很難説是敵論者反駁的原意。如果説因至宗所立法，則“勤發”因確實與“無常”法相通，有不相離關係。敵方把這關係當作無差别是錯誤的。這後一解釋恐怕較符合敵方的本意。

因至所立是至所立法，這一解釋源於《莊嚴疏》。“外曰：……若言至者，立量云：‘宗之與因應無因果宗，以相至故因，如池海合喻。’”對外道的這一反駁，文軌作了解釋：“此量意雲：阿耨達池流入海，但稱爲海舍池名。勤勇所發至無常，亦但名宗廢因稱。”（卷四頁十九左）這裡明確地把敵論者反駁的意思解釋爲“勤發”因等同於所立法“無常”，這樣，“聲是勤發故”因等同於“聲是無常”宗。敵論者硬説因等同於宗，因就不成其爲因了。

從《莊嚴疏》對敵論者關於不至的難破的解釋來看，不至的物件似乎又是宗有法聲。“若言不至者，即立量云：‘勤勇所發應不成因宗，不至宗故因，猶如非因喻。如立聲常，眼所見故，此因不到聲宗，故非因也。’此量意云，‘眼所見性’不至宗，即是兩俱不成攝；‘勤勇發’因亦不至，何容即是極成收？”（卷四頁十九左）這個例子有兩點值得注意。第一，照此解釋，因至、不至的物件應是宗有法聲。前後不能一致，誠爲可惜。第二，至、不至與是否滿足第一相的極成因、不成因有關聯。“眼所見”因與“勤發”因同樣不至聲，爲什麼前者爲不成因而後者爲極成因呢？對此，文軌就“勤發”因至、不至宗有法有大段討論。《莊嚴疏》説：“内曰：‘我所立因不爲至宗，但爲顯了所立宗義。如色已有，用燈顯之，何得以望至不至難？’此解意云，勤發、無常本來自有，然敵論愚暗，不了無常，故立義人以勤勇發爲因成前所立，令於聲上了無常宗，此即宗、因自有，非至不至，妄爲此難是似不成。”（卷四頁十九左至十九右）意思是説佛家立勤發因並非如你所説聲與勤發完全相合，以至宗、因無異“聲是無常”與“聲是勤發”本來就有，原本就不同，現在以因證宗，讓你明白無常宗義，不存在至不至的問題。

《莊嚴疏》接著又以子之矛攻子之盾：“又汝所難有自違害過，爲汝前設難亦立宗、因，若至不至還同此過。汝雖難我，乃復自違。”（卷四頁十九右）

法尊師的《略解》將“至”譯爲“會合”。“敵難云：若此因與所立會合，能成立者，則與所立應無差別，如河水與海會合。非未成就。若與已成會合者，所立已成，此是誰因？若不會者，由不會合，則與諸非因無差別故，亦非能立。如是會與不會相同。”（第 135—136 頁）在這段話裡，因與所立宗的有法還是法會合，仍無具體説明，但在後面解釋不會合的物件是“同法”也即所立法。

交代完上述古今歧義，再來評析淨眼的疏解。他對敵論者的“相似之難”的長行之釋與文軌基本相同。對《理門論》中“所立宗”和“所立”的指稱不作有法與所立法的區分。究竟指有法聲呢，還是指所立法無常呢？淨眼未解釋。

按理，在《理門論》中所立宗簡稱所立，與能立相對，是指宗體，例如“聲是無常”。淨眼未區分爲有法或所立法是對的。在“正解”中，淨眼説：“解至難。如燈光至所照，能照所照殊。因雖至所立，何妨能立所立異？解不至難。如磁石不至鐵，而能吸於鐵。何妨因不至所立？”這兩個類比非常形象和恰當。燈光照物，雖説至，但光物非一，以喻能立、所立異，非常好理解。磁鐵雖與鐵有距離而能吸鐵，以喻能立、所立異而非無關聯。接著又用長行批評其説“即是謗一切因何名能破，又汝所言應成能破”，敵論者的邏輯是否定了一切正因，並且否定了自己。淨眼還進一步指出，敵論者用至不至相似過來批“我義”即内道，也有“至”和“不至”兩難，同樣“汝所言有自害過”。

可見，淨眼用長行解釋第八過，解得最好。

【今譯】 頌文中“若因至不至、三時，非愛言，至非至、無因”這三句的意思是，敵論者以因法通於所立法或不通於所立法都有過失，以此非難而使立論者不樂。如果立者之因法能與所立法相通，那麼因法便與所立法没有什麼不同，能立因既與所立宗相同，因也不成爲能立，如同池水流入海中，池水與海水相合後便不分彼此；敵論者又難破説，假如因法不與所立法相合無異，這就稱爲非相至。在不相至的情況下，宗要是能成立，那麼這因既非本宗之因又是誰家的因呢？假如能立因法不與所立法相通，則這不至與非因没有差别，有不成因過。敵論者以上述至、非至來難破立論者，是錯誤的，被稱爲至非至相似。

12. 第九過——無因相似

又於三時作非愛言[1]。若能立因在所立前，未有所立，此是誰因？[2]若言在後，所立已成，復何須因？[3]若俱時者，因與有因皆不成就，如牛兩角。[4]如是名爲“無因相似”[5]。

【注釋】

這一段解説前頌中的無因相似。

[1] 又於三時作非愛言：三時並非指在一證論過程中因的陳述或在宗前，

或在宗後,或與宗同時。三時是指因的確立,因之所以能成爲因,是在宗的成立之前,還是在宗的成立之後,或者與宗同時成立。“作非愛言”是說,敵論者以因在三時有過失來難破立論者,爲立論者所不樂。

[2] 若能立因在所立前,未有所立,此是誰因:敵論者認爲,對於一個因來說,在所立宗還沒有被證成之前,它是不能被稱爲能立因的,因爲無果不成因,沒有宗便沒有因。因對果名,宗果既無,因名不立。

[3] 若言在後,所立已成,復何須因:敵論者認爲,在宗已被證成之後再來談論因,該因也就不成其爲因,因爲宗已被證成了,還要此因何用?

[4] 若俱時者,因與有因皆不成就,如牛兩角:敵論者認爲,如果因與宗同時被確立,那因與有因之宗就如同牛之兩角對峙而同時生長,各自異體而無因果關係,果不成爲果,因也不成爲因。好比種與芽的關係,先有種,後有芽,若說種與芽同時,則不成因果。

[5] 如是名爲“無因相似”:敵論者上述難破不能成立,這樣的似能破稱爲無因相似。敵論者對立論者的難破是一個前提有錯誤的三難推理:

> 因或者成立於宗之前,或者成立於宗的證成之後,或者與宗同時成立。
> 如果因成立於宗之前,則不知此因是誰家之因,
> 如果因的成立在宗的證成之後,則宗已成立,此因便無作用,
> 如果因的成立與宗的成立同時,則因與宗不可能有因果關係,
> 因此,正因便不存在。

這個推理,形式沒有錯誤。因的成立與宗的成立的關係從時間上說衹有上述三種情況,在三時中至少有一種情況爲真。敵論者認爲無論在哪一時,都無正因。這是不可能的。三時無因若能成立的話,則一切因皆非正因,這顯然是錯誤的。《莊嚴疏》對無因相似亦有詳細解釋,恐繁不引。文軌認爲敵論者關於三時無因之難亦有自違之義:“又汝有自害之過,謂汝前設難亦立宗、因,如此宗、因,若前、若後,還有此過。汝雖難我,乃是自違。”(卷四頁二十二左至二十二右)

在客觀世界中,事物之間的因果聯繫總是先有因,後有果。能立與能破是用語言表達出來的思維過程。在思維過程中,先有宗,後有因,先要有論辯的物件,然後才去找證宗的理由。無因相似這種似能破之所以貌似有理,就在於把

客觀實際與論辯思維混爲一談。

【今譯】 敵論者又對三種時間上所成立的因統統加以難破,使立論者所不樂。敵論者認爲,如果作爲證宗的根據的因在宗之前就已成立,那麼,在宗還没有陳述出來之時,這因是爲證哪個宗的因呢?如果因成立於宗被證成之後,那麼,宗已經成立了,又何必還要因呢?如果因、宗同時成立,那麼,因與宗就如同牛之兩角對峙,没有因果聯繫。敵論者的這種難破不能成立,被稱爲"無因相似"。

13. 至非至、無因二過總評

此中如前次第異者[1],由俱"説名似因闕"故[2]。所以者何?非理誹撥一切因故。[3]

【注釋】

[1] 此中如前次第異者:"此中",合指至非至和無因相似。第八至非至相似和第九無因相似這二過的次序與《正理經》和《如實論》等所説次序不一樣。

[2] 由俱"説名似因闕"故:對"似因闕"有兩種不同理解。《略解》説:"此等與缺減因相同(相似)。"(第136頁)此解將"似"解作相似、相同欠妥。陳那認爲在前七種似破中,多數爲"似不成因過",還有"似共不定""似不成過""似不定""似不成"等説法,因此,"似因闕"亦應解作正似之似,而不應解作相同、相似。兩種難破都錯誤認爲立論者有缺因之過,因此都被稱爲似因缺過破。

[3] 所以者何?非理誹撥一切因故:爲什麼這麼説呢?陳那認爲敵論者不具正理,把一切正因都否定排遣掉了。

【今譯】 至非至相似和無因相似的陳述次序與古論師所説不一樣,是由於它們都被稱爲"似因闕"。爲什麼這麼説呢?因爲這兩種過類都不是用正當的理由來破斥立方的一切正因。

此中何理,唯不至同故,[1]雖因相相應亦不名因[2]? 如是何理[3],唯在所立前不得因名故,即非能立?[4]

【注釋】

這一段是陳那反問敵論者。

[1] 此中何理,唯不至同故:"此中"指至非至相似和無因相似兩種過類中。唯:以,因爲。《新疏》解釋説:"雖具三相生他決智,非如'眼見'少遍宗法,唯與'眼見'不至同故,亦不名因,此是何理?"(卷四頁二十八右)意思是説"勤發"因具足三相能生決定解,與"眼見"因不同,"眼見"因並非有法聲的因法。"眼見"因是不至因。但是敵論者偏説"勤發"因與這不至因相同,因而"勤發"因也不成爲正因,這是什麼道理呢?

《新疏》的解釋源於《莊嚴疏》。《莊嚴疏》説:"若言不至者,即立量雲:'勤勇所發應不成因(宗),不至宗故(因),猶如非因(喻)。如立聲常,眼所見故,此因不到聲宗,故非因也。'此量意云,'眼所見性'不至宗,即是兩俱不成攝,'勤勇發'因亦不至,何容即是極成收?"(卷四頁十九左)敵論者認爲,"勤勇發因亦不至",即認爲"勤發"因與"眼見"因同爲不至因。

[2] 雖因相相應亦不名因:"因相"指因三相,"相應"即相符合。在敵論者看來,"勤發"因雖然滿足因三相也不能算是正因。

[3] 如是何理:陳那再問。

[4] 唯在所立前不得因名故,即非能立:"唯"仍解作以,因爲。敵論認爲,因成立於所立被證成之前,就不能被稱爲因,即是説亦非能成爲宗的根據。敵論者的這一反駁是錯誤的。在敵論者看來"所立宗義若舊成,對果立因義;'無常'先非有,'勤發'豈名因?"(《莊嚴疏》卷四頁二十一左)前面兩句是説因的得名是相對果而言的,無果不成因。後面兩句是説當"無常"宗還未成立時,即果還没出現時,"勤發"就不能稱爲因。因之所以爲因,固然相對果而言,但在論辯中,總是以立、敵共許之因去證立許、敵不許之宗。因此,《新疏》説:"因、喻極成,宗是不極。以極成因,立宗令成,不妨在前。然雖具相,以在宗前,不得因名,即非能立,此是何理? 有力立宗,何不名因?"(卷四頁二十九左)具足三相之因證成了宗,因與宗也就有了因果關係。

【今譯】 在以上兩種過類中，敵論者究竟根據什麼理由説立方之“勤發”因與“眼見”這種不至因相同，並據此説雖然滿足因三相的因也不能稱爲正因？同樣，敵論者又是根據什麼道理，説因在宗成立之前不能稱爲因，即説它並非能立？

又於此中有自害過，遮遣同故。[1] 如是且於言因及慧所成立中有似因闕[2]。於義因中有似不成，非理誹撥諸法因故，如前。[3] 二因於義所立俱非所作，能作性故，不應正理。[4]

【注釋】

陳那在反問敵論者後接著指出二過的錯誤所在。

［1］又於此中有自害過，遮遣同故：在這兩種相似過類中都有違害敵論自身的情況，如果立論要被排斥，那麼敵論同樣要被排斥。《莊嚴疏》解釋説：“又汝所難有自違害過。爲汝前設難亦立宗、因，若至不至還同此過，汝雖難我乃復自違。又汝所破言爲至我義，爲當不至？若至我義即同我義，便不成破。若不至我義，如餘不至亦不成破。故汝設難即是自違。此即至與不至俱非立破之因。約此爲難皆成其似。”（卷四頁十九右）

［2］如是且於言因及慧所成立中有似因闕：“言因”是言生因的省略語，與義生因相對，即指三支中的因言。《證文》説：“言因句，《集量》全本同此，但舉言因而由慧能立者以與義因相對，義因疑即前云因言所詮表義也。”“慧”指智生因，即智因。立論者用言生因和智生因來成立宗，因而是正能立，難破者卻用似因缺過破來非難之。

［3］於義因中有似不成，非理誹撥諸法因故，如前：“義因”指義生因，因言所表達的意義。“似不成”是説難破者錯誤認爲立方之因是不成因。“諸法因”指諸法爲因，因由諸法成就，諸法泛指一切事物和現象。《集量》解釋説：“若是（彼於）義因言詞不能遮遣（其義真實，非言能遣，而設遮遣），故即於彼義爲似不成（因難），如前非理遣撥一切法（成就）因故。”（轉引自《斠疏》卷六頁十六左，括弧内文字爲《斠疏》注）

［4］二因於義所立俱非所作，能作性故，不應正理：“二因”指言、義二因。

《證文》説:"二因,指上言、義二因,次下亦常以言、義對舉也,於義所立,亦猶《集量》前文義,比量中所比云云。""於義所立"指於所立宗義。"所作"爲果,"能作"爲因。《集量》説:"又由(彼以言、義)二因,於所立(宗)義(謂)非(能成言)因(起智)果性故,此難(亦)非(正)理。"(轉引自《斠疏》卷六頁十六右)

【今譯】 在上述二過之中又都有違害敵論自身的情況,如立量有過,破量也有相同之過。如上所述,難破者居然在立論者用言生因和智生因來證成宗的正能立中,用似因缺過破來非難之,並對其義生因作似不成因難。因爲難破者無理地否定了一切事物和現象成爲正因的可能,這一點前面已説。難破者還認爲立論者的言、義二因對於所成立之宗義不具有因與果的關係,也不是正確的道理。

若以正理而誹撥時,可名能破。

【今譯】 如果難破者以正確的道理來破斥,那麽這能破可稱爲真能破。

14. 頌説無説相似、無生相似、所作相似

説前無因故, 應無有所立,
名無説相似。[1] 生無生亦然[2]。
所作異少分, 顯所立不成,
名所作相似[3]。 多如似宗説[4]。

【注釋】

本頌概述無説相似、無生相似和所作相似。

[1] 説前無因故,應無有所立,名無説相似:這三句頌概述第十種過類無説相似。

[2] 生無生亦然:這句頌説第十一種過類無生相似。

[3] 所作異少分,顯所立不成,名所作相似:這三句頌概述第十二種過類

所作相似。

［4］ 多如似宗説：這句頌概括以上三種過類的過失種類。

【今譯】 在因言説出之前因便没有，因既然没有，宗也就不能成立，難破者這種有過失的反駁稱爲無説相似。無生相似的過失與無説相似相類同。由於瓶與聲所具有的所作性有些差異，便使得因有所立不成過，敵論者的這種有過之難破便被稱爲“所作相似”。這三種過類多爲似不成過破。

15. 第十過——無説相似

“説前無因故，應無有所立，名無説相似”者，謂有説言[1]：“如前所立，若由此因證無常性，[2]此未説前都無所有，因無有故，應非無常。[3]”如是名爲“無説相似”[4]。

【注釋】

這一段解釋由前三句頌所概述的無説相似。

［1］ 謂有説言：敵論者難破説。

［2］ 如前所立，若由此因證無常性：此例仍同前，立論者以“聲是無常”爲宗，以“勤發”爲因。

［3］ 此未説前都無所有，因無有故，應非無常：敵論者認爲，在立論者未説出“勤發”因之前，什麼理由都没有，因爲没有“勤發”因，便没有“無常”宗。

［4］ 如是名爲“無説相似”：敵論者如果這樣來反駁便有過失，稱爲“無説相似”。

《莊嚴疏》解釋説：“内曰：‘以燈了物知物有，不了其物不必無。以因了宗知宗有，不了其宗不必無。’此解意云，我立言因爲了無常，不爲生彼無常之理。如有燈照物決定知物爲有。若無燈照物不定知物是無。言因亦爾。言因若有，無常之宗定具。言因若無，無常未必定無。何得難言未説因前應非無常？若我所立之因爲生無常宗者，汝難言因未有，應無無常之宗，此即成難。既不約此，故是似破也。”（卷四頁二十三左）這段話意思是説，立論者立因言是爲了了知

“聲是無常”,不是爲了生起“聲是無常”宗。假如立因言是爲了生起無常宗,敵論者的難破便成立。以因來了知宗能知宗成立,不用因來了知宗,其宗不一定不成立。因此,無説相似是有過之能破。

【今譯】 “説前無因故,應無有所立,名無説相似”三句頌文是説,敵論者反駁説:“立方之論如前所述,如果用此‘勤勇所發’因來證‘聲無常’宗,那麼在此因説出之前什麼理由都没有,既然没有因,‘無常宗’也就不成立。”這種似破稱作“無説相似”。

16. 第十一過——無生相似

“生無生亦然”者[1],生前無因,故無所立,亦即説名無生相似。[2]言“亦然”者,類例聲前因無有故,應無所立。[3]

【注釋】

這一段解釋第十一相似過類。

[1] “生無生亦然”者:解釋頌文第四句。難破者是聲生論者還是聲顯論者,《莊嚴疏》未作説明。吕澂《因明綱要》認爲是聲顯論者出難。“生無生”解作生及無生。生指聲已顯發,無生指聲未顯發。《莊嚴疏》説:“外曰:‘聲已生者,有勤發可使是無常。聲未生前無勤發,應當非無常。’此即聲未生前無勤發因有不成過也。”(卷四頁二十三左至二十三右)

[2] 生前無因,故無所立,亦即説名無生相似:在聲顯發之前“勤發”因也没有,因此宗也不能成就。敵論者的這一難破是不能成立的,被稱爲無生相似。立方根據“聲是勤發”可以推出“聲是無常”。有之必然,無之未必不然。敵方以“没有勤發”來否定“聲是無常”,是錯誤的。

《莊嚴疏》説:“内曰:‘聲若未生體是有,勤勇發因亦因成。聲既未生體是無,今難遣誰令常住?’此解意云,我立一切有義言聲皆是無常,何偏就我立論言聲約其未生以之爲難?以我言聲未生之前本自無聲,不入宗攝,何容於此知因不成?此即於成就因不成就因言也。”(卷四頁二十三右)意思是説,如果説聲音在顯發前其體是有的話，那麼“勤發”因也應成爲因。如果説聲在顯發前其體是無的話，那麼在敵論者的難破之中還有什麼聲可受擺佈而使之常住呢？我是説一切有體的，即凡是真實存在的聲皆是無常，你爲什麼偏偏以還没有出現的聲來非難我？按照我的看法，聲音未生之前本來就是没有的，不能成爲宗的有法，還哪裡談得上知道“勤發”因是不成因呢？這就是把本來能成就宗的因當作了不成就因。

［3］言“亦然”者，類例聲前因無有故，應無所立：這一句解釋第四句頌文中的“亦然”二字。意思是説無生相似與無説相似很相像。《證文》解釋“類例聲前”説：“依《集量》應是‘類例生前’……或此處是‘聲生’略譯。”意思是以前過即無説相似來類例此過無生相似。二過都是通過説“因無有故”來説“應無所立”。衹不過無説相似是指因言未説之前無因，而無生相似是指宗有法聲未生之前無因。

【今譯】“生無生亦然”是説，敵論者以聲音在顯發前不存在“勤發”因，“勤發”因既然没有，“聲是無常”宗也就不能成立。這一難破是錯誤的，由此被稱爲無生相似。説“亦然”二字，是以無説相似來類例無生相似，它們都是以因的不存在來反駁立論者之宗。

今於此中如無所立，應知亦有所立相違。[1]謂有説言如前所立[2]，若如是聲未生已前無有勤勇無間所發，應非無常；又非勤勇無間所發，故應是常。[3]如是名爲“無生相似”[4]。

【注釋】

這一段説第二種無生相似。《莊嚴疏》不作第一、第二之區分。吕澂《因明綱要》和《斠疏》將無生相似過分别爲二。第二無生相似是在前一無生相似基礎上，敵論者以“無勤發”因證“聲是常”宗，與立方之宗相違，由於此相違決定因不能成立，即非正因，敵方之破斥不能成立，稱爲第二無生相似。

［1］今於此中如無所立，應知亦有所立相違：敵論者在前過基礎上進一步破斥立論者，既然在立方的比量中宗不能成立，那應該知道另有相違決定量，成立相違之宗。

［2］謂有説言如前所立：立方的比量同前，即以"聲是無常"爲宗，以"勤發故"爲因。

［3］若如是聲未生已前無有勤勇無間所發，應非無常；又非勤勇無間所發，故應是常：針對立方之比量，敵論者作第一無生相似和第二無生相似。敵方以"聲是常"爲宗，以"非勤發故"爲因，爲什麼有過呢？相違決定比量要求立、敵之因都具足三相。在這裡，立方之因滿足三相，敵方之因卻有不定過。《莊嚴疏》説："又汝所立量因有不定，何得與我定因相違？謂其聲爲如虛空等非勤勇發是其常耶？爲如電、光等非勤勇發是無常耶？此即於決定因不決定因言也。"（卷四頁二十三右至二十四左）意思是説並非所有的非勤勇發者都是常，有的非勤勇發者如虛空爲常，有的非勤勇發者如電、光卻是無常，因此"非勤勇發故"因是不定因。

［4］如是名爲"無生相似"：像這種有過失的難破也稱爲"無生相似"。

【今譯】 敵論者進一步難破説，在立論者的比量中如果宗不能成立，那麼應當知道還有相違之宗可以成立。有人建立如同前述之比量，即以"聲是無常"爲宗，以"勤發故"爲因。如果是這樣，那麼在聲音未顯發之前便沒有"勤發"因，既無"勤發"因，"無常"宗便不能成立；另一方面，既然"聲音是非勤發"，因此"聲音應是常"。像這種有過失的難破也稱爲"無生相似"。

17. 第十二過——所作相似

"所作異少分，顯所立不成，名所作相似"者[1]，謂所成立"所作性故，猶如瓶等，聲無常"者，若瓶有異所作性故可是無常何預聲事？[2]如是名爲"所作相似"[3]。

【注釋】

這一段講第十二種過失所作相似。

［1］"所作異少分，顯所立不成，名所作相似"者"：解釋頌文第五、六、七句。這三句説所作相似。

［2］謂所成立"所作性故,猶如瓶等,聲無常"者,若瓶有異所作性故可是無常何預聲事:敵論者針對立論者的比量"聲無常,所作性故,猶如瓶等"難破說,瓶的所作性與聲的所作性有所不同,瓶爲泥輪所作,聲爲咽臍所作。瓶由於泥輪所作,可以是無常,但是這與咽臍所作的聲有何關係呢?

［3］如是名爲"所作相似":敵論者的破斥是不能成立的,這樣的難破稱爲"所作相似"。《莊嚴疏》釋此過文衹剩如下殘句:"外曰:瓶籍泥輪生可言有所作,聲非泥輪起應無。"(卷四頁二十四左)意思是說,聲没有泥輪所作,因此立方用瓶之泥輪所作性來作因,有不成過。其實,有各種各樣的所作性,聲者衹要具備其中一種所作性,便滿足了第一相"遍是宗法性",不一定要具備瓶那樣的所作性。因此,所作相似是似能破。

【今譯】 "所作異少分,顯所立不成,名所作相似":敵論者認爲,立方以"所作性"因,"猶如瓶等"喻來證"聲無常"宗,如果瓶的所作性與聲的所作性有差異,那麽瓶因爲所作而無常與聲無常有什麽相干?這種似破稱爲"所作相似"。

18. 三過總評

"多如似宗說"者[1],如是無説相似等多分如似所立説,謂如不成因過。[2]"多"言爲顯或如似餘[3]。

【注釋】

這一段總評以上三種過類。

［1］"多如似宗説"者:"多"指多分,三種過類中的多數。"似宗"即下文中的"似所立"。似宗或似所立與似因相聯繫,宗中的主項有法與因的關係不具備第一相"遍是宗法性"。從宗來説成爲似宗,從因來説成爲似因。

［2］如是無説相似等多分如似所立説,謂如不成因過:如上所説無説相似等三種過類多數是與似所立有關係的,敵論者稱這些所謂的似因爲不成因。不成因包括兩方面。一是有法不成,使得因無所依,毫無"遍是宗法性"可言,這

種因過稱爲所依不成。二是因法不成,因不滿足"遍是宗法性"。無生相似是所依不成;無説相似是因法不成,因還未説及。

[3] "多"言爲顯或如似餘:之所以説"多"而不説全部,是爲了顯示似因中除似不成因過破外,還有似不定因過破和似相違因過破。

對《理門論》的這一段話,《新疏》解釋説:"於似因中説不成因,無説等難如不成因,難似不成。此中似宗及似所立皆目似因,宗之因故,立所立故。難似因闕不定、相違,故説多言。"(卷四頁三十三左)這裡直接把似宗、似所立解作似因。不成因在似因中占多數。此解可作參考。

【今譯】 "多如似宗説"者,是指前述無説相似等三種過類多數是涉及宗上有法不能被因所遍及,敵論認爲這種因被稱爲不成因。之所以説"多"而不説全部,是因爲要顯示除多分是似不成因過破外,有的屬於似不定因過破和似相違因過破。

今於此中無説相似增益比量[1],謂於論者所説言詞立無常性,難未説前因無有故,此似不成。[2]或似因闕,謂未説前益能立故。[3]若於此中顯義無有,又立量時若無言説,可成能破。[4]

【注釋】

這一段評論無説相似。

[1] 今於此中無説相似增益比量:"此中"指立論者的比量。"增益比量"是指敵論者有無説相似過的難破量。在這難破量中增加了立方比量中所没有的内容,然後加以破斥。

[2] 謂於論者所説言詞立無常性,難未説前因無有故,此似不成:這一句指出無説相似犯似不成因過破。《集量論》對此亦有解釋:"説者於義,已(於)自比量(生)決定(智)。次復欲他(敵者)如自生決定(智)故,由是(立)義説(聲無常,勤發性故。唯言與義)互不相離。若(敵)增益謂(有)言詞(即得)成(立聲無常)義,未説無言即不得成(反成常義),如是相難,即似不成(因過破)。"(《略抄注》頁三十五右)這段引文的翻譯可能有問題,因爲對十四過類的討論都限於共比量,而不涉及自比量和他比量。這裡的自比量恐是爲自比量

的誤譯。《略解》對"增益"的釋文是正確的:"若於某義,説者先知自所比,引生定智。次欲令他引發定解,故將彼義向他宣説。"(第138頁)自悟門中的比量是悟自,由語言表達出來是爲了悟他。"聲無常,勤發性故"這道理對立論者來説是早已領悟了的正智,這正智得靠語言表達出來才能啓發敵論者和證人。因與宗有互不相離的關係。在義方面來説不相離,在言方面來説也不相離。但是敵論者卻增加了不同的意思,即有因言能成立"聲無常"義,未説因言時"聲無常"義便不成立。這樣難破立論者有不成因過是不能成立的,因而是似不成因過破。以上解釋了敵論者增益的内容之一,所增益的另外一點見下文。

[3] 或似因闕,謂未説前益能立故:這一句是説無説相似也是似因闕過破。敵論者以增益的内容即"未説'勤發'因前此因無有"作爲因來證"聲非無常"宗,因而這一能立不能成立。立者之因並非真闕,因此稱爲似因闕過破。《集量論》解釋説:"若更增益説前(非勤因)即爲能立,此似因闕(非真闕因),其能立時不説因者,雖成因闕。若未説前,則(無有因,即)非能立。今(外)難(乃增益)因義(是)決定無有故,應知亦是似言闕過。"(《釋略抄注》頁三十六左)意思是説,在一個以悟他爲目的的能立中,必須三支圓滿,如不説因,缺少了因支,就有闕因之過。如果在還没有立量時,没有説因,那就算不上能立,也就不存在闕因的問題。

[4] 若於此中顯義無有,又立量時若無言説,可成能破:如果在一個能立之中,不能顯示因的遍是宗法之義,那麼敵論者的難破就成爲真能破。如果能夠顯示因義但在立量時没有因言來陳述,即缺少因支,也會成爲真能破的對象。

【今譯】 敵論者對於立方之量作無説相似難破,這一難破增加了立方比量中原先没有的内容,即針對立論者用"勤發"因來成立"聲無常"宗而難破説,在因被陳述出來之前因是没有的。因既然不存在,也就談不上遍及宗有法,因此有不成因過。實際上,敵論者的這一難破是似不成因過破,或者也可以算作似因闕過破,即在破斥時,一方面在立方之量中增加了"未説(因)前"這一本來没有的意思,另一方面又增加"未説(因)前因無有故"爲因來成立"聲非無常"宗。假如在一個能立之中,不能顯示因的"遍是宗法性",或者能夠顯示此因義而未能用因言陳述出來,針對這兩種情況來難破,就成爲真能破。

無生相似,聲未生前增益所立,難無因故,即名似彼。[1]若成立時顯此是無,可成能破。[2]若未生前以非勤勇無間所發難令是常,義准分故,亦似不定。[3]

【注釋】

這一段是批評無生相似。

[1] 無生相似,聲未生前增益所立,難無因故,即名似彼:這一句批評第一無生相似是通過"增益所立"來非難立者。其中"所立"究竟指什麼,有不同理解。《斠疏》解釋爲增益了"聲非無常宗"。此説不妥。"聲非無常宗"不必要增益,立論正是以之爲對立面而提出來的。没有這一對立面,立論本身也就没有存在的理由。敵論者在這一反駁中,顯然也不是通過增益相違之宗來達到"難無因"的。

《集量論》中有"若未生前,增益能立故,此似不成"句,與《理門論》"增益所立"不同。《集量論釋略抄注》作者丘檗認爲增益的是"非勤發因"。此注似不妥。因爲增益"非勤發因"來證"聲非無常宗",導致的是似相違因過破,而不是似不成過破。這涉及第二無生相似。這裡是討論第一無生相似。《集量論》説的"增益能立"中的"能立"指整個比量,它包括所立宗和能立因、喻,因此"增益能立"與"增益所立"並不矛盾,衹不過《理門論》講得更具體。

《新疏》對此解釋説:"於未生前增益有法,難其因無,其未生前有法亦無,故言增益。又解,生前增益比量,言未生前因無有故,難其因無,難因無故,是似不成及似因闕。"(卷四頁三十四左)此解爲正,本來立方討論的是"勤發因"與"聲無常"宗的關係,而不涉及聲的生與未生,聲既未生,也就不成爲有法,也就談不上用因來證成的事。所以,敵論者的難破被稱爲似破。

[2] 若成立時顯此是無,可成能破:當立論者要用因來證宗時,所用之因於有法上無或者缺少因言,便是似能立,成爲能破的對象,敵論者難破便是真能破。《新疏》解釋説:"他成立因,若顯此因於有法無,或無因言,難成能破。"(卷四頁三十四右)

[3] 若未生前以非勤勇無間所發難令是常,義准分故,亦似不定:這後半

段是批評第二無生相似。敵論者在對立論者難無因的基礎上進一步作相違比量,以“非勤勇無間所發”爲因成立“聲非無常”宗,即成立“聲常”宗,此因便有似不定過。“分”的意思是難破者根據前述義准相似,用無因即“非勤發”來證“常”宗。

《新疏》解釋説:“分者謂似,唯言勤發皆是無常,不言無常皆是勤發,豈諸非勤皆是常住?今言生前以非勤故,此是常住,前義准類,難似不定。”(卷四頁三十四右)這裡將“分”解作“似”,不知有什麼根據。用“非勤發”因來證“聲常”宗,與前述義准相似過相同,這是正確的。

【今譯】 無生相似的第一種情形是指,敵論者是以聲音未顯示出來時增益了宗有法,以此來非難“勤發”因不存在,有不成因過,這一反駁是錯誤的,稱爲似不成過破。如果立論者在證宗之時,所用之因於有法上無,或者能立中缺少了因言,便是似能立,敵論者的難破便是真能破。無生相似的第二種情形是指,敵論者以聲未生前因無有並進而以“非勤勇”因來證相違之“聲常”宗,這是根據義准相似難破而來,也犯似不定過破。

所作相似乃有三種[1]:若難瓶等所作性於聲上無,此似不成,[2]若難聲所作性於瓶等無,此似相違;[3]若難即此常上亦無,是不共故,便似不定,[4]或似喻過,引同法故。[5]何以故?唯取總法建立比量,不取別故。若取別,義決定異故,比量應無。[6]

【注釋】

這一段是批評所作相似過類。

[1] 所作相似乃有三種:所作相似包括似不成因過破、似相違因過破和似不共不定因過破這三種情形。

[2] 若難瓶等所作性於聲上無,此似不成:立方的論式是:“聲無常,所作性故,如瓶”。敵方難破説,瓶由繩輪所作,不同於聲由咽臍所作,因此瓶之所作於聲上無有,有不成因過。這一難破不能成立,因此是似不成因過破。《新疏》説:“瓶家所作,不有於聲,聲何無常,因不遍宗,難似不成。”(卷四頁三十五左)陳那因明增設喻體,斷定祇要是所作,不論其屬於哪一種,都有無常性。它

避免了古因明以瓶所作類推聲所作的弊病。因此因支中的"所作性"是總因,不取别因,不管它是繩輪所作,還是咽臍所作,衹要它是就行。

［3］ 若難聲所作性於瓶等無,此似相違:如果敵論者以聲的所作性不同於瓶的所作性,以致同品瓶無因,這樣來難立方,陳那稱之爲似相違過。《新疏》説:"聲家所作,不有於瓶,瓶何同品,闕同品有,難似相違。"(卷四頁三十五左)本來九句因中相違因有兩個條件,即同品無因而異品有因,這樣的因證成相違之宗。但這裡説的相違衹是同品無。敵方把同品瓶無所作性當作相違因過。其實瓶有所作性,此所作因是總因,而非别因。因此敵之難破有似相違因過。

［4］ 若難即此常上亦無,是不共故,便似不定:敵方進一步非難説,聲之所作不但同品瓶上無,異品常上(如空)亦無,所作因便有不共不定因過,其實同品瓶有所作因,非不共不定,因此,敵之難破是似不定因過破。

［5］ 或似喻過,引同法故:上述似不定因過破也可以看作似喻過破,這是從喻的角度來檢查其過失。"引同法故"是説牽涉到同法的問題。同法是"説因宗所隨",即有"若是所作皆見無常,如瓶"。由於敵論者認爲聲所作不見於瓶無常,因此不滿足同法的要求,便有喻過。陳那認爲其實並無喻過,因此是似喻過破。《證文》説:"'引同法',按《集量》寶本奈旦版,應作不顯同法,與下文方合。"

［6］ 何以故?唯取總法建立比量,不取别故。若取别,義決定異故,比量應無:這後半段幾句是總評三種所作相似。"總法"指因法所作性的共相,"别"即"别義",所作因法的自相,如咽臍所作和繩輪所作。"決定異故"是指"諸法各自決定"(《略抄》頁三十七左)這三種所作相似爲什麽都有過失?是因爲衹能根據所作因的共相來建立比量,而不選取所作因的差别義的緣故。如果以所作因的差别義來證宗,則此差别義因能貫通喻便不能貫通宗,能貫通宗便不能貫通喻,因不能貫通宗、喻,比量便無法建立。

【今譯】 所作相似分爲三種:如果敵論者難破説,由於瓶是繩輪所作,聲是由咽臍所作,因而瓶之所作性不能貫通於聲,這種難破便是似不成因過破;如果敵論者難破説,聲音的所作性在瓶等上也没有,這種難破稱爲似相違因過破;如果敵論者進一步難破説,聲的所作性不僅同品瓶上没有,異品常(如空)上也没有,因而有不共不定因過,那麽這種難破便是似不定因過破,或者説是似喻過破,因爲難破者還認爲這牽涉到同法喻不能成立。爲什麽説三種所作相似都有過失?因爲立論者的比量衹是根據所作因法的共相建立起來的,不是根據其自相建立起來的。如果選取所作因法的差别義,那麽便不能根據瓶所作決定瓶無常來推導聲所作,聲亦應無常,正確的比量也就建立不起來。

19. 第十三過——生過相似

俱許而求因,名生過相似。
此於喻設難,名如似喻説。

【注釋】

此頌説第十三過類,名爲"生過相似"。

【今譯】 難破者對本來已爲立、敵雙方共許極成的同喻依還要求用因來證成,這種過類稱爲生過相似。生過相似是難破者對立方之同喻依加以非難,因此被稱爲"似喻過破"。

"俱許而求因,名生過相似"者,謂有難言[1]:"如前所立[2],瓶等無常,復何因證?[3]"

【注釋】

這一句解釋前兩句頌文。

[1] 謂有難言:敵論者難破説。

[2] 如前所立:立方之比量爲"聲是無常,所作性故,如瓶"。

[3] 瓶等無常,復何因證:同喻依"瓶"等上有所立法"無常",又用什麽因來證成的呢?

"聲"之"無常"是不共許法,因此要用共許的"所作性"因去證成,作爲例證即同喻依的"瓶"上有"無常"法這本來是立、敵雙方共許的,不必再用因去證成。敵論者卻偏偏要追問“瓶有無常”又是用何因來證成。這是於無過處横生過難,因此是似能破,稱爲“生過相似”。

【今譯】 頌文“俱許而求因,名生過相似”是指,敵論者錯誤地反駁説:“在立論者前面的比量中,‘瓶等上有無常性’又是通過什麼因來證成的呢?”

“此於喻設難,名如似喻説”者,謂“瓶等無常”俱許成就[1],而言不成似喻難故[2],如似喻説[3]。

【注釋】

這一句解釋頌文後二句,揭示生過相似的過失所在。

[1] 謂“瓶等無常”俱許成就:立、敵雙方本來已認可“瓶上有無常性”。

[2] 而言不成似喻難故:敵論者對雙方已經共許的“瓶有所立法無常”置之不理,故意提出還要用因來證成,否則便有所立法不成喻過。

[3] 如似喻説:敵論者之難破不成立,這就稱爲“似喻過破”。

【今譯】 “此於喻設難,名如似喻説”者,是説“同喻依瓶等上有無常性”本來就是立、敵雙方共許極成的,但是敵論者卻以所立法不成即“‘瓶等上有無常性’没有得到證明”來非難,這就是“似喻過破”。

20. 第十四過——常住相似

無常性恒隨,名常住相似。
此成常性過,名如宗過説。

【注釋】

這四句頌説第十四過常住相似。

【今譯】 敵論者以無常性恒常隨附於聲來難破立論者,這種難破稱爲常住相似。這是將立方之宗“聲是無常”偷换成“聲的無常性恒隨於聲”,因此可稱爲“似宗過破”。

謂有難言[1]：如前所立“聲是無常”，此應常與“無常性”合，[2]諸法自性恒不舍故，亦應是常。[3]此即名爲“常住相似”[4]。

【注釋】

[1] 謂有難言：敵論者難破說。

[2] 如前所立“聲是無常”，此應常與“無常性”合：敵論者針對立方之宗“聲是無常”難破說，“聲”應與“無常性”常合不離。

[3] 諸法自性恒不舍故，亦應是常：爲什麽“聲”應與“無常性”常合不離呢？因爲諸法對自性都是恒常不舍的，“聲”亦恒常不舍“無常”自性，因此這也是一種常。“諸法”指世間一切事物和現象。“自性”指諸法各自有不變不改之性，此不變不改之性就稱爲自性。

[4] 此即名爲“常住相似”：這種錯誤的難破就稱爲“常住相似”。

【今譯】 敵論者難破說：“立論者的比量如前所述爲‘聲是無常’，‘聲’應當與‘無常性’恒常地相合不離。因爲一切事物與其自性都是恒常不分離的，這種恒常不舍的聯繫也是一種‘常’，因此‘聲應是常’。”這種有過失的難破稱爲“常住相似”。

是似宗過，增益所立“無常性”故。[1]以於此中都無有別“實無常性”依此“常”轉[2]，即此自性本無今有，暫有還無，故名無常。[3]即此分位，由自性緣名無常性，如果性等。[4]

【注釋】

這一段揭示常住相似的過失所在。

[1] 是似宗過，增益所立“無常性”故：敵論者認爲立方之宗是有過之宗。陳那認爲敵論有宗過破，這是因爲敵論者增益了所立“無常性”。《證文》說：“所立‘無常性’”意云，所立爲無常之自性，若其本來所立，則但云‘無常’也。”

敵論者增益了“聲是無常”宗本來所没有的内容,即增益了恒常實有的無常性。

《新疏》解釋説:“所立謂聲,增益聲家别物常有一無常性,令聲有常,本無常宗違後正量,是似比違。”(卷四頁三十七右至三十八左)這是説,敵論者增益了聲上“常有”無常性這一内容,使得“聲有常”。這樣立方之“聲是無常”宗與後面所謂的“聲常”正宗相違,於是有比量相違過。這種難破有過失,是似比量相違。

[2] 以於此中都無有别“實無常性”依此“常”轉:“此中”指聲體之中。“實無常性”意爲實實在在的恒有的無常性。全句意爲,由於在聲體上並非另有一種實實在在的無常性與聲體常合不離。

[3] 即此自性本無今有,暫有還無,故名無常:這種作爲自性的無常是“本無今有”“暫有還無”的,即原來没有的現在有了,暫時還有的將會變成没有,並非有一種恒常不變的無常性。

[4] 即此分位,由自性緣名無常性,如果性等:這一句從“分位”上來談無常性與聲體之關係。“分位”指事物發生變化的時分與地位,例如波爲水之鼓動分位,波假立水之分位。無常性就是聲音變化的分位。離開水則無波之實法,離開水就無波可言。同樣,離開聲,也没有獨立常住的無常性可言。“自性緣”即自體之緣。《證文》説:“自性緣,《集量》作自體之緣,即依事體而言並無他緣也。”“如果性等”:如同果性是由因而生起,諸法自體都由前因的作用而生起,因此稱爲果。如同没有離因之果一樣,也没有離開諸法自體(聲)的常住不變的無常性。對此,法尊解釋説:“言如果性者,謂諸法自體成就,觀待前因之作用,而名爲果,非離法體别有果性。如是説聲無常,亦非離聲外,别有常恒不變之無常性也。”(《略解》第 137 頁)

【今譯】 常住相似是似宗過破,因爲難破者在立方之宗“聲是無常”中有意增加了“恒常實有的無常性”。由於在聲體中並非别有一個實有的無常性依附在聲上常轉不離,即是説聲音的自性是指原本没有而今有了,暫時有的還會變成没有,因此稱爲無常。還可以從聲音發生變化的時分和地位來談論無常性與聲體之關係,無常性是依聲之自體的變化而得名的,如同果性從因而生没有離因之果一樣,也没有離開聲自體的恒常實有的無常性。

21. 十四過類與負處

如是過類足目所説,多分説爲似能破性,最極成故,餘論所説亦應如是分别成立。[1]即此過類但由少分方便異故,建立無邊差别過類,是故不説。[2]如即此中諸有所説增益、損減、有顯、無顯、生理、别喻、品類相似等,由此方隅皆應諦察及應遮遣。[3]

【注釋】

這一段是對十四過類作總結,説明十四過類與《正理經》及其他外道著作所述過類的聯繫與區别。

[1] 如是過類足目所説,多分説爲似能破性,最極成故,餘論所説亦應如是分别成立:這四句語意不順,不好理解。《新疏》所引《理門論》原文有所不同,便於理解,兹引如下:"如是過類似能破性,多分依彼足目所説,最極成故,餘論所説亦應如是分别安立。"(卷四頁三十九左)意思是説,以上所説十四過類都是似能破,其中大多數是依照古正理派始祖足目在《正理經》中所説的過類整理而成,或照搬,或合併,或删除。這十四過類的結集,由於最具合理性,因此各宗各派所説似能破也應當照此分别安立過類。

[2] 即此過類但由少分方便異故,建立無邊差别過類,是故不説:"即此過類"指前一句中"餘論所説"。古因明論中各種過類的設置衹是根據没有一定標准的一些差異而建立起來。由於衹要有一點差别,就成爲一種過類,於是差别無窮,過類亦無窮,因此爲《理門論》所不説。

[3] 如即此中諸有所説增益、損減、有顯、無顯、生理、别喻、品類相似等,由此方隅皆應諦察及應遮遣:這幾句是列舉《正理經》中爲《理門論》所不説的諸種過類,如增益相似、損減相似、有顯相似(要證相似)、無顯相似(非要證相似)、生理相似(可能相似)、别喻相似(反喻相似),品類相似(問題相似)等。從這些過類可知,其他一般的過類都應該諦視審察進而加以删除。(參見《佛家邏輯》第 496 頁)

【今譯】 如上所述十四過類都屬於似能破,其中多數是依照足目所説,最能得到各方的贊同,因此各家論著都應當照此建立過類。正理論及其他古因明論所建立的過類衹是根據没有一定標准的一些差别而建立。由於差别無窮,所建過類亦無窮,因此爲我所不論及。例如,正理論等各古因明論所説的增益相似、損減相似、有顯相似、無顯相似、生理相似、别喻相似、品類相似等,都爲我所不説。從這些我所不説的過類可知,其他許許多多的過類都應細視審察並進而加以删除。

諸有不善比量方便作如是説,輾轉流漫,[1]此於餘論所説無窮,故不更説。[2]

【注釋】

[1] 諸有不善比量方便作如是説,輾轉流漫:在《正理經》中有二十四種誤難,足目將"諸有不善比量"即似能破"方便作如是説",即將它們根據"少分方便異"設立過類,並且輾轉流布開來。

[2] 此於餘論所説無窮,故不更説:這些過類在其他論著中越説越多,不勝枚舉,就不一一述説了。《正理經》與餘論相對而言,故知前兩句指《正理經》。

【今譯】《正理經》將各種似能破按細小的差别建立二十四種誤難,這些誤難輾轉流布,在以往各種論著中數不勝數,因此不再加以述説。

又於負處,舊因明師諸有所説,或有墮在能破中攝,或有極粗,或有非理如詭語類,故此不録。[1]餘師宗等所有句義,亦應如是分别建立,[2]如是遍計所執分等皆不應理,違所説相,皆名無智,理極遠故。[3]

【注釋】

這一段是評論古因明師所説各種負處。

[1] 又於負處,舊因明師諸有所説,或有墮在能破中攝,或有極粗,或有非

理如詭語類，故此不錄："負處"是能破的對象，即過失，又名墮負。"墮在能破中攝"是指有的墮負是真能破的對象，即缺減過或支過，在似能立中已經揭示，因此不再重複。"極粗"指蠻不講理的難破。《莊嚴疏》中舉例說："然更或有極粗難者，如有立言'聲是無常'，便即難言'聲體異於瓶，聲即是無常；瓶體異於聲，瓶應即是常'。"（卷四頁二十五右）"非理如詭語類"指貌似有理其實無理的詭辯。

對以上幾句，《新疏》解釋說："其所破境，名爲負處，於彼能破，古因明師種種安立，於中或有真能破攝，似能破中或有極粗，不可舉者，或有甚太非理，尚不可爲似能破者，如詭謔語，此等皆廢，此中不錄。"（卷四頁四十右）

［2］餘師宗等所有句義，亦應如是分別建立：這一句是說，一切外道所說宗等句義即所量也應是這樣按照虛妄分別而建立。《新疏》說："能詮爲句，所詮爲義，有自性者必有句義。"（卷四頁四十右）《集量論》說："謂諸餘師若立若破若彼相似，僅略顯彼少分過失。其各別廣破及各別廣破所量者，於觀察勝論派理及足目派理中應知。了知一切外道之所量，唯是分別。"（《略解》第149頁）

［3］如是遍計所執分等皆不應理，違所說相，皆名無智，理極遠故：這幾句是說正理論及勝論等一切外道之所量由虛妄分別而建立，此虛妄分別即"遍計所執分"。"遍計所執分"即遍計所執性，意指世俗之人妄情遍計度一切事物，此謂"遍計"，以此遍計之妄情，計無我爲我，報無法爲法，大乘瑜伽行派認爲"所執性"爲當情現之妄相而實際體性是無。正理論、勝論等外道囿於遍計所執性因此都不合真理，與事物的本來面目相背，都稱爲無真如之智，遠離了真如之理。此"無智"是非真智之異名，乃無真如之智。

【今譯】 還有對於負處的看法，古因明師有各種不同的說法，有的墮負屬於缺支過或支過，成爲能破的對象，有的屬於蠻不講理的難破，還有的則是貌似有理其實無理，例如詭辯，因此本論不予採録。正理和勝論等一切外道所說的宗、因、喻等的言和義也都是按照虛妄分別的認識而建立，這些虛妄分別的認識即是遍計所執性，意指世俗之人妄情計度一切事物，現之虛妄之相而實際體性是無，因此都不合真理，與事物的本性不合，都稱爲並無真如之智，遠離了真理。

又即此類過失言詞,我自朋屬論式等中多已制伏。[1]又此方隅,我於破古因明論中已具分別,故應且止。[2]

【注釋】

這一段講不錄負處的原因。

[1] 又即此類過失言詞,我自朋屬論式等中多已制伏:"過失言詞"指以上所述古因明師所説各種負處,"朋屬"即歸屬,"論式等中"指三支作法宗、因、喻等中。我都把它們納入到三支作法的宗、因、喻諸過中加以解決。

[2] 又此方隅,我於破古因明論中已具分別,故應且止:"方隅"有由此隅反即舉一隅而反三的意思。"具分別"是具體地加以辨析。

【今譯】 況且這類負處,大多被我納入到論式中去加以解決。又有需要舉一反三的地方,我在其他破古因明論的著作中已作詳細的辨析,因而就此打住。

第四章　總　結

爲開智人慧毒藥[1]，啓[2]斯妙義正理門[3]。

諸有外量所迷者，令越邪途契真義。

【注釋】

此爲結頌。

[1] 慧毒藥：用毒藥侵入傷口須臾遍及全身來比喻爲智人開慧門。

[2] 啓：《證文》説："啓，原作破，依麗本改正。"

[3] 正理門：《述記》解釋説："理有邪正，簡邪云正理。此正理用此論爲門，方能悟解，故名正理門。"（卷一頁一右）

《新疏》解釋末頌説："如身少破，著少毒藥，須臾毒氣遍滿身中，今此論主欲慧毒藥塗智人身，令立遍滿。爲此啓之本真體義，名爲正理。此論所詮應理義趣，能令智人由入正理，故名彼門。……有由外量迷真義者，此論令悟以契真義。"（卷四頁四十一右至四十二左）

【今譯】　爲了給智人開啓精妙義理之門，就要像用毒藥侵入傷口須臾遍及全身那樣，撰寫了本論。對所有被外道的立破之説所迷惑的人來説，本論可令其避免誤入歧途而與真理相契合。

【附　　録】

玄奘譯《因明正理門論本》校勘

因明正理門論本

大域龍[1]菩薩 造
大唐三藏[2]玄奘[3] 譯
湯銘鈞 校勘

第一章 序

爲欲簡持能立、能破義中真實,故造斯論。

第二章 能立、似能立和立具

第一節 能立與宗和似宗

1. 能立與宗等

宗等多言[4]説能立[5],是中唯隨自意、樂

① 「龍」字下,磧砂本有「樹」。

② 「藏」字下,高麗、大正、金陵三本均有「法師」。

③ 「奘」字下,高麗、大正、金陵三本均有「奉詔」。

④ 「宗等多言」,勘番本《入論》作「宗等諸言」(phyogs la sogs pa brjod pa rnams),即合宗言、因言、喻言而云「諸言」也。——證文注

⑤ 「能立」,番《入論》作 sgrub pa 或 sgrub par byed pa,蓋與「破」相對云「立」,其言「能」者,不過表白能性之辭,與能、所無涉。——證文注

爲所成①立説名宗，非彼相違義能遣。（第一頌）

「宗等多言説能立」者，由宗、因、喻多言，辯説他未了義，故此多言於《論式》等説名能立。

又以一言②説能立者，(1)21爲顯③總成一能立性，由此應知隨有所闕名能立過。

言「是中」者，起論端義，或簡持義，是宗等中，故名「是中」。所言「唯」者，是簡别義。「(2)22隨自意」顯不顧論宗④，隨自意立。「樂爲所立」，謂不樂爲能成立性⑤。若異此者説所成立，似因、似喻應亦名宗。

2. 似宗

(3)23爲顯離餘立宗過失，故言「非彼相違義⑥遣」。

若非違義⑦言聲所遣，如立「一切言皆是妄」。

或先所立宗義相違，如獯狐子立「聲爲常」。

又若於中由不共故，無有比量，爲極成言⑧相違義遣，如説「懷兔非月，有故」。

又於有法，即彼所立爲此極成現量、比量相違義遣⑨，如有成立

---

① 「所成」，底本作「成所」，今依據諸本改。

② 「一言」，原文「能立」應是單數名詞，故云。——證文注

③ 「(1)21」，(1)指《正理門論本證文》第1段，21對應《集量論釋略抄》第21段。以下類同。

④ 「不顧論宗」，勘《集量》作「不顧自論」（raṅ gi bstan bcos la ma bltos pa），法上釋云：自宗法義有多，今不悉顧，但樂立一也。論即是宗，故云「論宗」，與第四假定悉檀無關。——證文注

⑤ 「性」，《集量》作「體性」（ṅo bo），蓋以此義别立宗體一門而説，法稱因明亦同。——證文注

⑥ 「義」字下，高麗、大正、金陵三本均有「能」。

⑦ 「非違義」，現存梵文殘片作「相違義」（viruddhārtha），參見桂紹隆《因明正理門論研究》（一），第一一三頁。

⑧ 「爲極成言」句，勘《集量》係由上文轉折而下，謂雖無比量，而爲極成言違遣也。——證文注

⑨ 「即彼所立」及「相違義」，勘《集量》皆屬於有法中所有之法，謂就有法成立彼法，而爲此相違法所遮遣也。——證文注

「聲非所聞」「瓶是常」等。

(4) 24 諸有説言宗因相違名宗違者,此非宗過。以於此中立「聲爲常,一切皆是無常故」者,(5) 25 是喻方便惡①立異法,(6) 26 由合喻顯「非一切故」。此因非有,以聲攝在一切中故,或是所立一分義故,此義不成,名因過失。

喻亦有過,由異法喻先顯宗無,後説因無,應如是言②「無常一切」,是謂非「非一切故」義③。然此倒説「一切無常」,是故此中喻亦有過。如是已説宗及似宗。

第二節　因與似因

1. 是宗法與四不成因

(7) 27 因與似因多是宗法,此差別相今當顯示。

(8) 28 宗法於同品,謂有、非有、俱,

於異品各三,有、非有及二。(第二頌)

(9) 29 豈不總以樂所成立④合説爲宗,云何此中乃言「宗」者唯取有法?(10) 30 此無有失,以其總聲於別亦轉,如言「燒衣」。或有宗聲唯詮於法。

(11) 31 此中「宗法」唯取立論及敵論者決定同許。於同品中有、非有等,亦復如是。

何以故? 今此唯依證了因故,但由智力了所説義,非如生因由能起用。

若爾,既取智爲了因,是言便失能成立義。

---

① 「惡」,原作「要」,依麗本改正,勘《集量》云:「由不善學(legs par ma bslabs),以異法説」,意謂用異法立宗不善巧,麗本改字是也。——證文注〇「惡」,磧砂本作「要」。

② 「應如是言」二句,意云異喻合言:「若其無常,見是一切」,此即非「非一切」之義。——證文注〇「如是」,底本正文作「是如」,今依據諸本改。

③ 「故義」,高麗、大正二本均作「義故」。

④ 「總以樂所成立」句,按《集量》,意云:總攝之義(bsdus pa'i don)爲宗。此處應以「總」「合」二字連讀。——證文注

此亦不然,令彼憶念本極成故。是故此中唯取彼此俱定許義,即爲善説。

(12) 32 由是若有彼此不同許,定非宗法,如有成立「聲是無常,眼所見故」。又若敵論不同許者,如對顯論,「所、作性故」。

又若猶豫,如依煙等①起疑惑時,成立「大種和合火有,以現煙故」。

或於是處有法不成,如成立「我其體周徧②,於一切處生樂等故」。

如是所説一切品類所有言詞,皆非能立。

於其同品有、非有等,亦隨所應當如是説,(13) 33 於當所説因與相違及不定中,唯有共許,決定言詞,説名能立,或名能破,(14) 34 非互不成③、猶豫言詞,復待成故。

夫立宗法,理應更以餘法爲因成立此法,(15) 37 若即成立有法爲有,或立爲無,如有成立「最勝爲有,現見别物有總類故」,或立「爲無,不可得故」,其義云何?

此中但立「别物定有一因④」爲宗,不立最勝,故無此失。

若立爲無,亦假安立不可得法,是故亦無有有法過。

(16) 36 若以有法立餘有法,或立其法,如以「煙」立「火」,或以「火」立「觸」,其義云何?

今於此中非以成立「火」「觸」爲宗,但爲成立此相應物。

若不爾者,依「煙」立「火」,依「火」立「觸」,應成宗義一分⑤爲因。

---

① 「如依煙等」二句,按番本《入論》云:「成立火時於霧等事(dṅos po)有所疑惑,而説火爲大種所合('byuṅ pa'i 'dus)」,意謂火爲大種和合者,必以煙爲相,今於是霧、是煙事未能決,即説爲大種火,故有過也。——證文注

② 「徧」,高麗、大正二本均作「遍」,下同。

③ 「非互不成」句,應長讀,按《集量》云:「餘復以爲已成立(bsgrubs)」,謂以已成之宗法而説,即不待再成也。——證文注

④ 「定有一因」,《集量》作「一因性」(rgyu gcig pa ñid),謂同出一因者。——證文注

⑤ 「宗義一分」,《集量》寶本作「宗之一分」(dam bca' ba'i phyogs gcig),即前文「所立一分」也。意義之差别是爲「一分」,如云「無常」,又云「非是常」,名目不同,實則無異;次云「有煙」與「火」,又云「火」與「有煖觸」,例此可知。——證文注〇「分」,磧砂本作「八」。

又於此中非欲成立「火、觸有性」，共知有故。

又於此中觀所成故，立法、有法，非德、有德，故無有過。

重説頌言：

(17) 35 有法非成於有法　及法，此非成有法，

但由法故成其法，(18) 38 如是成立於有法。（第三頌）

(19) 39 若有成立「聲非是常，業等應常故，常應可得故」，如是云何名爲宗法？

此説彼過由因、宗門①，以有所立，説應言故。以先立「常，無形礙故」，後但立宗斥彼因過。

(20) 41 若如是立，「聲是無常，所作非常故，常非所作故」，此復云何？

是喻方便同法、異法，如其次第宣説其因宗定隨逐，及宗無處定無因故。

(21) 43 以於此中由合顯示「所作性」因，如是此聲定是所作，非非所作，此「所作性」定是宗法。

重説頌言：

(22) 40 説因宗所隨，宗無因不有，

依第五顯喻②，(23) 42 由合故知因。（第四頌）

(24) 44 由此已釋③反破方便，以所作性於無常見故，於常不見故，如是成

① 「因、宗門」，《集量》云：「因及宗之門」(gtan tshigs daṅ dam bca' ba'i sgo)，謂合因與宗而説，其詞若因，其實則宗也。——證文注〇「因宗」，高麗、大正二本均作「宗因」。

② 「第五顯喻」，《集量》作「有第五轉聲之喻」(lṅa ba'i mtha' can dpe)，此處應謂第五聲所顯也。——證文注

③ 「由此已釋」，謂相例可知，不待别詳也，見下同法喻過文。——證文注

立「聲非是常,應非作故」。是故順成、反破方便,非别解因,如破數論我已廣辯,故應且止廣諍傍論。

2. 同品、異品與九句因

(25) 45 如是宗法三種差别,謂「同品有、非有及俱」,先除「及」字。

(26) 46 此中若品與所立法①鄰近均等,説名同品,以一切義皆名品故。(27) 49 若所立無,説名異品。

非與同品相違或異。若相違者,應唯簡别。若别異者,應無有因。(28) 50 由此道理「所作性故」能成「無常」及「無我」等,不相違故。

若法能成相違所立,是相違過,即名似因。如無違法,相違亦爾,所成法無,定無有故。(29) 51 非如瓶等②因成猶豫,於彼展轉無中有故。以所作性現見離瓶於衣等有,非離無常於無我等此因有故。

(30) 47 云何别法於别處轉? 由彼相似③,不説異名,言即是此,故無有失。若不説異,云何此因説名宗法? 此中但説定是宗法,不欲④言唯是宗法。(31) 48 若爾,同品應亦名宗? 不然,别處説所成⑤故。因必無異,方成比量,故不相似。

(32) 52 又此一一各有三種,謂於一切同品有中,於其異品或有、非有及有非有。於其同品非有及俱,各有如是三種差别。

---

① 「若品與所立法」二句,勘《集量》原意一貫,今分兩句讀。《入論》約此文義所謂「均等義品」也,「義」指事物而言,如云「現量智於色等義」。「鄰近均等」,《集量》作「相類(mthun pa)相等(mtshuṅs pa)」,皆解「同」字也。——證文注

② 「如瓶等」,《集量》作 bum la sogs la ltar,謂「如於瓶等」,意云:如於成立瓶等,此所作性因則猶豫也。——證文注

③ 「由彼相似」二句,勘《集量》意,「彼」指同品法,「此」指所立宗有法,二者同義爲無差别,故此處宗法因,得通於别處同品,無所礙也。——證文注

④ 「欲」字下,諸本均有「説」。

⑤ 「説所成」,謂説爲所立。——證文注

[(33) 53]若無常宗①全無異品，對不立有虛空等論，云何得説彼處此無？若彼無有，於彼不轉全無有疑，故無此過。

[(34) 54]如是合成九種宗法，隨其次第略辯②其相。謂立「聲常，所量性故」；或立「無常，所作性故」；或立「勤勇無間所發，無常性故」；或立「爲常，所作性故」；或立「爲常，所聞性故」；或立「爲常，勤勇無間所發性故」；或「非勤勇無間所發，無常性故」；或立「無常，勤勇無間所發性故」；或立「爲常，無觸對故」。

如是九種，二頌所攝：

常、無常、勤勇，恒、住、堅牢性，
非勤、遷、不變③，由所量等九。（第五頌）
[(35) 55]所量、作、無常，作性、聞④、勇發，
無常、勇、無觸，依常性等九。（第六頌）

3. 正因與相違因和不定因

[(36) 56]如是分别説名爲因、相違、不定，故本頌言：

於[(37) 57]同有及二，在異無是因，
[(38) 59]翻此名相違，[(39) 61]所餘皆不定。（第七頌）

[(40) 58]此中唯有二種名因，謂於同品一切徧有、異品徧無；及於同品通

① 「若無常宗」二句，勘《集量》竇本，此處文倒，應云：若無常宗對不立虛空等論全無異品也。——證文注

② 「辯」，高麗、大正二本均作「辨」。

③ 「恒住」「堅牢」「不變」，勘《集量》皆作「常」（rtag）。「遷」作「無常」（mi rtag），此處譯家潤文改之。——證文注

④ 「聞」，原作「間」，依麗本改正。——證文注○「聞」，磧砂本作「間」。

有非有、異品徧無，於初、後三各取中一。

(41) 60 復唯二種説名相違，能倒立故，謂於異品有及二種，於其同品一切徧無，第二三中取初、後二。

(42) 62 所餘五種，因及相違皆不決定，是疑因義。

(43) 63 又於一切因等相中，皆説所説一數同類①。

(44) 64 勿説二相更互相違，共集一處猶爲因等。

(45) 65 或於一相同作事故成不徧因。

(46) 66 理應四種名不定因，二俱有故，「所聞」云何？由不共故。(47) 67 以若不共，所成立法②，所有差別，徧攝一切，皆是疑因。唯彼有性，彼所攝故，一向離故③。

(48) 68 諸有皆共無簡别因，此唯於彼俱不相違，是疑因性。

若於其中俱分是有，亦是定因。簡别餘故，是名差别。

(49) 69 若對許有聲性是常，此應成因。

若於爾時無有顯示「所作性」等是「無常」因，容有此義。然俱可得一義相違④，不容有故，是猶豫因。又於此中現、教力勝，故應依此思求決定。

(50) 70 攝上頌言：

若法是不共、 共、決定相違，

---

① 「一數同類」，勘《集量》金本，文句同此，意謂：於一數中（graṅs gcig la）爲類，是以事（dṅos po）類而言。蓋爲因者，必能獨立成宗，不待他助，是謂「一數」。即有他因，意義仍同，不相違背，是謂「同類」。舉例見《集量釋》。——證文注

② 「所成立法」句，《集量》寶本文句同此，意云：所立法及所餘異事（cig śos des tha dad pa'i dṅos pa）遍攝一切故，即於彼等是疑因。《入論》所謂「常、無常外餘非有故」，即同此意。——證文注

③ 「一向離故」，《集量》金本同此，意云：任何一邊（gaṅ mtha' gcig）亦遠離故。此即《入論》所謂「常、無常品皆離此因」也。——證文注

④ 「一義相違」，勘《集量》金本作「一相違義中」（'gal ba'i don gcig la）。——證文注

偏一切，於彼　皆是疑因性。（第八頌）

(51) 72
邪證①法有法，自性或差別，

此成相違因，　若無所違害。（第九頌）

(52) 71
觀宗法審察，若所樂違害，

成躊躇、顛倒，異此無似因。（第十頌）

如是已辯②因及似因，喻今③當説。

第三節　喻與似喻

1. 同法喻與異法喻

(53) 73
説因宗所隨，宗無因不有，

此二名譬喻④，餘皆此相似。（第十一頌）

喻有二種：同法、異法。(54) 74 同法者，謂立「聲無常，勤勇無間所發性故」，以「諸勤勇無間所發，皆見無常，猶如瓶等」；異法者，謂「諸有常住，見非勤勇無間所發，如虚空等」。

(55) 75
前是遮詮，後唯止濫⑤，由合及離比度義故。

由是雖對不立實有太虚空等，而得顯示無有宗處無因義成。

(56) 76
復以何緣，第一説因宗所隨逐，第二説宗無因不有，不説因無宗不有耶？

---

① 「邪證」，勘《集量》是「顛倒成立」（phyin ci log tu sgrub pa）之意，《入論》番本四相違因即皆名「倒立」也。——證文注

② 「辯」，高麗、大正二本均作「辨」。

③ 「喻今」，麗本作「喻及似喻我今」，大正本作「喻及似喻今我」。

④ 「説因」三句，勘《集量》，「説」與「此二」相貫爲文。——證文注

⑤ 「前是遮詮」二句，勘《集量》金本，此但就異法喻而言，意云：初説「若是其常」，是以非宗爲遮詮也（ma yin par dgag pa）；後説「見無所作」，是以無因爲止濫也（med par dgag pa）。此與《入論》文合，遮詮一義，不可分讀。——證文注

由如是說能顯示因同品定有、異品徧無，非顛倒說。(57) 77 又說頌言：

應以非作證其常，或以無常成所作，
若爾應成非所說，不徧、非樂等合、離①。(第十二頌)

2. 似喻

如是已說二法合離順反二②喻，「(58) 95 餘此相似」是似③喻義。

何謂此餘？

謂於是處所立、能立及不同品，雖有合、離而顛倒說。或於是處不作合、離，唯現所立、能立俱有，異品俱無。如是二法或有隨一不成、不遣，或有二俱不成、不遣。如立「聲常，無觸對故」。同法喻言，「諸無觸對見彼皆常，如業、如極微、如瓶」等。異法喻言，「謂諸無常見有觸對，如極微、如業、如虛空」等。由此已說④同法喻中有法不成，謂對不許常虛空等。

3. 二喻與因三相

(59) 78 為要具二譬喻言詞方成能立，為如其因⑤但隨說一？若就正理應具說二，由是具足顯示所立不離其因。(60) 79 以具顯示同品定有、異品徧無，能正對治相違、不定。

(61) 80 若有於此一分已成，隨說一分亦成能立。若如其聲兩義同許，俱

① 「等合、離」，《集量》金本作「相等合」(mtshuṅs rjes 'gro)，「合」即喻中配合宗、因之辭。奘譯始從《入論》分「合」與「離」(ldog pa)言之。——證文注

② 「二」，諸本均作「兩」。

③ 「似」，磧砂本作「以」。

④ 「由此已說」，勘《集量》金本，作「且從省說」(brjod par spaṅs pa yin no)，謂其義可知，不待詳也。——證文注

⑤ 「為如其因」句，《集量》金本同此，意云：為如因法但是隨一性者耶(gaṅ yaṅ ruṅ ba ñid yin)。——證文注

不須説①,或由義准一能顯二。

(62) 81
又比量中唯見此理：若所比處此相審定②,於餘同類念此定有,於彼無處念此徧無,是故由此生決定解。故本頌言：

(63) 82
如自決定已,悕③他決定生,
説宗法、相應、所立,餘遠離。(第十三頌)

爲於所比顯宗法性故説因言,爲顯於此不相離性故説喻言,爲顯所比故説宗言。於所比中,除此更無其餘支分,由是遮遣餘審察等及與合、結。

4. 古因明的弊病

(64) 83
若爾喻言應非異分,顯因義故。

(65) 84
事雖實爾,然此因言唯爲顯了是宗法性,非爲顯了同品、異品有性、無性,故須別説同、異喻言。

(66) 85
若唯因言所詮表義説名爲因,斯有何失?
復有何得④?
別説喻分,是名爲得⑤!

(67) 86
應如世間所説方便,與其因義⑥都不相應。
若爾何失?

---

① 「俱不須説」二句,文誤,勘《集量》兩本,皆以此段爲例釋「隨説一分」之義。實本意云：以兩義俱許故,由隨説一義准(gaṅ yaṅ ruṅ ba pas śugs)顯二也。——證文注

② 「審定」,勘《集量》作「於決定中(ṅes pa la)轉」,意謂審定宗法智也。——證文注

③ 「悕」,磧砂本作「怖」。

④ 「得」,高麗、大正二本均作「德」。

⑤ 「得」,高麗、大正二本均作「德」。

⑥ 「與其因義」句,勘《集量》云「與因不相屬(ma 'brel ba)」,此處「相應」當作相連解,下過類處亦同。——證文注

此説但應類①所立義,無有功能非能立義。(68) 87 由彼但説「所作性故」所類同法,(69) 88 不説能②立所成立義。又因、喻别,此有所立同法、異法,終不能顯因與所立不相離性,是故但有類所立義,然無功能。

何故無能?

(70) 91 以同喻中不必宗法、宗義③相類,此復餘譬所成立故,應成無窮。又不必定有諸品類,非異品中不顯無性有所簡别④能爲譬喻。故説頌言:

(71) 90 若因唯所立,或差别相類,

譬喻應無窮,及遮遣異品。(第十四頌)

(72) 89 世間但顯宗、因異品⑤同處有性爲異法喻,非宗無處因不有性,故定無能。

(73) 92 若唯宗法⑥是因⑦性者,其有不定應亦成因。

(74) 93 云何具有所立、能立及異品法二種譬喻而有此失?

若於爾時所立異品非一種類,便有此失,如(75) 94 初、後三各最後喻。

故定三相唯爲顯因。由是道理,雖一切分皆能爲因顯了所立,然唯一分且説爲因。

---

① 「類」,《集量》: ñe bar 'jal ba,估量揣度之意,謂類推殆然而不必然也。——證文注

② 「能」,磧砂本作「立」。

③ 「宗法、宗義」,勘《集量》似分二層言之,所立法「無常」是宗法,其差别「所聞」等是宗義。——證文注

④ 「有所簡别」,按《集量》意謂:世間異喻不顯因於異品無性,但反説不同類,故云「簡别」。與前文説異品處所云「簡别」同,又即下頌所謂「遮遣」也。——證文注

⑤ 「宗、因異品」,即前文所立、能立之「不同品」,謂彼宗、因異類也,與因三相之「異品」立名各異。——證文注

⑥ 「若唯宗法」句,按《集量》是論主難也。——證文注

⑦ 底本無「因」,今依據諸本補上。

第四節　能立、似能立唯悟他

如是略説宗等及似，即此多言説名能立及似能立。隨其所應，爲開悟他説此能立及似能立。

第五節　立具：現量與比量

1. 現量與比量唯自悟

[(76) 1]爲自開悟唯有現量及與比量。[(77) 96]彼聲、喻等攝在此中，故唯二量。[(78) 2]由此能了自、共相故，非離此二别有所量，爲了知彼更立餘量。

2. 現量

故本頌言：

[(79) 3]現量除分别①，餘所説因生。（第十五頌）

此中「現量除分别」者，謂若有智於色等境，[(80) 4]遠離一切種類名言②假立無異③諸門分别，[(81) 5]由不共緣[(82) 6]現現别轉④，故名現量。

故説頌⑤言：

① 「除分别」，《入論》作「無分别」，按番本俱作 rtog pa daṅ bral ba，意謂離彼分别也。——證文注

② 「名言」，《集量》作 miṅ，謂名字也。——證文注

③ 「異」，原作「量」，依麗本改正。——證文注〇「異」，磧砂本作「量」。

④ 「現現别轉」，同《入論》，按其番本作 so so'i dbaṅ po la yod pa，謂於各别根而有，即五根緣境，不相雜也。——證文注

⑤ 「説頌」，底本作「頌説」，今依據諸本改。

[(83) 7]有法非一相,根非一切行,

唯内證離言,是色根境界。(第十六頌)

[(84) 8]意地亦有離諸分别,唯證行①轉。又於貪等諸自證分,[(85) 9]諸修定者離教分别,皆是現量。

[(86) 12]又於此中無别[13]量果,以即此體似義生故。似有用故②假説爲量。

[(87) 10]若於③貪等諸自證分亦是現量,何故此中除分别智?

不遮此中自證現量,無分别故。

3. 似現量

[(88) 11]但於此中了餘境④分,不名現量。

由此即説憶念、比度、悕求、疑智、惑亂智等,於鹿愛⑤等皆非現量,隨先所受分别轉故。

如是一切世俗有中瓶等⑥、數等、舉等、有性、瓶性等智皆似現量,於實有中作餘行相,假合餘義分别轉故。

4. 比量

已説現量,當説比量。「餘所説因生」者,[(89) 15]謂智是前智餘。[(90) 14]從如所

---

① 「證行」,按《集量》「證」是「證受」(ñams su myoṅ ba),「行」是「行相」(rnam pa)。——證文注

② 「似有用故」,按《入論》番本應屬下讀,是解「即智爲量」之所以也。彼論番本云「能作境義」(don byed nus pa),奘譯云「如有作用而顯現故」。——證文注

③ 「於」,金陵本作「以」。

④ 「了餘境」,按與《入論》「於義異轉」意同。彼番本作 don gźan la rtog pa,即於此境而分别爲「餘境」也。——證文注

⑤ 「鹿愛」,磧砂本作「麁受」,大正本作「麁愛」。

⑥ 「瓶等」句,指勝論宗實、德、業、同、異五句而言,彼計和合非現量,故不説,見 H. UI, *Vaiśeṣika Philosophy*, pp. 67–68。——證文注

説能立因①生,是緣彼義。

(91) 16 此有二種,謂於所比②審觀察智從現量生或比量生,及憶此因與所立宗不相離念。(92) 17 由是成前舉所説力③,念因同品定有等故。是近及遠比度因故,俱名比量。此依作具、作者④而説。

(93) 20 如是應知悟他比量亦不離此得成能立。

故説頌言:

(94) 18
一事有多法,相⑤非一切行,
唯由簡別餘,表定能隨逐。(第十七頌)
(95) 19
如是能相者,亦有眾多法,
唯不越所相　能表示,非餘。(第十八頌)

何故此中與前現量別異建立?

爲現二門,此處亦應於其比果説爲比量,彼處亦應於其現因説爲現量,俱不遮止。

已説能立及似能立,當説能破及似能破⑥。

---

① 「所説能立因」,指前説「智爲了因」而言。——證文注

② 「謂於所比」二句,按前文「若所比處此相審定」句,應是宗法智;「憶不離念」則後二相智也。——證文注

③ 「成前舉所説力」,按《集量》,意云:爲前所説智因之增上也。——證文注

④ 「作具、作者」,按《集量》唯云「作者」,又後文「同法相似」處亦然,殆係譯家分二者言之。——證文注

⑤ 「相」,是「因」異名。——證文注

⑥ 「破」字下,高麗、大正二本均有「頌曰」。

第三章　能破與似能破

第一節　頌説能破與似能破

能破闕等言,似破謂諸類。(第十九頌)

第二節　能　破

此中「能破闕等言」者,[(96)]謂[97]前所説闕等言詞諸分過失,彼一一言①皆名能破,由彼一一能顯前宗②非善説故。

第三節　似能破概述

所言「似破謂諸類」者,[(97)]諸③[98]同法等相似過類名「似能破」,由彼多分於善比量爲迷惑他而施設故,不能顯示前宗不善,由彼非理而破斥故,及能破處而施設故。是彼類④故,説名過類。若於非理立比量中如是施設,或不了知比量過失,或即爲顯彼過失門,不名過類。

---

① 「彼一一言」句,按《入論》番本意謂:諸能立過言(skyon brjod pa rnams)是能破也。——證文注

② 「前宗」,意指「敵論者」(pha rol po),見《正理一滴注》(佛教文庫本),二一九頁。——證文注

③ 「諸」,高麗、大正二本均作「謂」。

④ 「彼類」,按《集量》及《正理一滴注》(佛教文庫本),二二〇頁,皆指與「質難」(lan)爲類而言,「難」通「能破」,指上而云「彼」。——證文注

1. 頌說同法相似等七類

[(98) 117]示現異品①故，由同法異立，
同法相似；[(99)]餘　[120]由異法。[(100) 125]分别(第二十頌)
差别名分别。　[(101) 127]應一成無異。
[(102) 135]顯所立餘因，　名可得相似。(第二十一頌)
[(103) 139]難義别疑②因，故說名猶豫。
[(104) 143]說異品義故，　非愛，名義准。(第二十二頌)

2. 第一過——同法相似

此中「示現異品故，由同法異立同法相似」者，[(105) 118]顛倒成立故名異立。此依作具、作者③而說，同法即是相似，故名「同法相似」。[(106) 155]一切攝立中相似過類故。[(107)154]言「相似」者是不男聲④，「能破」相應故，或隨結頌故。

云何同法相似能破？

於所作中說能作故，轉⑤生起故，作如是說，後隨所應亦如是說。

今於此中由同法喻顛倒成立，是故說名「同法相似」。[(108) 119]如有成立「聲是無常，勤勇無間所發性故」，此以「虛空」爲異法喻。有顯「虛

① 「示現異品」句，《集量》實本文句同此，總貫下文同法、異法二種相似，意謂：由顯示所立法之「異類」云云，非同、異品之「異品」也。——證文注

② 「疑」，磧砂本作「從」。

③ 「作具、作者」，《集量》唯云「作者因」(byed pa po'i rgyu)，意云：由同法作相似，即從能作者而得名也。——證文注

④ 「是不男聲」三句，「不男」，《集量》作 ma niṅ，謂不能男，即中性聲也。此處「相似」立名從有財釋，全作形容詞用，其尾轉聲即應與所形容之字相同。如下所舉「同法相似能破」云云，與「能破」相屬，即形容彼。「能破」梵文 dūṣaṇa 是中性字，故此「相似」亦應作中性聲爲 samam 也。「結頌」者，此「相似」末聲當頌中第五韻，應爲短韻，不能用他聲字也。——證文注

⑤ 「轉」，應是展轉之意，前以「同法」能作而立「相似」之名，此復以「同法相似」能作而立「能破」名也。——證文注

空」爲同法喻,「無質等故」立「聲爲常」,如是即此所説因中「瓶」應爲同法,而異品「虛空」説爲同法,由是説爲「同法相似」。

3. 第二過——異法相似

「餘由異法」者,謂異法相似是前同法相似之餘。(109) 121 示現異品由異法喻顛倒而立。二種喻中如前安立「瓶」爲異法,是故説爲「異法相似」。

4. 第三過——分別相似

「分別差別名分別」者,前説「示現」等故,今説「分別差別」故,(110) 126 應知分別同法差別。謂如前説,「瓶」爲同法,於彼同法有可燒等差別義故,是則瓶應無常;非聲①,聲應是常,不可燒等有差別故。由此分別顛倒所立②,是故説名「分別相似」。

5. 第四過——無異相似

所言「應一成③無異」者,(111) 128 示現同法前已説故,由此與彼應成一故。彼者是誰? 以更不聞異方便故,相鄰近故,應知是宗。「成無異」④者,成無異過。即由此言義可知故,不説其名是誰與誰共成無異。不別説故,即此一切與彼一切。

如有説言,若見瓶等有同法⑤故,即令餘法亦無別異,一切瓶法聲應皆有,是則一切更互法同應成一性。(112) 129 此中抑成無別異過,亦爲顯示瓶、聲差別,不甚異前分別相似,故應別説。

---

① 「非聲」,勘《集量》云「聲則非是」(sgra ni ma yin),今譯改文。——證文注

② 「分别顛倒所立」,按《集量》意云:從所立(bsgrub par bya ba las)爲顛倒分别,非合「顛倒」「所立」爲文,與前「異立」不可相混。——證文注

③ 「應一成」,勘《集量》作「應成一」,與下釋相順,今譯改文。——證文注

④ 「成無異」句,疑譯文誤,按《集量》頌中「成」字本屬上讀。此處釋「無異」二字,始云「成無異」故,乃非贅文。今譯上衍「成」字,下衍「過」字,疑有誤也。——證文注

⑤ 「有同法」,按《集量》是「爲同法」之意,謂瓶等與宗作同法喻也。——證文注

若以「勤勇無間所發」成立「無常」，欲顯俱是非畢竟性，則成宗、因無別異過。抑此令成無別異性，是故説名「無異相似」。

(113) 130 有説此因如能成立所成立法，亦能成立此相違法，由無別異，是故説名「無異相似」。

6. 第五過——可得相似

「顯所立餘因①，名可得相似」者，(114) 136 謂若顯示所立宗法餘因可得②，是則説名「可得相似」。

謂有説言，如前成立「聲是無常」，此非正因，於電、光等由「現見」等餘因可得「無常」成故。以若離此而得有彼，此非彼因。

有餘於此别作方便，謂此非彼「無常」正因，由不徧故，如説「叢林皆有思慮，有睡眠故」。

7. 第六過——猶豫相似

「難義别疑因③，故説名猶豫④」者，「(115) 153 過類」相應⑤故女聲説。(116) 此
140 中分别宗義别異，因成不定，是故説名「猶豫相似」。或復分别因義别異故名「猶豫相似過類」。

謂有説言，如前成立「聲是無常，勤勇無間所發性故」，現見「勤勇無間所發」或顯或生故成猶豫，今⑥所成立爲顯、爲生？是故不應以如

---

① 「顯所立」句，按《集量》竇本云：「於所立上顯由餘因（gźan gtan tshigs kyis）」，與次文「由現見等」相合，俱是第三轉聲也。——證文注

② 「可得」，按《集量》金本屬所立法而言，若云「由餘因而得所立」也。——證文注

③ 「難義」句，《集量》金本文同，意謂：論難而由異義以疑彼因。——證文注

④ 「故説名猶豫」，原作「名猶豫相似」，今依麗本改正，順前頌文，而與下釋不貫，疑譯文有脱誤。——證文注○「故説名猶豫」，磧砂本作「名猶豫相似」。

⑤ 「過類相應」句，指「猶豫相似」立名格例而言。如下舉「猶豫相似過類」，即此「相似」應與「過類」相連。從有財釋之例，所連「過類」（jāti）是女聲字，此「相似」亦應用女聲 samā 也。——證文注

⑥ 「今」，底本作「令」，今依據諸本改。

是因證「無常」義。

8. 第七過——義准相似

「説異品義故，非愛名義准」者，[(117) 144]謂有説言，若以「勤勇無間所發」説「無常」者，義准則應若「非勤勇無間所發諸電光等皆應是常」，如是名爲「義准相似」。

應知此中略去後句①，是故但名「猶豫」「義准」。

9. 七過總評

復由何義此同法等相似過類異因明師所説次第？

似破同故。

由此同法等，多疑故似彼②。（第二十三頌）

「多」言爲顯或有異難，及爲顯似不成因過。

[(118) 124]此中前四與我所説譬喻方便都不相應，且隨世間譬喻方便，雖不顯因是決定性，然攝其體故作是説。

[(119) 122]由用不定同法等因成立自宗③，方便説他亦有此法，由是便成似共不定，[(120) 123]或復成似相違決定。

若言唯爲成立自宗，云何不定得名「能破」？

[(121) 152]非即説此以爲能破。難不定言説名「不定」，於能詮中説所詮故無有此過，餘處亦應如是安立。若所立量有不定過，[(122) 133]或復決定同法等

① 「後句」，指「相似」二字言。——證文注

② 「由此同法」二句，按《集量》分判諸過，故無此文。云「多疑似彼」者，多分不定，即是似不定過也。——證文注

③ 「自宗」，按《集量》是難者所立之宗，難不定者立量因亦不定也，故下有「若言唯爲」一段文。——證文注

因有所成立,即名能破。

(123) 134 是等難①故,若現見力,比量不能遮遣其性。如有成立②「聲非所聞,猶如瓶等」,以現見聲是所聞故。

不應以其是所聞性遮遣無常,非唯不見③能遮遣故。若不爾者,亦應遣常。

(124) 130 第二無異相似是似不成因過,彼以「本無而生」增益所立,爲作宗、因成一過故。此以「本無④而生」極成因法證「滅後無」⑤。若即立彼,可成能破。

(125) 132 第三無異相似成立違害所立,難故成似⑥,由「可燒」等不決定故。若是決定,可成相違。

可得相似所立不定,故成其似。(126) 137 若所立因於「常」亦有,可成能破。

(127) 138 第二可得雖是不徧,餘類無故,似不成過。若所立無,可名能破。非於此中欲立「一切⑦皆是無常」。

(128) 141 猶豫相似謂以「勤勇無間發得」⑧成立「滅壞」,若以生起增益所立作不定過,此 (129) 142 似不定。(129) 142 若於所立不起分别,但簡别因生起⑨爲難,此似不成。由於此中不欲唯生成立滅壞,若生、若顯悉皆滅壞,非不

---

① 「是等難」,按《集量》是概括同、異法至無異相似而言。——證文注

② 「如有成立」句,此説第一無異相似。——證文注

③ 「不見」,應是「不可見而爲所聞」之意,與前「現見」(mthoṅ)之「見」有異。——證文注

④ 「本無」,底本作「無本」,今依據諸本改。

⑤ 「證滅後無」,按《集量》竇本云:此因證成所立無常先有而後滅無(źig nas med pa)也。——證文注

⑥ 「難故成似」,依《集量》應斷句,屬「不決定故」下讀,謂由不定故爲難(rtsod pa)而成相似也。——證文注

⑦ 「欲立一切」句,依《集量》應是「欲立一切無常」。——證文注

⑧ 「得」,依《集量》應屬上,云:「勤勇無間生起可得故(dmigs nas)」。——證文注〇「發」,高麗、大正二本均作「所發」。

⑨ 「因生起」,按《集量》云「因是生起」也。——證文注

定故。

(130) 145 義准相似謂以顛倒不定爲難,故似不定。若「非勤勇無間所發」立「常」、「無常」,或「唯勤勇無間所發」「無常非餘」,可成能破。

10. 頌説至非至和無因相似

(131) 99 若因至不至、三時,非愛言,
至非至、無因,是名似因闕。(第二十四頌)

11. 第八過——至非至相似

(132) 100 「若因至不至,三時,非愛言,至非至、無因」者,於至非①至作非愛言,若能立因至所立宗而成立者,無差别故應非所立②,如池、海水相合無異。又若不成③,應非相至,所立若成,此是誰因? 若能立因不至所立,不至、非因無差别故,應不成因。是名爲「至非至相似」。

12. 第九過——無因相似

(133) 101 又於三時作非愛言。若能立因在所立前,未有所立,此是誰因? 若言在後,所立已成,復何須因? 若俱時者,因與有因④皆不成就,如牛兩角。如是名爲「無因相似」。

13. 至非至、無因二過總評

此中如前次第異者,(134) 102 由俱「説名似因闕」故。所以者何? 非理誹撥一切因故。

---

① 「非」,高麗、磧砂、大正三本均作「不」。

② 「所立」,疑是「能立」之誤,此處本難因也。——證文注

③ 「又若不成」,依《集量》是「不成相合無異」也,與下「若成」之指「成所立」者有異。——證文注

④ 「有因」,《集量》竇本云「成就因者」(gtan tshigs ldan pa),即是所立,陳那以所立爲具法差别之有法故。——證文注

此中何理，唯不至同故，雖因相相應亦不名因？如是何理，唯在所立前不得因名故，即非能立？

又於此中有自害過，遮遣同故。如是且於言因①及慧所成立中有似因闕。[(135) 103]於義因中有似不成，非理誹撥諸法因故，如前。[(136) 104]二因於義所立俱非所作、能作性故②，不應正理。

若以正理而誹撥時，可名能破。

14. 頌説無説相似、無生相似、所作相似

[(137) 107]説前無因故，應無有所立，

名無説相似。[(138) 111]生、無生亦然。（第二十五頌）

[(139) 114]所作異少分，顯所立不成，

名所作相似。多如似宗説。（第二十六頌）

15. 第十過——無説相似

「説前無因③故，應無有所立，名無説相似」者，[(140) 108]謂有説言：「如前所立，若由此因證無常性，此未説前④都無所有，因無有故應非無常⑤。」如是名爲「無説相似」。

16. 第十一過——無生相似

「生⑥、無生亦然」者，[(141) 112]生前無因故無所立，亦即説名「無生相似」。

---

① 「言因」句，《集量》金本同此，但舉「言因」而由慧能立者以與「義因」相對，「義因」疑即前云「因言所詮表義」也。——證文注

② 「二因」，指上言、義二因，次下亦常以言、義對舉也。「於義所立」，亦猶《集量》前文「義比量中所比」云云。——證文注

③ 「無因」，高麗、大正二本均作「因無」。

④ 「此未説前」句，《集量》竇本同此，謂未説此比量宗、因前，故云「無彼二」(de dag med)，今譯云「都無」也。——證文注

⑤ 「應非無常」，《集量》竇本云「應不能成無常」，即宗不成也，與下「似宗」文合。——證文注

⑥ 「生」，應爲讀，此「相似」就「生前」立難，與上「説前」相類例也。——證文注

言「亦然」者，類例聲前①因無有故，應無所立。

今於此中如無所立②，應知亦有所立相違。謂有説言：如前所立，若如是聲未生已前無有勤勇無間所發，應非無常；又非勤勇無間所發，故應是常。如是名爲「無生相似」。

17. 第十二過——所作相似

「所作③異少分，顯所立不成，名所作相似」者，(142) 115 謂所成立「所作性故，猶如瓶等，聲無常」者，若瓶有異所作性故可是無常，何預聲事？如是名爲「所作相似」。

18. 三過總評

「多如似宗説」者，如是無説相似等多分如似所立④説，謂如不成因過。「多」言爲顯或如似餘。

(143) 109 今於此中無説相似增益比量，謂於論者所説言詞立無常性，難未説前因無有故，此似不成。(144) 110 或似因闕，謂未説前益能立故。若於此中顯義⑤無有，又立量時若無言説，可成能破。

(145) 113 無生相似，聲未生前增益所立，難無因⑥故，即名似彼⑦。若成立時顯此是無，可成能破。若未生前以非勤勇無間所發難令是常，義准分故，亦似不定。

---

① 「類例聲前」，依《集量》應是「類例生前（skye ba las sṅar）」，或此處是「聲生」略譯。——證文注

② 「如無所立」二句，《集量》實本同此，舉頌云：「不成及相違」，皆指所立而説。——證文注

③ 「所作」，《集量》作「果」，與《正理經》中梵名 kārya 合，今譯取意也。「異少分」，《集量》作「異分」（gźan gyi cha）。——證文注

④ 「多分如似所立」二句，謂三種「相似」皆説所立不成或無所立，此如所依不成因過有法不成之類。——證文注

⑤ 「義」，即「義因」，《集量》所謂「因之義」（gtan tshigs kyi don）也。——證文注

⑥ 「無因」，諸本均作「因無」。

⑦ 「彼」，高麗、大正二本均作「破」。

[(146) 116]所作相似乃有三種：若難瓶等所作性於聲上無，此似不成；若難聲所作性於瓶等無，此似相違；若難即此常上亦無，是不共故，便似不定，或似喻過，引同法①故。何以故？唯取總法②建立比量，不取別故。若取別，義決定異故，比量應無。

19. 第十三過——生過相似

[(147) 146]俱許而求因，名生過相似。
[(148) 148]此於喻設難，名如似喻說。（第二十七頌）

「俱許而求因，名生過相似」者，[(149) 147]謂有難言：如前所立，「瓶等無常」，復何因證？

「此於喻設難，名如似喻說」者，[(150) 149]謂「瓶等無常」俱許成就，而言不成似喻難故③，如似喻說。

20. 第十四過——常住相似

[(151) 105]無常性恒隨，名常住相似。
此成常性過，名如宗過說。（第二十八頌）

[(152) 106]謂有難言：如前所立「聲是無常」，此應常與「無常性」合，諸法自性恒不捨故，亦應是常。此即名爲「常住相似」。

是似宗過，增益所立「無常性」④故。以於此中都無有別「實無常

---

① 「引同法」，按《集量》竇本奈旦版，應作「不顯（ma bstan pa）同法」，與下文方合。——證文注

② 「總法」，《集量》作 chos kyi spyi，謂「法之共相」也。番本《理門入論》説「同品」處，皆云「由總法均等爲同」，與此文義相貫，奘譯脱略。——證文注

③ 「而言不成」句，按《集量》意云：難爲所立不成之（rjes 'gro med pa'i）似喻故。——證文注

④ 「所立無常性」，意云：所立爲「無常之自性」，若其本來所立，則但云「無常」也。——證文注

性」依此「常」轉，即此自性本無今有、暫有還無故名「無常」。即此分位，由自性緣①名「無常性」，如「果性」等。

21. 十四過類與負處

如是過類足目所説②，多分説爲似能破性，最極成故，(153) 156 餘論所説亦應如是分别成立。即此過類但由少分方便異故，建立無邊差别過類，是故不説。如即此中諸有所説增益③、損減、有顯、無顯、生理、别喻、品類相似等，由此方隅皆應諦察及應遮遣。

諸有不善比量方便作如是説，展轉流漫，此於餘論所説無窮，故不更説。

又於負處，舊因明師諸有所説，或有墮在能破中攝，或有極粗，或有非理如詭語類，故此不録。(156) 157 餘師宗等所有句義④，亦應如是分别建立。如是徧計所執分等皆不應理，違所説相，皆名無智，理極遠故。

又即⑤此類過失言詞，我自朋⑥屬論式等中多已制伏。又此方隅⑦，我於破古因明論中已具分别，故應且止。

---

① 「自性緣」，《集量》作「自體之緣」，即依事體而言並無他緣也。——證文注

② 「足目所説」，按《集量》是説「正理經廣分」，即現存《正理經》之第五分也。——證文注

③ 「增益」等，按《集量》金本但有「增益」「損減」二名，餘從略，今《正理經》文中亦不全具。——證文注

④ 「所有句義」，勘《集量》，此均爲「所量」旁義，隨文廣破也。——證文注

⑤ 「即」，高麗、大正二本均無。

⑥ 「朋」，磧砂本作「明」。

⑦ 「隅」，磧砂本作「喁」。

第四章　總　結

爲開智人慧毒藥，啓[1]斯妙義正理門。
諸有外量所迷者，令越邪途契真義。（第二十九頌）

因明正理門論本

① 「啓」，原作「破」，依麗本改正。——證文注〇「啓」，磧砂本作「破」。

義淨補譯理門論釋文

論曰：能立、過義印真實義此論今作，「宗等多言説能立」如是等。上牒，次釋。此言爲顯「由緒」「所詮」「所爲」。言「由緒」者，爲由利益諸有情等爲緣緒故。言「所詮」者，謂所詮義即宗等也。「所爲事」者，爲欲印定實義故也。若其爲顯「由緒」等果於此論初置斯言者，由於餘處已顯此義故，猶如現量。何謂「餘顯」？解論後時，由此於初不應説故。若爾，非論分故，猶若餘言。「由於餘處已顯此義」，此因不成。解論後時方曉義者，覺慧先聞於「由緒」等若不了知，初便不轉，由斯解故方契「後時」。「非論分故」，此亦不成。設如斯意，既非經故，復非其釋，必非支分。誰釋此經，誰經此釋？是故當知如天授語非其支分，諸論由緒亦成分故，此因有故遠離非成。餘復難言：勿造斯論，無「由緒」等故，如狂人言。爲顯此因不成，答曰：所謂能立、能過等義①。若言如是勿造斯論，述已顯義故，如第二理門惡叉波拕已説宗等相。此因彼言顯不成故，豈非能立等有印實義，然此論等不印實義？故不成過。上來已辯論主標宗，自下本文隨次當釋。

① 「等義」，廣勝、磧砂、大正三本均作「義等」。

因明正理門論本證文原序

呂　澂
釋印滄

往代傳譯梵籍常有證文，今謂研尋義理亦應有證文。云「證文」者，藉原本之覆按，得章句之刊定，苟欲義解切實，捨是道莫由也。奘師舊譯《正理門論》，擷量説之精英，立因明以規範，瑜伽宗學，斯屬一家。獨惜文辭簡拗，舊釋散殘，今可得而舉者，如泰師《述記》、基師《大疏》(引文)皆僅具其半，而擬議未融、有待考訂之處，又比比見也。近讀番本《集量論釋》，審其正宗即從《理門》録出，牒引文段，十同六七。《理門》原本雖不存，旁資此釋以爲格量，固綽然有餘。因援證文之義比次勘之，廬面漸真，積疑涣解，蓋亦研學因明一大快心事矣。亟刊之以餉學者，略例如次：

一、本論章段，對勘《集量》，凡有相當之處，皆以數字次第記出。本論段落記以括弧數字，所對《集量》則記以弧外數字。如記(七八)二(今改用阿拉伯數字標識，下同)，即本論第七十八段，當於《集量》引文之第二段者，檢《集量論釋略抄》本(二)七八處即得其詳。餘文例此。

二、本論文句，悉參酌《集量》考正，而以頌文爲綱，長行繫屬。頌有先標而後釋者，是爲本頌，今悉領格。其外重頌上文，或攝頌餘意者，原爲旁論，今悉低格以醒眉目。

三、本論長行，釋頌牒文之處，今皆用引號『』標出。文中專名或短語不易判別者，今於左側加線爲辨（今改爲下畫線）。其比量舉例，則用單引號「」明之（今統用單引號「」標記）。

四、本論文義，對讀《集量》，有相互發明、按索自得者，皆不贅注。若文句疑誤，意義隱曲，乃至傳本歧異之處，皆附注文側，而於本文上以＊號誌之。附注取材，兼及番本《入正理門論》及《正理一滴》等書，以其本相宗承也。至於唐人錯解，取此校注對比可知，今不具記。

五、大藏中現存義淨所譯《正理門論》一卷，文同奘譯，僅篇首多有釋論緣起一段而已。此段末云：「上來已辨論主標宗，自下本文隨次當釋。」勘此殆係一種釋論，（奘譯題曰「論本」可知別有釋文）義淨試譯即輟，後人取足奘譯以爲一本，録家因以誤傳，大藏則又相沿而未改也。今即但録添譯一段於末，備考。

所引文獻全稱、簡稱對照表

集量論釋略抄注(釋略抄注)
集量論略解(略解)
因明正理門論本(理門論、理門、門論、大論)
因明正理門論本證文(證文)
因明入正理論(入論、小論)
因明正理理論述記(述記)
因明入正理論疏(莊嚴疏)
因明入正理論疏(大疏)
因明入正理論疏後疏(後疏、續疏)
因明入正理論疏義纂要(義纂要、纂要)
因明入正理論疏義斷(義斷)
因明入正理論疏前記(前記)
因明入正理論疏後記(後記)
因明論疏明燈抄(明燈抄)
因明入正理論疏瑞源記(瑞源記)
因明正理門論新疏(新疏)
因明入正理論講解(講解)
因明正理門論研究(研究)
佛家邏輯通論(通論)
因明正理門論直解(直解)

參考文獻

［01］世親. 如實論［M］//大正藏(第 32 冊).

［02］護法,等. 成唯識論［M］. 玄奘,譯. 南京：金陵刻經處,1896.

［03］陳那. 集量論釋略抄注［M］. 吕澂,譯. 丘檗,注. 成都：成都佛學社,1934.

［04］陳那. 集量論略解［M］. 法尊,譯編. 北京：中國社會科學出版社,1992.

［05］陳那. 因明正理門論本［M］. 玄奘,譯. 南京：金陵刻經處,1957.

［06］因明正理門論本證文［M］//内學第四輯. 吕澂,釋印滄. 南京：南京支那内學院,1934.

［07］商羯羅主. 因明入正理論［M］. 玄奘,譯. 北京：三時學會,1933.

［08］文軌. 因明入正理論疏(莊嚴疏)［M］. 南京：南京支那内學院,1934.

［09］神泰. 因明正理理論述記［M］. 南京：南京支那内學院,1923.

［10］窺基. 因明入正理論疏［M］. 南京：金陵刻經處,1896.

［11］慧沼. 因明入正理論疏後疏［M］//續藏經(第 86 冊).

［12］慧沼. 因明入正理論疏義纂要［M］//續藏經(第 86 冊).

［13］慧沼. 因明入正理論疏義斷［M］//續藏經(第 86 冊).

［14］智周. 因明入正理論疏前記［M］//續藏經(第 86 冊).

［15］智周. 因明入正理論疏後記［M］//續藏經(第 87 冊).

［16］善珠. 因明論疏明燈抄［M］//大正藏(第 68 冊).

［17］鳳潭. 因明入正理論疏瑞源記［M］. 上海：商務印書館,1928.

［18］寶雲. 因明正理門論新疏［M］. 兵庫：瑛光寺藏版,日本弘化二年(1845).

［19］大西祝. 論理學［M］. 胡茂如,譯. 保定：河北譯書社,1906.

［20］謝無量. 佛學大綱・佛教論理學［M］. 揚州：廣陵古籍刻印社,1994.

［21］太虛. 因明概論［M］. 武漢：武昌中華大學講義,1922.

[22] 慧圓居士. 因明入正理論講義[M]. 武漢：武昌佛學院講義,1920.
[23] 梅光羲. 因明入正理論疏節録集注[M]. 上海：商務印書館,1925.
[24] 吕澂. 因明綱要[M]. 上海：商務印書館,1926.
[25] 熊十力. 因明大疏刪注[M]. 上海：商務印書館,1926.
[26] 陳望道. 因明學[M]. 上海：世界書局,1931.
[27] 許地山. 陳那以前中觀派與瑜珈派之因明[J]//燕京學報第 9 期,1931.
[28] 韓清淨. 因明入正理論釋[M]. 上海：光明書局,1934.
[29] 周叔迦. 因明新例[M]. 上海：商務印書館,1936.
[30] 周叔迦. 因明入正理論講義[M]. 北平：民國大學印行,1937.
[31] 王季同. 因明入正理論摸象[M]. 上海：商務印書館,1936.
[32] 虞愚. 因明學[M]. 上海：中華書局,1936.
[33] 陳大齊. 因明大疏蠡測[M]. 重慶：重慶書商刊印,1945.
[34] 陳大齊. 印度理則學[M]. 臺北：臺灣政治大學研究所印行,1952.
[35] 陳大齊. 因明入正理論悟他門淺釋[M]. 臺北：臺灣中華書局,1970.
[36] 丘檗. 因明正理門論斠疏[M]. 成都：成都佛學社,1934.
[37] 歐陽竟無. 因明正理門論敘[M]//藏要. 上海：上海書店,1995.
[38] 歐陽竟無. 成唯識論敘[M]//藏要. 上海：上海書店,1995.
[39] 郭良鋆. 因明入正理論梵漢對照(上、下)[J]//南亞研究雜誌,1999(2),2000(1).
[40] 吕澂. 中國佛學源流略講[M]. 北京：中華書局,1979.
[41] 吕澂. 印度佛學源流略講[M]. 上海：上海人民出版社,1979.
[42] 舍爾巴茨基. 佛教邏輯[M]. 宋立道,舒曉煒,譯. 北京：商務印書館,1997.
[43] 梶山雄一. 印度邏輯學的基本性質[M]. 張春波,譯. 北京：商務印書館,1980.
[44] 法稱. 釋量論[M]. 法尊,譯. 北京：中國佛教協會,1981.
[45] 石村. 因明述要[M]. 北京：中華書局,1981.
[46] 末木剛博,等. 現代邏輯學問題[M]. 杜岫石,孫中原,譯. 北京：中國人民大學出版社,1983.
[47] 吕澂. 因明入正理論講解[M]. 張春波,整理. 北京：中華書局,1983.

[48] 劉培育,周雲之,董志鐵. 因明論文集[M]. 蘭州: 甘肅人民出版社,1982.
[49] 中國邏輯史學會因明工作小組. 因明新探[M]. 蘭州: 甘肅人民出版社,1989.
[50] 劉培育. 因明研究[M]. 長春: 吉林教育出版社,1991.
[51] 沈劍英. 因明學研究[M]. 北京: 中國大百科全書出版社,1985.
[52] 李匡武. 中國邏輯史(五卷本)[M]. 蘭州: 甘肅人民出版社,1989.
[53] 周雲之,劉培育,等. 中國歷史上的邏輯家[M]. 北京: 人民出版社,1982.
[54] 水月. 因明文集(第一冊)[M]. 臺南: 臺灣智者出版社,1989.
[55] 水月. 因明文集(第二冊)[M]. 臺南: 臺灣智者出版社,1992.
[56] 水月. 古因明要解[M]. 臺南: 臺灣智者出版社,1992.
[57] 周叔迦. 因明入正理論釋[M]. 北京: 社會科學文獻出版社,1989.
[58] 法尊法師佛學論文集[M]. 北京: 中國佛教文化研究所,1990.
[59] 中國邏輯史研究會資料編選組. 中國邏輯史資料選[M]. 蘭州: 甘肅人民出版社,1991.
[60] 沈劍英. 佛家邏輯[M]. 北京: 開明出版社,1992.
[61] 巫壽康.《因明正理門論》研究[M]. 北京: 生活・讀書・新知三聯書店,1994.
[62] 鄭偉宏. 佛家邏輯通論[M]. 上海: 復旦大學出版社,1996.
[63] 鄭偉宏. 因明正理門論直解[M]. 上海: 復旦大學出版社,1999.
[64] 鄭偉宏. 因明大疏校釋、今譯、研究[M]. 上海: 復旦大學出版社,2010.
[65] 鄭偉宏. 佛教邏輯研究[M]. 上海: 中西書局,2015.
[66] 湯銘鈞. 陳那、法稱因明推理學説之研究[M]. 中西書局,2016.
[67] 鄭偉宏. 印度因明研究[M]. 上海: 中西書局,2022.
[68] S. C. Vidyabhusana. *History of the Medieval School of Indian Logic* [M]. Calcutta: Calcutta University, 1909.
[69] G. Tucci. *The Nyāyamukha of Dignāga* [M]. Heidelberg: Materialien zur Kunde des Buddhismus, 1930.